Buchenau / Thiele

Stahlhochbau

Teil 1

Von Dipl.-Ing. Albrecht Thiele
Professor an der Fachhochschule Aachen

21., neubearbeitete und erweiterte Auflage
Mit 264 Bildern und 35 Tafeln

D1662378

B. G. Teubner Stuttgart 1986

CIP-Kurztitelaufnahme der Deutschen Bibliothek

Buchenau, Heinz:
Stahlhochbau / Buchenau ; Thiele. Von Albrecht Thiele.
– Stuttgart : Teubner

NE: Thiele, Albrecht [Bearb.]

Teil 1. – 21., neubearb. u. erw. Aufl. – 1986.
  ISBN 3-519-45207-3

Printed in Germany

Gesamtherstellung: Allgäuer Zeitungsverlag GmbH, Kempten
Umschlaggestaltung: M. Koch, Reutlingen

Vorwort

Die Vorzüge der Stahlbauweise gründen sich auf den hochwertigen und in gleichmäßiger Güte gewährleisteten Eigenschaften des Werkstoffes sowie der sorgfältig überwachten Herstellung der Stahlkonstruktionen in Werkshallen bei stets gleichbleibenden Arbeitsbedingungen. Mit modernen Betriebseinrichtungen werden die Stahlbauteile in großen, transportfähigen Einheiten gefertigt und auf der Montagestelle in kurzer Zeit und bei jeder Witterung zum Bauwerk zusammengefügt. So stellt der Stahlbau wohl die konsequenteste Fertigteilbauweise dar; sie bietet dem Ingenieur und dem Architekten die leichte und elegante Lösung seiner Bauaufgaben, wobei nachträgliche Verstärkungen und Umbauten einfach und zuverlässig ausgeführt werden können.

Diese Vorzüge haben der Stahlbauweise ein breit gestreutes Anwendungsgebiet erschlossen, das vom Stahlhochbau mit Kran- und Stahlleichtbau über den Stahlbrückenbau, Stahlwasserbau, Stahlbehälterbau bis hin zum Einsatz des Stahlbaus auf den Baustellen reicht, so z. B. für stählerne Lehrgerüste, Baugrubenaussteifungen, Krananlagen und Vorbauwagen auf Baustellen des Tief- und Massivbaues.

Daher muß sich nicht nur der eigentliche Stahlbauingenieur, sondern auch jeder Bauingenieur, Baubetriebsingenieur und Architekt die Kenntnisse der Stahlbauweise aneignen, die ihn zur Lösung seiner beruflichen Aufgaben befähigen. Der „Stahlhochbau" soll ihm dazu als Leitfaden für Studium und Praxis dienen. Der vorliegende Teil 1 beginnt mit den Grundlagen — Werkstoffe, Walzerzeugnisse, Ausführungstechnik, Schutz der Stahlkonstruktionen gegen Korrosion und Feuer, Verbindungsmittel und ihre Berechnung — und schließt daran an die Berechnung und Konstruktion der Stützen, Träger und Verbundträger. Der Teil 2 befaßt sich mit den Vollwandträgern, Rahmen, Fachwerken und ihrer Verwendung bei Dach-, Hallen- und Stahlskelettbauten, bei Kranbahnen und im Stahlleichtbau. Einem Abschnitt über Bauwerksteile im Hochbau folgt eine Einführung in den Stahlbrückenbau.

Stark ansteigende Lohnkosten zwingen den Ingenieur, in zunehmendem Maße Konstruktionen anzuwenden, die in der Werkstatt und auf der Baustelle mit möglichst kleinem Arbeitsaufwand gefertigt und montiert werden können; die bereits weitgehende und ständig ausgeweitete Typisierung häufig vorkommender Einzelheiten vereinfacht hierbei die Berechnung und konstruktive Durchbildung der Bauteile. Diesen Entwicklungen habe ich bei den Konstruktionsbeispielen so weit wie möglich Rechnung getragen.

Änderungen und Ergänzungen maßgebender Vorschriften, die seit der vorigen Auflage begonnene Neugliederung und Neufassung der Stahlbaunormen sowie technische Neuentwicklungen haben gegenüber der vorigen Auflage zu einer gründlichen Überarbeitung des Buches geführt. Gemäß der Aufgabenstellung des Werks, besonders die praktische Anwendung der Stahlbauweise zu fördern, bin ich dabei dem Grundsatz gefolgt, nur bereits eingeführte und bewährte Berechnungsverfahren und

Konstruktionsmethoden zu übernehmen. In einigen besonderen Fällen bin ich jedoch zum Teil von diesem Prinzip abgewichen und habe auf die zukünftige Entwicklung, soweit sie gesichert erscheint, hingewiesen, so z. B. bei der Berechnung der Druckstäbe. Nicht dem neuesten Stand angepaßt wurden hingegen die Sinnbilder für Schrauben, für die die bisher übliche Darstellung beibehalten wurde. Hierfür waren zwei Gründe bestimmend: zum einen läßt die neue Norm für technische Zeichnungen im Metallbau in dieser Hinsicht noch Änderungen erwarten, des weiteren kommt hinzu, daß die neue Darstellungsweise, die auf die Erfordernisse der Fertigung ausgerichtet ist, im Rahmen eines Lehrbuches weniger anschaulich ist.

Der Aktualität des Buches dienende und oft noch während der Drucklegung einzuarbeitende Änderungen hat der Verlag gerne auf sich genommen; hierfür und für die reibungslose Zusammenarbeit bin ich ihm zu großem Dank verpflichtet. Ferner danke ich allen Fachkollegen, die mir die Weiterentwicklung des Buches durch sachliche Kritik und Verbesserungsvorschläge wesentlich erleichterten, ebenso den Herstellerfirmen und Verbänden für die Überlassung von Informationsmaterial. Es würde mich freuen, wenn die Fachwelt ihr Interesse an diesem Buch durch Anregungen und Hinweise auf Möglichkeiten zur Vervollkommnung auch weiterhin bekundet.

Aachen, im Frühjahr 1986   A. Thiele

Inhalt

Für dieses Buch einschlägige Normen sind entsprechend dem Entwicklungsstand ausgewertet worden, den sie bei Abschluß des Manuskripts erreicht hatten. Maßgebend sind die jeweils neuesten Ausgaben der Normblätter des DIN Deutsches Institut für Normung e. V. im Format A 4, die durch den Beuth-Verlag GmbH, Berlin und Köln, zu beziehen sind.

Sinngemäß gilt das gleiche für alle sonstigen angezogenen amtlichen Richtlinien, Bestimmungen, Verordnungen usw.

1 Werkstoffe, Ausführung und Schutz der Stahlbauten

1.1 Werkstoff Eisen und Stahl

Das für technische Zwecke verwendete Eisen (Fe) wird aus Erzen gewonnen. Als Stahl bezeichnet man jede Eisenlegierung, die nicht unter Roheisen oder Gußeisen einzuordnen ist; er ist ohne Vorbehandlung schmiedbar. Baustähle sind Eisen-Kohlenstofflegierungen. Mit steigendem Kohlenstoffgehalt wachsen Zugfestigkeit und Härte, jedoch nimmt die Zähigkcit des Stahls ab. Soll der Stahl zum Schweißen geeignet sein, muß der hohe C-Gehalt des Roheisens bei der Stahlherstellung auf $\leq$ 0,22% reduziert werden. Ebenso werden bei diesem Prozeß unerwünschte Beimengungen wie Schwefel, Phosphor und Stickstoff bis auf unschädliche Reste entfernt. Zur Erzielung höherer Festigkeit oder anderer geforderter Eigenschaften können weitere Elemente wie Silizium, Chrom, Mangan und ggf. Nickel und Molybdän zugefügt werden. Liegt der gesamte Legierungsanteil unter 5%, bezeichnet man den Stahl als niedrig legiert. Die jeweilige Gewinnungsmethode bestimmt die Eigenschaften und vielfach auch den Namen des Erzeugnisses.

1.1.1 Arten der Eisenwerkstoffe

1.1.1.1 Roheisen und Gußeisen

Roheisen bildet das Ausgangsmaterial für alle Eisenwerkstoffe und wird im Hochofen aus Eisenerz mit Koks unter Zusatz von Schlackebildnern und Einblasen von Luft reduzierend erschmolzen. Je nach Art der Erze und des Verhüttungsverfahrens erhält man unterschiedliche Roheisensorten. Sie enthalten alle reichlich (3···6%) Kohlenstoff C sowie neben anderen geringfügigen Beimengungen mehr oder weniger Silizium Si, Mangan Mn, Phosphor P und Schwefel S.

Gußeisen wird im Kupolofen aus Gießereiroheisen, vielfach unter Zusatz von Schrott oder anderen Beimengungen gewonnen. Wegen seines immer noch hohen Kohlenstoffgehalts (2···4%) ist es sehr spröde und erst nach Vorbehandlung (Tempern) bedingt schmiedbar, jedoch rostbeständiger als Stahl. Die Zugfestigkeit ist wesentlich geringer als die Druckfestigkeit. Von den verschiedenen Sorten sind für den Bauingenieur nur Grauguß GG und Temperguß GT mit geringerem C-Gehalt wichtig.

1.1.1.2 Stahl

Erschmelzungsverfahren

Die Wahl des Erschmelzungsverfahrens bleibt dem Hersteller überlassen, sofern es nicht bei der Bestellung vereinbart wurde.

Windfrischverfahren: Flüssiges Roheisen wird in Konvertern von unten her mit Luft (Wind) durchblasen und reduziert. Nach der Art der Auskleidung des Konverters, die sich nach dem Phosphorgehalt des Roheisens richtet, unterscheidet man das Thomas- und das Bessemer-Verfahren. Wegen der relativ geringen Qualität des Stahls werden diese Verfahren in Deutschland nicht mehr angewendet.

Sauerstoffblasverfahren: Im Konverter wird reiner Sauerstoff unter hohem Druck entweder mit einer wassergekühlten Lanze auf die Oberfläche des Roheisens oder durch Düsen im Boden geblasen, wobei örtlich sehr hohe Temperaturen auftreten. Dadurch erübrigt sich äußere Energiezufuhr. Die hergestellten Stähle haben ausgezeichnete Gebrauchseigenschaften. − Das Verfahren hat die Windfrischstähle verdrängt und ersetzt teilweise das Siemens-Martin-Verfahren.

Herdschmelzfrischen: Beim Siemens-Martin-Verfahren wird Roheisen zusammen mit beliebigem Schrottanteil in der Wanne eines Herdofens durch Heizen mit Gas oder Öl geschmolzen und Luft oder Sauerstoff auf die Schmelze geblasen. Das Verfahren eignet sich zur Herstellung niedrig legierter Baustähle hoher Qualität.

Das Elektroverfahren gleicht dem SM-Verfahren, jedoch wird elektrische Energie zum Schmelzen verwendet. Da hier Verunreinigungen durch die Befeuerung ausgeschlossen sind und Legierungszusätze wie Nickel, Kupfer, Chrom, Mangan u. a. genau dosiert werden können, dient das Verfahren zur Erzeugung von Edelstählen.

Vergießungsarten

Der flüssige Stahl wird aus dem Konverter oder der Wanne in Formen (Kokillen) gegossen, in denen er zu Blöcken erstarrt, oder es entsteht im Stranggießverfahren ein kontinuierlich gegossener Strang, dessen Querschnittsform der Weiterverarbeitung angepaßt sein kann.

Unberuhigt vergossener Stahl (U): Beim Erstarren des flüssigen Stahls bilden sich Blasen aus Kohlenoxiden, entstanden aus dem Kohlenstoff- und Sauerstoffgehalt der Schmelze, die nur unvollkommen entweichen können. Außerdem ergeben sich bei der Erkaltung im Innern der Blöcke Anreicherungen von S und P, die dann als Seigerungen auch in den fertigen Walzerzeugnissen erscheinen (**2.**1). Beides beeinträchtigt die Schweißeignung des Stahls und gibt Anlaß zu Dopplungen (**2.**2) in Blechen und Stegen der Walzprofile.

2.1 Seigerungen

2.2 Dopplungen

Beruhigt (R) und **besonders beruhigt vergossener Stahl** (RR): Bindet man den im Stahl gelösten Sauerstoff durch sauerstoffaffine Zusätze, wie Si, Mn, Ca oder Al, so erstarrt der Stahl blasenfrei. Außerdem verbindet sich der Stickstoff des Stahls mit Aluminium zu fein verteiltem Aluminiumnitrid, welches eine erwünschte Verfeinerung des Korns zur Folge hat. Der so beruhigte Stahl ist kaum alterungsempfindlich, neigt nicht zur Seigerung und ist somit auch bei größeren Wanddicken gut schweißbar.

Der Kennbuchstabe U oder R für die geforderte Desoxidationsart wird der Bezeichnung für die Stahlsorte vorangestellt.

Gütegruppen

Stahlsorten mit gleicher Zugfestigkeit werden in höchstens 3 Gütegruppen eingeteilt. Bei gleichen mechanischen Eigenschaften unterscheiden sie sich in der chemischen Zusammensetzung, in der Sprödbruchempfindlichkeit und in der Schweißeignung.

1 ist die schlechteste, 3 die beste Gütegruppe; die Kennzahl wird an die Stahlsortenbezeichnung angehängt. Da die Gütegruppe 3 stets besonders beruhigt geliefert wird, kann die Kennzeichnung RR daher entfallen.

Behandlungszustand der Erzeugnisse

Nach dem Walzen bleiben die Erzeugnisse entweder unbehandelt (U), oder sie werden normalgeglüht (N) oder vergütet (V).

Beim Normalglühen wird der Werkstoff bis oberhalb des oberen Umwandlungspunktes A_{c3} erwärmt und langsam abgekühlt. Dabei werden Versprödungen beseitigt und feinkörniges Gefüge erzielt.

Durch Vergüten erreicht man höchste Zähigkeit bei bestimmter Festigkeit. Es erfolgt durch rasches Abkühlen von einer Temperatur oberhalb des oberen oder unteren Umwandlungspunktes (Härten), anschließendes längeres Erwärmen auf eine Temperatur unterhalb des unteren Umwandlungspunktes und langsames Abkühlen (Anlassen).

Der jeweilige Kennbuchstabe wird hinter die Stahlbezeichnung gesetzt.

Bezeichnung der Baustähle

Mit den oben erläuterten Angaben hat z. B. ein ruhig vergossener (R) Baustahl mit einer Zugfestigkeit von 37 kN/cm^2 (St 37) und der Gütegruppe 2 in normalgeglühtem Zustand die Bezeichnung R St 37−2 N.

Feinkornbaustähle nach DASt-Richtlinie 011 werden abweichend hiervon nicht durch ihre Zugfestigkeit, sondern durch die Streckgrenze gekennzeichnet; darauf macht der Buchstabe E aufmerksam, z. B. St E 460 mit $\beta_S = 460$ N/mm^2.

Die Eignung des Stahls für besondere Zwecke, z. B. zum Abkanten (Q) oder zur Rohrherstellung (Ro) wird besonders gekennzeichnet: Q St 37−3; R Ro St 37−2.

Neben diesen Kurznamen können die Stahlsorten auch eine nach einem Schlüssel zusammengesetzte Werkstoffnummer erhalten, z. B. 1.0116 für St 37−3.

Legierte Stähle werden nach ihrer chemischen Zusammensetzung bezeichnet. Z. B. heißt ein hochlegierter Stahl mit 0,10% C, 18% Cr und 8% Ni: X 10 Cr Ni 18 8.

Gußstahl

Er wird aus geeigneten Stahlsorten mit meist höherem C-Gehalt in Sandformen zu Konstruktionsteilen als Stahlguß (GS) vergossen.

1.1.2   Eigenschaften der Baustähle

Die für das Bauwesen wichtigsten Stahlsorten sind mit ihren mechanischen Eigenschaften und üblichem Anwendungsbereich in Tafel **4.**1 zusammengestellt.

Tafel **4.**1   Gebräuchlichste Stahlsorten des Stahlbaues und ihre wichtigsten Merkmale

Kurzname der Stahlsorte	Desoxydationsart U unberuhigt R beruhigt RR besonders beruhigt	Behandlungszustand U unbehandelt N normalgeglüht V vergütet	DIN-Blatt	Zugfestigkeit[1] β_Z N/mm²	Streckgrenze[1] β_S mindestens N/mm²
St 37−2	freigestellt	U, N			235 ··· 195
U St 37−2	U	U, N			235 ··· 195
R St 37−2	R	U, N		340 ··· 470	235 ··· 195
St 37−3	RR	U			235 ··· 215
St 37−3	RR	N			235 ··· 215
St 44−2	R	U, N			275 ··· 235
St 44−3	RR	U	17100	410 ··· 540	275 ··· 235
St 44−3	RR	N			275 ··· 235
St 52−3	RR	U		490 ··· 630	355 ··· 315
St 52−3	RR	N		490 ··· 630	355 ··· 315
St 50−2	R	U, N		470 ··· 610	295 ··· 255
St 60−2	R	U, N		570 ··· 710	335 ··· 295
St 70−2	R	U, N		670 ··· 830	365 ··· 325
St E 460	RR	N	DASt-Richtl. 011	560 ··· 730	430 ··· 460
St E 690	RR	V	DASt-Richtl. 011	790 ··· 940	690
U St 36−1	U	U	17111	340 ··· 440	210 ··· 200
R St 44−2	R	U	17111	440 ··· 540	260 ··· 250
St 35	R	−	1629	350 ··· 450	240 ··· 220
St 55	R	−	1629	550 ··· 650	300 ··· 280
C 35 bzw. Ck 35		V	17200	550 ··· 780	430 ··· 330
Ck 45		V	17200	630 ··· 860	490 ··· 380
41 Cr 4		V	17200	800 ··· 1200	570 ··· 800
GS−52	−		1681	520	260
GG−15	−	−	1691	150	−
X 40 Cr 13		−	17440	≦ 800	−
X 10 Cr Ni Ti 18 9		−	17440	500 ··· 700	230

[1]) Mindestwerte an Längsproben abhängig von der Erzeugnisdicke (≧ 3 mm) (s. DIN-Blätter)
[2]) Mittelwert der Kerbschlagarbeit aus 3 Proben ≧ 27 J für Erzeugnisdicken 10 ··· 16 mm; für andere Dicken s. Normblätter. Kleinster Einzelwert 18,9 J.

Tafel **4.1**   (Fortsetzung)

Bruchdehnung[1] ($L_o = 5\,d_o$) mindestens %	Prüftemperatur der ISO-Spitzkerbproben[2] °C	Faltversuch[4]) nach DIN 1605 um 180° $a =$ Probendicke Dorn-⌀ D	Eignung zum Schmelzschweißen 1 vorhanden 2 mit Einschränkung 3 bei besond. Vorbereitung und Nachbehandlung	Anwendungsgebiet	
	−			Schrauben[3]) 4.6 nach DIN ISO 898 T. 1	bevorzugte Stahlsorten für Bauteile des Stahlhoch- und Brückenbaues
	+ 20				
26···24	+ 10	1a			
	± 0				
	− 20		1		
	+ 20				
	± 0				
22···20	− 20	2,5a		−	
	± 0				
	− 20				
20···18				Schrauben[3]) 5.6	Stahlsorten für Sonderzwecke
16···14	−	−	nicht vorhanden		
11···9					
17	s. DASt-Richtl. 011	3a	1[5])	−	für stark beanspruchte Konstruktionen
16					
30	−	0,5a			Niete für Bauteile aus St 37 / St 44, St 52
24	+ 20	2a	−		
25			1	nahtlose Rohre	
17			−		
20···16				Schrauben[3]) 8.8	Lager-Walzen
18···14			−	8.8	−
14···11	−	−		8.8, 10.9	
18			3	Lagerteile	
−			nicht vorhanden	untergeordnete Lagerteile	
−				Edelstahl-Lager	
40			1	nichtrostende Bauteile	

[3]) An die Werkstoffe für Schrauben werden nach DIN ISO 898 Teil 1 zum Teil über die obigen Angaben hinausgehende Anforderungen gestellt.

[4]) An Längsproben bei Erzeugnisdicke 3 ··· 63 mm; für andere Dicken s. Normblätter.

[5]) Besondere Maßnahmen s. DASt Ri 011

1.1.2.1 Werkstoffkennwerte

Ein Teil der Werkstoffkennwerte wird dem Spannungs-Dehnungsdiagramm des einachsigen Zugversuchs entnommen, bei dem ein Prüfstab langsam und stoßfrei bis zum Bruch belastet wird (**6.**1).

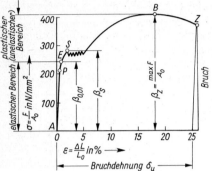

6.1
Spannungs-Dehnungslinie für St 37

Im Bereich A bis P verläuft die Dehnung genau proportional der Belastung, also nach dem Hookeschen Gesetz (Proportionalitätsbereich). Da Punkt P wegen des stetigen Übergangs der Kurve schlecht bestimmbar ist, ermittelt man praktisch statt dessen die „technische Elastizitätsgrenze" $\beta_{0,01}$ (Punkt E) mit der definierten meßbaren Eigenschaft, daß die bleibende Dehnung $\varepsilon_r = 0{,}01\%$ ist.

Bei Punkt S (beim Zugversuch Streckgrenze β_S, beim Druckversuch Quetschgrenze β_D) setzt starkes Fließen ein. Bei Stählen ohne ausgeprägtes Fließverhalten, z.B. legierte Stähle, gibt man statt β_S die Spannung $\beta_{0,2}$ bei 0,2% bleibender Dehnung an.

Die Spannungs-Dehnungs-Linie des Diagramms sinkt im weiteren Verlauf zunächst ab, um dann im Verfestigungsbereich bis zur Bruchspannung β_Z anzusteigen (Punkt B). Der eigentliche Bruch tritt aber erst nach Spannungsabfall bei Z ein. Das Absinken bedeutet jedoch an sich keine Abnahme der Spannung; es ist vielmehr auf die Querschnittsverkleinerung infolge Einschnürung des Prüfstabes zurückzuführen, auf die ja nunmehr die Spannung bezogen werden müßte. Die Spannung verringert sich also nur scheinbar.

Aus dem linearen Verhältnis der Spannungen zur Dehnung im elastischen Bereich AP errechnet sich die Größe des Elastizitätsmoduls $E = \sigma/\varepsilon = 210\,000$ N/mm², der eine wichtige Kenngröße des Baustahls darstellt. E hat für alle allg. Baustähle unabhängig von ihrer Festigkeit die gleiche Größe.

Baustahl soll nicht nur ausreichend fest, sondern auch zäh sein, da er neben ruhenden Belastungen häufig Schlag-, Stoß- und Wechselbelastungen sowie Schwingungen aufzunehmen hat; durch gutes Formänderungsvermögen soll er örtliche Spannungsspitzen ohne Rißbildung abbauen. Die Zähigkeit wird beurteilt anhand der Bruchdehnung δ_u (**6.**1) und nach dem Faltversuch, bei dem die Probe bei vorgegebenem Dorndurchmesser und Biegewinkel keinen Riß auf der Zugseite zeigen darf (Taf. **4.**1).

Ist der Werkstoff einmal über die Elastizitätsgrenze hinaus beansprucht worden, tritt nach einiger Zeit eine Alterungssprödigkeit auf: das Gefüge verändert sich, die Festigkeit nimmt zu, jedoch sinkt zugleich die Dehnungsfähigkeit ab. Wegen der verminderten Zähigkeit infolge einer solchen Kaltverformung darf die Werkstoffverfestigung im Stahlbau i. allg. nicht zur Erhöhung der zulässigen Spannungen ausgenutzt werden; Schweißen in stark kaltgeformten Bereichen ist aus gleichem Grund nicht zulässig (Taf. **83.**2).

1.1.2.2 Schweißeignung

Die Schweißbarkeit eines Bauteils hängt ab von der Schweißeignung des Werkstoffs, der Schweißsicherheit der Konstruktion und der Schweißmöglichkeit der Fertigung. Die Wahl eines zum Schweißen geeigneten Werkstoffs ist demzufolge alleine nicht ausreichend, sie ist jedoch eine wichtige Voraussetzung.

Die Schweißeignung einer Stahlsorte wird beurteilt nach der Sprödbruchneigung, der Alterungsneigung, der Härtungsneigung, dem Steigerungsverhalten und der Anisotropie des Werkstoffs. Falls einer oder mehrere dieser Faktoren ungünstig ist, sind bei der schweißtechnischen Fertigung zweckmäßige, nachfolgend beschriebene Fertigungsbedingungen zu wählen.

Sprödbruchneigung: Hierunter versteht man das Stahlverhalten bei mehrachsigen Spannungszuständen, tiefer Temperatur und hoher Beanspruchungsgeschwindigkeit. Grundlage für ihre Bewertung ist die in Abhängigkeit von der Prüftemperatur gewährleistete Kerbschlagarbeit (Taf. **4.**1) sowie der Aufschweißbiegeversuch für Stähle der Gütegruppe 3 in Dicken von 25 bis 50 mm.

Fertigungsmaßnahmen zur Verhinderung von Sprödbrüchen sind: Umformen oder thermisches Schneiden und Schweißen bei niedrigen Temperaturen vermeiden; Kerbwirkungen und dicke Querschnitte vermeiden; ungehindertes Schrumpfen der Bauteile durch geeignete Schweißfolge gewährleisten; Eigenspannungen durch Spannungsarmglühen verringern.

Alterungsneigung: Neigung zu Eigenschaftsveränderungen infolge Alterns nach Kaltverformung s. Abschn. 1.1.2.1.

Kaltverformungen in Bereichen, in denen geschweißt werden soll, sind zu vermeiden; andernfalls ist vor dem Schweißen eine geeignete Wärmebehandlung vorzunehmen.

Härteneigung: Sie berücksichtigt Aufhärtbarkeit und Einhärtbarkeit der Stahlsorte und wird nach der chemischen Zusammensetzung beurteilt.

Es ist durch Vorwärmen dafür zu sorgen, daß die kritische Abkühlungsgeschwindigkeit nicht überschritten wird.

Seigerungsverhalten: Es wird unter Berücksichtigung der Desoxidationsart bewertet (s. Abschn. 1.1.1.2).

Das Anschneiden von Seigerungszonen beim Schweißen ist zu vermeiden; außerdem sind geeignete Schweißzusatzwerkstoffe, z. B. kalkbasisch umhüllte Elektroden, zu verwenden.

Anisotropie: Darunter versteht man die Richtungsabhängigkeit der mechanischen Werkstoffeigenschaften (längs, quer und in Dickenrichtung). Die Neigung dazu ist bei den üblichen Stahlsorten gleich groß.

Bei der Konstruktion sollte vermieden werden, Zugkräfte in Dickenrichtung zu übertragen.

In Tafel **8.**1 wird die Gefährdung der Schweißeignung der Stahlsorten durch die verschiedenen Faktoren mit einer steigenden Anzahl von Kreuzen angezeigt. Mit zunehmender Zahl der Kreuze und wachsender Bauteildicke nimmt der Aufwand bei der Fertigung zu. Die Stähle St 33, St 50, St 60 und St 70 sind in der Tafel nicht aufgeführt, da sie für Schmelzschweißverfahren nicht vorgesehen sind. Sie sind jedoch, wie i. allg. alle Stähle nach DIN 17100, für das Widerstandsabbrennstumpfschweißen und Gaspreßschweißen geeignet.

Die beim Schweißen der Feinkornbaustähle einzuhaltenden Fertigungsbedingungen sind in der DASt-Richtlinie 011 vorgeschrieben, für die nichtrostenden Stähle sind sie in der jeweiligen allg. bauaufsichtlichen Zulassung aufgeführt.

Die Einflüsse der konstruktiven Gestaltung und Beanspruchung des Bauteils auf die Wahl der Stahlsorte werden in Abschn. 3.2.3 ausführlich beschrieben.

Tafel **8**.1   Schweißeignung der allgemeinen Baustähle

Stahlsorte nach DIN 17100	Beachten von			
	Sprödbruch- neigung	Alterungs- neigung	Härtungs- neigung	Seigerungs- verhalten
U St 37−2 U,N	××	×	−	×
R St 37−2 U,N	××	×	−	−
St 37−3 U	×	×	−	−
St 37−3 N	−	−	−	−
St 52−3 U	×	×	×	−
St 52−3 N	−	−	×	−

1.1.3   Werkstoffprüfung

Da für die Festigkeit des fertigen Bauwerkes sowohl die Eigenschaften des Werkstoffes als auch die der Walzwerkserzeugnisse maßgebend sind, setzt die Prüfung bereits bei der Gewinnung des Roheisens ein. Vom Hochofen über alle Schmelz- und Mischverfahren wird der Stahl dauernd durch chemische, mechanische oder optische Prüfverfahren überwacht. Das für den Stahlbauer fertige Rohmaterial (Profile und Bleche) wird vor Auslieferung nochmals nach den in den Lieferbedingungen enthaltenen Vorschriften geprüft.

Die Hauptprüfung bildet der im Abschn. 1.1.2.1 erwähnte Zugversuch (DIN 50145). Er gibt die Grundlage zur Beurteilung und qualitativen Einstufung der Erzeugnisse (Tafel **4**.1). Zusätzlich können noch folgende Prüfungen im Stahlbau vorgeschrieben sein:

Druckversuch (DIN 50106). Er endet mit der Quetschgrenze, da ein Bruch nicht möglich ist, und wird für Nietstahl als Warmstauchversuch durchgeführt.

Härteprüfung nach Brinell (DIN 50531); nach Vickers (DIN 50133) oder Rockwell (DIN 50103) auch für harte Stoffe

Zug- (DIN 50109) und Biegeversuch (DIN 50110) für Grauguß

Biegeversuch (DIN 50121) an Schweißverbindungen

Kerbschlagbiegeversuch (DIN 50115) für metallische Werkstoffe und DIN 50122 für Stumpfnähte

Dauerschwingversuch (DIN 50100) zur Ermittlung der Dauerschwing-, Wechsel- und Schwellfestigkeit

Magnetpulverprüfung (DIN 54131) zur Feststellung von Rissen am fertigen Bauteil

Röntgen- (DIN 54111) und Ultraschallprüfung (DIN 54119) zum Nachweis von Dopplungen und inneren Rissen sowie für Schweißnähte

Aufschweißbiegeversuch (DIN 17100) für Baustähle der Gütegruppe 3 bei Dicken von 25···50 mm

Für die Lieferung aller Stahlerzeugnisse, wie Walzprofile, Bleche, Nieten, Schrauben, Muttern und Elektroden, sind neben den einschlägigen DIN-Normen die Lieferbedingungen der Deutschen Bundesbahn TL 91802 maßgebend.

1.2 Walzerzeugnisse

1.2.1 Form-, Stab- und Breitflachstahl

Formstahl umfaßt ⟂- und U-Profile mit $\geqq$ 80 mm Höhe sowie die Breitflanschträger.

Stabstahl sind die Profile unter 80 mm, ferner ⌐, ∟, ⊤-Profile sowie Rund-, Halbrund-, Flachhalbrund-, Vierkant-, Flach-, Sechs- und Achtkantstahl.

I-Stahl (Doppel-T-Stahl), schmale ⟂-Träger nach DIN 1025 T. 1 mit geneigter innerer Flanschfläche; $h = 80 \cdots 600$ mm; Bezeichnung z. B.: I 240 DIN 1025; wird zunehmend durch IPE-Stahl ersetzt

IPB-Stahl, breite ⟂-Träger mit parallelen Flanschflächen nach DIN 1025 T. 2; $h = 100 \cdots 1000$ mm; z. B.: IPB 360 DIN 1025; bevorzugt bei Doppelbiegung und für Stützen

IPBl-Stahl, breite ⟂-Träger mit parallelen Flanschflächen, leichte Reihe nach DIN 1025 T. 3; $h = 96 \cdots 990$ mm; z. B.: IPBl 800 DIN 1025

IPBv-Stahl, breite ⟂-Träger mit parallelen Flanschflächen, verstärkte Reihe nach DIN 1025 T. 4; $h = 120 \cdots 1008$ mm; z. B.: IPBv 600 DIN 1025

Nichtgenormte parallelflanschige Trägerprofile mit besonders breiten Flanschen, $h = 352 \cdots 1008$ mm und $b = 340 \cdots 453$ mm s. Firmenprospekte

IPE-Stahl, mittelbreite ⟂-Träger mit parallelen Flanschflächen nach DIN 1025 T. 5; $h = 80 \cdots 600$ mm; z. B.: IPE 360 DIN 1025

IPEo- und **IPEv-Stahl** (nichtgenormt) mit dickeren Stegen und Flanschen als IPE-Stahl; $h = 182 \cdots 618$ mm [35]

⊤**-Stähle,** erzeugt durch Längstrennen von ⟂-Trägern. Alle Sorten der ⟂-Träger werden in der Hälfte oder kurz vor der Halsrundung längsgetrennt geliefert. Sie eignen sich besonders für Schweißkonstruktionen.

U-Stahl, rundkantig nach DIN 1026 mit geneigter innerer Flanschfläche; $h = 30 \cdots 400$ mm; z. B.: U 30 × 15 oder U 220 DIN 1026

∟**-Stahl,** gleichschenkliger rundkantiger Winkelstahl nach DIN 1028; von ∟ 20 × 3 bis ∟ 200 × 24; z. B.: ∟ 80 × 8 DIN 1028; bevorzugt für Fachwerkstäbe

∟**-Stahl,** ungleichschenkliger rundkantiger Winkelstahl nach DIN 1029; von ∟ 30 × 20 × 3 bis ∟ 200 × 100 × 14; z. B.: ∟ 100 × 65 × 9 DIN 1029

Die aus Rationalisierungsgründen bevorzugt zu verwendenden Winkelstähle sind in den Normblättern gekennzeichnet

⊤**-Stahl,** hochstegiger ($h = 20 \cdots 140$) und breitfüßiger ($h = 30 \cdots 60$) ⊤-Stahl nach DIN 1024; z. B.: ⊤ 50 oder ⊤ B 30 DIN 1024 besonders für Schweißkonstruktionen und Sprossen für Kittverglasung geeignet

⌐**-Stahl** nach DIN 1027; $h = 30 \cdots 200$; z. B.: ⌐ 180 DIN 1027; für Pfetten

Breitflachstahl nach DIN 59 200; $s \times b = 5 \times 151$ bis 60 × 1250; z. B.: □ 6 × 250 DIN 59 200; bei vorwiegender Beanspruchung in Längsrichtung

Flachstahl nach DIN 1017 T. 1; $b \times s = 10 \times 5$ bis 150 × 60; z. B.: □ 120 × 8 DIN 1017

Bandstahl nach DIN 1016; $b \times s = 12 \times 1$ bis 150 × 5; z. B.: □80 × 2,5 DIN 1016

Kaltbänder aus Stahl nach DIN 1544; $s \times b$ mit $s = 0{,}10$ bis 5,0 und Bestellbreiten b bis 630 mm

Wulstflachstahl nach DIN 1019; $b \times s = 60 \times 4$ bis 430×21; im Schiffbau und für Aussteifungen (**10.**1)

10.1
Wulstflachstahl nach DIN 1019

Vierkantstahl nach DIN 1014; $a = 6$ bis 150 mm; z. B.: □ 30 DIN 1014

Rundstahl nach DIN 1013; $d = 5$ bis 220 mm; z. B.: ∅ 30 DIN 1013 ·

Sonstige DIN-Stahlprofile, wie scharfkantiger gleichschenkliger ∟-Stahl nach DIN 1022 (LS-Stahl), scharfkantiger ⊤-Stahl mit parallelen Flansch- und Stegnach nach DIN 59051 (TPS-Stahl), Halbrund- und Flachhalbrundstahl nach DIN 1018, Sechskantstahl nach DIN 1015 usw., werden selten für tragende Konstruktionen, sondern meist nur für untergeordnete Bauteile (Geländer u. ä.) verwendet. Kranschienen s. Teil 2.

Walzprofile sind in Regellängen bis 12 m (⊤, ∟, ∟) bzw. 15 m (I, ⊏, ⅂) und in Überlängen mit Aufpreis bis 20 m lieferbar.

1.2.2 Bleche

Sie werden in Längs- und Querrichtung gewalzt und kommen deswegen vor allem dann in Frage, wenn mehrachsige Beanspruchung vorliegt, wie z. B. bei Steg- und Knotenblechen, Kopf- und Fußplatten, Unterlagsplatten usw. Man unterscheidet nach der Blechdicke s folgende Gruppen:

Feinbleche bis 2,75 mm Dicke nach DIN 1541 T. 1; $b \times l = 530 \times 760$ bis 1250×2500; für Dach- und Wandelemente und als Ausgleichsfutter. Bezeichnung: $s \times b \times l$ DIN 1541 − Stahlsorte nach DIN 1623 T. 2

Mittelbleche von 3 bis 4,75 mm Dicke nach DIN 1542; Breiten bis 2500 mm und Längen bis über 7000 mm im Leichtbau und als Futter. Bezeichnung: $s \times b \times l$ DIN 1542 − Stahlsorte nach DIN 17100

Grobbleche von > 4,75 mm Dicke nach DIN 1543; Breite bis > 3600 mm, Länge bis > 8000 mm. Bezeichnung: Bl $s \times b \times l$ DIN 1543 − Stahlsorte nach DIN 17100

Riffel-, Warzen- und Raupenbleche in Dicken von 3 bis 24 mm und Flächengrößen $\leqq 10$ m^2 [33]; geeignet als tragende Belagbleche für Stufen, Stege und Fußböden (**10.**2 und **10.**3)

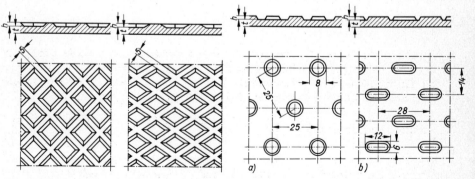

10.2 Riffelbleche; Riffelhöhe $h = 1,5$ bis 2 mm   **10.**3 Warzen- (a) und Raupenblech (b); $h = 1,5$ bis 2 mm

Wellbleche nach DIN 59231, feuerverzinkt oder rostgeschützt, als Rolladenprofil in Baubreiten $b_2 = 630$ und 640 mm, Dicken $s = 0,44$ bis 0,88 mm, Tafellängen 2000 mm bis 3500 mm bei Wellenhöhe zu Wellenlänge $= h : b_1 = 15 : 30$ und $20 : 40$.

Dach- und Trägerprofile s. Teil 2.

Bezeichnung der Wellbleche: WellBl $h \times b_1 \times s \times l$ DIN 59231

Pfannenbleche (11.1) nach DIN 59231, feuerverzinkt oder rostgeschützt, in Dicken $s = 0,63$, 0,75, 0,88 und 1,00 mm und Tafellängen bis 12000 mm. Sie sind auch in ⅓ und ⅔ Breite lieferbar.

Bezeichnung: Pfannenblech $s \times l$ DIN 59231

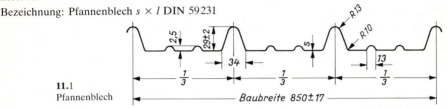

11.1
Pfannenblech

Trapezbleche (nicht genormt) von verschiedenen Herstellern nach allg. bauaufsichtlicher Zulassung lieferbar. Nenndicke $t_N = 0,75$ bis 2,0 mm, Höhe $h = 26$ bis 160 mm, Wellenlänge $b_1 = 167$ bis 290 mm [35].

1.2.3   Hohlprofile

Sie haben einen relativ großen Trägheitsradius und eignen sich daher besonders für Druckstäbe. Sie werden u. a. bei Bindern, Stützen und Masten verwendet.

Nahtlose Stahlrohre nach DIN 2448 werden mit Außendurchmessern $D = 10,2$ bis 660 mm und Wanddicken $s = 1,6$ bis 65 mm hergestellt. Bezeichnung: Rohr $D \times s$ DIN 2448 − Stahlsorte nach DIN 1629

Geschweißte Stahlrohre nach DIN 2458 mit $D = 10,2$ bis 2220 mm und $s = 1,4$ bis 40 mm. Bezeichnung: Rohr $D \times s$ DIN 2458 − Stahlsorte nach DIN 1626

Quadratische und **rechteckige Hohlprofile** nach DIN 59410 mit den Abmessungen $40 \times 40 \times 2,9$ bis $400 \times 400 \times 20$ und $50 \times 30 \times 2,9$ bis $400 \times 260 \times 17,5$ werden aus nahtlosen, bevorzugt aus geschweißten Stahlrohren bei Walztemperatur umgeformt. Es tritt keine Kaltverformung auf, die besondere Maßnahmen beim Schweißen erfordern würde.

1.2.4   Kaltprofile

Nach DIN 59413 aus 1,5 bis 8 mm dickem Warmband aus Stahlsorten der Gütegruppen 2 und 3 nach DIN 17100 kalt gewalzte oder abgekantete Profile werden in der Stahlleichtbauweise für Decken und Dachkonstruktionen sowie als Schalungsträger verwendet. Die Querschnittsformen und -abmessungen sind nicht genormt (**11.**2).

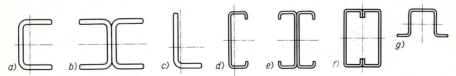

11.2 Beispiele von Kaltprofilen (nicht genormt)

1.3 Ausführung der Stahlbauten

1.3.1 Zeichnerische Darstellung von Stahlbau-Konstruktionen

Grundlagen sind die Zeichnungsnormen, vor allem DIN ISO 5261, Technische Zeichnungen für Metallbau.

Konstruktionszeichnungen werden im Stahlhochbau i. allg. im Maßstab 1:10 (ausnahmsweise 1:15) auf Transparentpapier in Bleistift, im Brückenbau auch in Tusche angefertigt. Die Bauglieder werden nicht einzeln, sondern im zusammengebauten Zustand dargestellt und bemaßt. Falls Einzelheiten vergrößert dargestellt werden müssen, dienen dazu die Maßstäbe 1:5, 1:2,5 und 1:1. Letzterer ist vor allem für Knotenbleche gebräuchlich, die auf dickes (Pack-)Papier aufgetragen und wie Schablonen verwendet werden, denn es können alle kennzeichnenden Punkte, besonders alle Bohrungen, direkt durchgekörnt werden.

Für Übersichtszeichnungen genügen die Maßstäbe 1:50 oder 1:100; sie enthalten in der Regel nach Art der allgemeinen Baupläne Ansichten, Grundrisse, Längs- und Querschnitte mit Teilangaben der Hauptbauteile sowie einen genordeten Lageplan.

Eine bessere Einteilung der Zeichnungen hinsichtlich ihrer Funktionen läßt sich erreichen, wenn die Übersichtszeichnung das gesamte Bauwerk lückenlos in größerem Maßstab und ausführlicher darstellt. Dann braucht in der Werkstattzeichnung jedes Bauteil nur noch so weit gezeichnet zu werden, wie es für die Fertigung nötig ist. Der Zusammenhang mit Nachbarbauteilen ist für diesen Zweck nicht erforderlich; dafür können die Teile auf den Zeichnungen nach fertigungstechnischen Gesichtspunkten zusammengefaßt werden, z.B. nach Profil-, Blech- und Fachwerkkonstruktion, und man kann in größerem Umfang Hinweise für die Fertigung und Bearbeitung geben. Eine Erweiterung der vorhandenen Übersichtszeichnung führt zur Montagezeichnung, die alle Angaben enthalten soll, die der Monteur benötigt, wie z.B. Höhen- und Achsangaben, Montagepositionen, Anschlüsse, Angaben für die Verbindungsmittel.

Liniengruppen (DIN 15) mit je 3 verschiedenen Linienbreiten werden nach der jeweils breitesten Linie (in mm) benannt. Genormt sind die Liniengruppen 2,0; 1,4; 1,0; 0,7; 0,5; 0,35 und 0,25. Die letztgenannte wird, mit den Linienbreiten 0,25; 0,18 und 0,13 mm in diesem Buch verwendet.

Linienarten (Auszug aus DIN 15 T. 1)

Breite Vollinie: Sichtbare Kanten und Umrisse (**13.**1)

Schmale Vollinie: Maß- und Maßhilfslinien (**13.**1), Schraffuren, Hinweislinien, kurze Mittellinien

Schmale Strichlinie: Verdeckte Kanten und Umrisse (**13.**1)

Breite Strichpunktlinie: Kennzeichnung der Schnittebene (**94.**1)

Schmale Strichpunktlinie: Mittel- und Symmetrielinien (**37.**1)

Schmale Strich-Zweipunktlinie: Umrisse angrenzender Teile, Schwerlinien

Ansichten und Schnitte (DIN 6)

Bei Anordnung nach der Grundregel der DIN 6 (ISO-Methode E; **16.**3) braucht die Blickrichtung auch bei Schnitten nicht angegeben zu werden (**16.**4). Ist der Verlauf

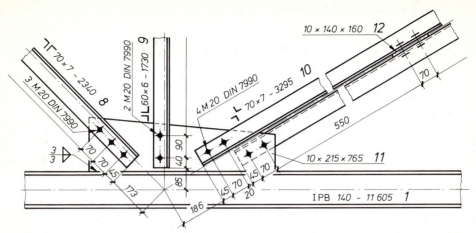

13.1 Fachwerkknoten mit Maßeintragung und Bezeichnungen der Profile und Schrauben

eines Schnittes unmißverständlich, dann kann die Schnittverlaufslinie ebenfalls entfallen (**55**.1).

Abweichungen von der Grundregel sind im Stahlbau oft zweckmäßig; z.B. die Anordnung der Draufsicht auf den Obergurt ü b e r , der Draufsicht (Schnitt) auf den Untergurt u n t e r und der Seitenansicht von rechts r e c h t s neben der Vorderansicht. Das muß entsprechend gekennzeichnet werden (**169**.3). Sinngemäß gilt dies auch für Schnitte (**193**.2). Untersichten sind im Stahlbau nicht üblich; zu einem Untergurt wird statt dessen die Draufsicht (Schnitt) gezeichnet.

Nach Möglichkeit sind Ansichten und Schnitte projektionsgerecht, d.h. fluchtend, zu ihrer jeweiligen Ausgangsansicht zu legen. Müssen sie, z.B. aus Platzmangel, abweichend hiervon angeordnet werden, dann sind sie durch Blickrichtungspfeile, Buchstaben und Wortangaben eindeutig zu kennzeichnen; für vergrößert herausgezeichnete Einzelheiten gilt dies sinngemäß (**193**.2).

Einzelheiten

F u t t e r werden in der Ansicht nur dann mit schmalen Vollinien unter 45° schraffiert, wenn dies der Deutlichkeit halber erforderlich ist (**172**.1). Ihrem Profilmaß wird „Fu" vorangestellt. Im Schnitt werden Futter nicht geschwärzt, sondern schraffiert.

D ü n n e B a u t e i l e können im Schnitt anstelle des Schraffierens (**152**.3) mit Lichtkanten (**13**.2) oder voll geschwärzt (DIN 6, wie hier im Buch) gezeichnet werden. Stoßen mehrere solcher Flächen zusammen, dann sind sie durch eine möglichst schmale Lichtfuge voneinander zu trennen (**153**.2).

Flansche werden im Schnitt mit Neigung (**209**.2), in der Ansicht als volle Doppellinie im Abstand der mittleren Flanschdicke *t* gezeichnet (**13**.3).

13.2
Querschnittzeichnung mit Lichtkanten

13.3
Bemaßung von Ausklinkung und Langloch

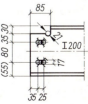

Ausrundungen konstruktiver Art (z. B. bei Ausklinkung, Abflanschung, Schlitz) werden mit dem Durch- oder Halbmesser bemaßt (**13**.3). Profilquerschnitte werden im Maßstab 1:1 mit Ausrundung, im Maßstab 1:10 und kleiner auch scharfkantig gezeichnet.

Stoß zweier Bauteile mit Spiel wird durch zwei Linien (**198**.1), als Paßstoß durch eine Linie mit Anmerkung „Paßstoß" oder „gefräst" (**166**.1) gekennzeichnet.

Schrauben werden mit Sinnbildern und ergänzenden Angaben nach Tafel **41**.2 dargestellt. Ein Beispiel hierfür zeigt Bild **13**.1. Über die Verwendung von Schraubensinnbildern in diesem Buch s. Abschn. 3.1.2.

Schweißnähte werden mit Sinnbildern nach DIN 1912 T 5 und 6 dargestellt (Taf. **78**.1).

Bemaßung

Maße werden über oder notfalls unter durchgehende Maßlinien in Millimetern, jedoch ohne Maßeinheit eingetragen. Einzelabstände sind nach Möglichkeit zu Maßketten zusammenzufassen, die durch Gesamtmaße überprüfbar sind. Sich wiederholende gleiche Maße werden vereinfacht angeschrieben, z. B. 8 × 85 = 680 (**61**.1).

Maßlinien dürfen die Deutlichkeit der Konstruktionszeichnung nicht beeinträchtigen und sind daher herauszuziehen; die Lochteilung kann man jedoch auch direkt an die Rißlinie antragen (**108**.1). Maße für nicht maßstäblich gezeichnete Längen (kommt nur bei Änderungen in Frage) sind zu unterstreichen. Maßlinien enden in kurzen Schrägstrichen (**13**.3) oder Pfeilen bzw. Punkten, z. B. wenn für Pfeile der Platz fehlt (**61**.1). Die Bemaßung von Schrauben erfolgt in der derjenigen Ansicht, in der sie mit ihrem Sinnbild erscheinen; ihre Abstände zählen von der Lochmitte aus.

Die Bemaßung soll funktionsgerecht sein. Maße sollen nicht auf imaginäre Mittel- und Systemlinien, sondern auf Kanten und Flächen der Bauteile bezogen werden; dabei müssen die Maßangaben Rücksicht auf die Walztoleranzen der verwendeten Profile nehmen. Wenn beim Trägeranschluß nach Bild **14**.1 die Trägeroberkanten bündig liegen sollen, müssen die Maße für die Bohrungen von der Trägeroberkante als Konturkante ausgehen. Nach unten bleibt die Maßkette entweder offen, damit sich die Walztoleranzen nach unten hin ausgleichen können, oder man setzt das Ergänzungsmaß zur Trägerunterkante als Toleranzmaß in Klammer (**13**.3). Können sich Walztoleranzen nicht in dieser Weise frei ausgleichen, ohne die Länge anderer Bauteile zu beeinflussen, müssen Ausgleichsfutter vorgesehen werden, deren Dicke in der Werkstatt nach den wirklichen Profilabmessungen zu bestimmen ist. Bei vorgegebener Länge des Stützenschusses könnte im Bild **168**.1 die planmäßige Höhenlage der Trägeroberkante nicht hergestellt werden, wenn die Toleranzen in der Höhe des Unterzugsprofils nicht durch die Dicke des Futters zwischen Stützenkopf und Trägerunterkante aufgefangen würden.

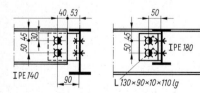

14.1
Schrauben in der Seitenansicht (alte Darstellungsweise)

Bei jedem einzelnen Bauteil sind außerdem die normgerechte Bezeichnung des Halbzeugs, die Gesamtabmessung sowie eine Teil-Nummer anzugeben. Diese Angaben werden in Stabrichtung auf, neben oder unter den Stab gesetzt (**13**.1). Die einzelnen Bauteile einer Zeichnung werden in der Reihenfolge ihrer Teil-Nr. in Stücklisten eingetragen, die alle erforderlichen Angaben, wie Benennung, Werkstoff, Abmessungen, Gewicht, Stückzahl und Anstrich, enthalten. Jede Konstruktionszeichnung sollte außerdem eine Zusammenfassung der verwendeten Sinnbilder für die Schrauben sowie eine Übersichtsskizze (auch Teilübersicht) für den Zusammenbau enthalten.

Alle Angaben auf der Zeichnung (Maße, Profilbezeichnungen mit Positionsnummern, Schweißnähte mit ihren Abmessungen usw.) dürfen nur einmal erscheinen, damit nicht im Falle von Änderungen unkorrigierte Eintragungen übersehen werden.

1.3.2 Werkstattarbeiten, Gewichtsberechnung und Abrechnung

In der Werkstatt werden die Einzelteile nach Zeichnung und Stückliste vorgefertigt und zu transportfähigen Bauteilen zusammengebaut.

Automatische Fertigungsanlagen

Das vom Lagerplatz geholte Walzmaterial durchläuft zuerst die Konservierungsanlage. In ihr werden Profile und Bleche durch Strahlen entzundert und durch Aufspritzen eines Primers in geringer Schichtdicke konserviert. Nach dem raschen Trocknen des Fertigungsanstrichs gelangen die Einzelteile entweder zur Vorzeichnerei und von da zur weiteren Vearbeitung zu den verschiedenen Arbeitsplätzen, oder die Profile werden einer maschinell oder über Lochstreifen numerisch gesteuerten Sägeanlage zugeführt, abgelängt und zur Bohranlage weitergeleitet. Auch die Bohranlage kann entweder maschinell oder numerisch gesteuert werden; das Vorzeichnen der Bohrungen entfällt. Die Bleche gelangen aus der Konservierungsanlage zu den numerisch gesteuerten Brenn- und Anzeichenmaschinen. Nach Durchlaufen der Fertigungsanlagen werden die Einzelteile nötigenfalls weiteren Bearbeitungsmaschinen oder aber bereits dem Zusammenbau zugeführt.

Der Vorteil der Fertigungsanlagen liegt im hohen Rationalisierungseffekt und in der gleichbleibend großen Genauigkeit.

Vorzeichnen

Falls in der Werkstatt keine automatischen Fertigungsanlagen vorhanden sind, werden alle Maße für die Bearbeitung am rohen Werkstück, das vorher gerichtet wurde, nach der Zeichnung aufgetragen bzw. angerissen. Für Schnitte erhält die Rißlinie eine Reihe leichter Körnerschläge, und der abzutrennende Teil wird mit Ölkreide schraffiert. Bohrlöcher werden durch Anreißen der Zeichnungsmaße mit Stahllineal und Anschlagwinkel angetragen. Der Schnittpunkt der Rißlinien (Lochmittelpunkt) wird kräftig angekörnt und in Ölkreide mit Sinnbildern für den Lochdurchmesser versehen. Schließlich erhält jedes Einzelstück seine Teil-Nummer nach der Zeichnung.

Bearbeitung

Richten. Profile und Bleche, die durch den Transport oder sonstwie verformt wurden, werden auf Richtplatten oder in Walzen noch vor dem Anreißen gerichtet.

Biegen erfolgt für geringe Verformungen im kalten Zustand, für größere in guter Rotglut mit anschließendem langsamem Erkalten.

Schneiden. Zum Ablängen dienen Scheren für Flachstahl, Tafelscheren für Bleche und Spezialscheren für Profil- und Stabstahl. Scherenschnitte ergeben immer geringe Verquetschungen der Ränder, die in zugbeanspruchten Bauteilen mit > 16 mm Dicke abgehobelt werden müssen. Genauere Schnitte (**16.**1 bis 6) ohne Verformung liefern Bügel- und Kreissägen, mit denen man mehrere Profile gleichzeitig kalt schneiden kann. Die zahnlose

Trennscheibe schneidet wesentlich rascher; der Werkstoff wird dabei im Schnitt durch Reibungswärme geschmolzen und verbrannt. Mit dem Sauerstoff-Schneidverfahren können Schnitte jeder Art und Form (auch Kurvenschnitte nach Schablonen, Ausklinken (**13.**3 und **16.**6) von Trägern, Schweißnahtvorbereitung u. a.) einwandfrei und rasch ausgeführt werden. Es wird mit Zweidüsen- oder Ringdüsenbrennern von Hand oder mit maschinellem, ggfs. numerisch gesteuertem Vorschub gearbeitet.

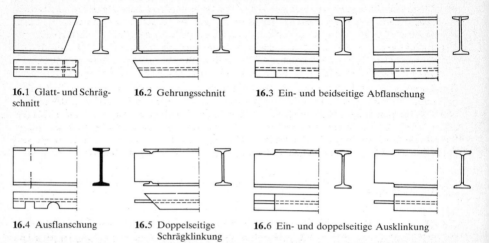

16.1 Glatt- und Schräg-   **16.**2 Gehrungsschnitt   **16.**3 Ein- und beidseitige Abflanschung
schnitt

16.4 Ausflanschung   **16.**5 Doppelseitige   **16.**6 Ein- und doppelseitige Ausklinkung
Schrägklinkung

Bohren und Stanzen. Löcher werden entweder sofort auf den endgültigen Durchmesser gebohrt oder (besonders im Kran- und Brückenbau) kleiner vorgebohrt und nach dem Ausrichten beim Zusammenbau mit Reibahlen fertig aufgerieben. Versenke werden mit Krausköpfen (Senkbohrern) gebohrt, mit denen man auch den Grat von Bohrlöchern abarbeitet. Stanzen ist erlaubt, jedoch müssen die Löcher in zugbeanspruchten, vorwiegend ruhend belasteten Bauteilen mit > 16 mm Dicke, im Kran- und Brückenbau aber in jedem Fall, vor dem Zusammenbau um ≧ 2 mm aufgerieben werden.

Ausklinken (**16.**5 und 6), **Abflanschen** (**16.**3) **und Ausschneiden** (**16.**7) erfolgen am besten durch Brennschneiden. Alle einspringenden Ecken müssen vorher abgebohrt werden. Die Brennschnitte verlaufen dann tangential von Loch zu Loch.

16.7
Ausschneidung eines Fensters

Hobeln und Fräsen sind kostspielig, jedoch zur Erzielung genau ebener Flächen, z.B. bei Paßstößen (**166.**1), oder zur Bearbeitung der Stoßkanten für Schweißnähte (Tafel **74.**1) erforderlich.

Schleifen wendet man für kleinere Einpaßarbeiten, zum Brechen oder Runden von Kanten, zum Schärfen der Werkzeuge und zum Beseitigen von Schweißnahtkerben an.

Schmieden und Kröpfen, in hellrotwarmem Zustand von Hand oder in Pressen und Gesenkschmieden, wird angewendet für stärkere Verformungen von Profilen, zum Kröpfen von Winkeln oder Blechen oder zum Herstellen von Haken, Bolzen, Gelenkaugen u. a.

Meißeln von Hand oder mit dem Preßlufthammer wird heute meistens durch Brennen mit Spezialbrennern, z.B. Nietkopf- oder Flachbrenner, ersetzt.

Zusammenbau

Die nach der Konstruktionszeichnung hergestellten Einzelteile werden in der Werksmontage zu möglichst großen, aber noch transportablen Teilstücken verbunden. Dies erfolgt auf einer ≈ 0,80 m hohen Zulage (Trägerrost), damit alle Arbeiten von oben wie von unten ausgeführt werden können. Falls nötig, erfolgt der Zusammenbau (Heften) geschweißter Konstruktionen statt dessen nach einem Aufriß auf einer vorbereiteten Ebene, oft mit Hilfe angeschweißter Anschläge und sonstiger Vorrichtungen. Die Einzelteile werden gesäubert und in den Berührungsflächen mit Oberflächenschutz versehen, wobei der Konservierungsanstrich als Zwischenanstrich gilt. Sie werden zunächst lose zusammengebaut, dann genau nach Zeichnung ausgerichtet und jetzt erst endgültig verschraubt oder verschweißt. Montagestöße werden im Werk angepaßt und für den Transport wieder gelöst. Die Konstruktionsteile erhalten einen Korrosionsschutz (s. Abschn. 1.4), wenn es in der Leistungsbeschreibung vorgeschrieben ist.

Das Gewicht der Konstruktion wird zunächst nach den Stücklisten errechnet. Für das Gewicht der Verbindungsmittel werden bei geschraubten oder genieteten Hochbaukonstruktionen 3%, für geschweißte 1,5% und für teils geschweißte, teils geschraubte 2% zugeschlagen (DIN 18335). Die Gewichte werden beim Verlassen des Werkes durch Wiegen kontrolliert. Sie bilden die Grundlage für die Preisberechnung, falls kein Festpreis vereinbart wurde, sondern nach Tonnen gelieferter und montierter Konstruktion abgerechnet wird.

1.3.3 Montage

Der Zusammenbau in der Werkstatt ist billiger als auf der Baustelle; er ist vom Wetter unabhängig, und es können dabei leistungsfähige Maschinen eingesetzt werden. Deshalb macht man die Montagestücke möglichst so groß, wie dies die Transportfahrzeuge und -wege (Straße, Schiene, Fluß) zulassen.

Als Hebezeuge zum Aufstellen der Stahlkonstruktion sind an die Stelle der früher üblichen seilverspannten Standmaste oder Derricks Autokrane getreten, deren Aufbau wesentlich weniger Zeit beansprucht, und die darum leichter ihren Platz wechseln können. Autokrane auf Rädern oder mit Raupenfahrwerk können bei guter Geländegängigkeit große Tragkräfte (≦ 10000 kN) oder Hubhöhen (≦ 150 m) aufweisen (**17**.1). Der Fachwerkausleger kann mit Verlängerungsstücken der gewünschten Hubhöhe angepaßt werden, der Spitzenausleger reicht weit in das bereits montierte Bauwerk hinein. Kleine Lasten können fahrend, große Lasten aber nur im Stand bewegt werden, wobei die Standsicherheit durch mechanisch oder hydraulisch betätigte seitliche Abstützungen erhöht wird. Hydraulikkrane mit vollwandigem, teleskopartig verlängerbarem Ausleger ermöglichen eine feinfühlige Montage [3]. Für besondere Aufgaben werden noch Turmdrehkrane als Kletteroder Nadelkrane eingesetzt.

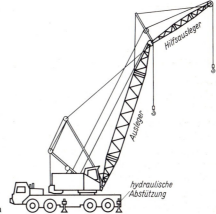

17.1
Autokran

Die hohen Investitionskosten für die Montagegeräte fordern ihren wirtschaftlichen Einsatz. Stillstandzeiten lassen sich durch sorgfältige Planung von Werkstattfertigung, Transport und Reihenfolge der Montagevorgänge vermeiden. Es ist anzustreben, die Einzelteile ohne Zwischenlagerung unmittelbar vom Transportfahrzeug aus zu montieren. Die Zahl der Hubvorgänge und damit die Montagezeit kann verkürzt werden, wenn große, die Tragfähigkeit der Hebezeuge weitgehend auslastende Teile montiert werden; hierzu werden die Transportstücke zu ebener Erde zu großen Baueinheiten vormontiert, bevor sie gehoben und eingebaut werden. Solche Maßnahmen können aber nicht erst nachträglich überlegt, sondern müssen bereits während des Konstruierens berücksichtigt werden. Dazu gehören Anschlagvorrichtungen zum Heben der Großteile ebenso wie Möglichkeiten zum Anbringen von Sicherheitseinrichtungen zum Schutz gegen Arbeitsunfälle.

Das meist verwendete Verbindungsmittel auf der Baustelle ist die Schraube. Die Zahl der Schrauben ist zur Ersparnis von Lohnkosten möglichst klein zu halten, z.B. durch Wahl größerer Schraubendurchmesser, und es sollen möglichst oft gleiche Schraubendurchmesser verwendet werden, um die Lagerhaltung zu vereinfachen. Feuerverzinkte Schrauben sind trotz ihres hohen Preises wirtschaftlich, weil sie einfacher zu lagern sind. Wenn Baustellenschweißung ausnahmsweise nicht zu vermeiden ist, muß die Verbindung schweißgerecht und gut zugänglich konstruiert sein.

Nach dem Zusammenbau wird die Stahlkonstruktion ausgerichtet, und die Lagerstellen werden vergossen. Um die Maßhaltigkeit des Bauwerks gewährleisten zu können, müssen Fertigungs- und Walztoleranzen bereits beim Konstruieren durch Ausgleichsfutter berücksichtigt werden.

1.4   Korrosionsschutz

1.4.1   Allgemeines

Durch Einwirken von Sauerstoff, Chlor- und Schwefelverbindungen (Meeres- und Industrieatmosphäre) bilden sich bei Anwesenheit von Wasser an der Stahloberfläche chemische Verbindungen (Rost). Wächst die relative Luftfeuchtigkeit an der Stahloberfläche über 60% hinaus, steigt die Korrosionsgeschwindigkeit erheblich an. Der durch Rosten verursachte Materialabtrag ist von der Konzentration der aggressiven Medien stark abhängig und reicht bei ungeschütztem Stahl einseitig von 4 µm/Jahr in Landluft, bis zu ≈ 160 µm/Jahr in Industrieluft.

Besondere Korrosionsbedingungen liegen im Erdboden und im Wasser vor. Hohe Korrosionsbeanspruchungen ergeben sich durch chemische Einwirkungen in Industriebetrieben, desgleichen bei mechanischem Abrieb, bei Kondenswasser oder Temperaturen über + 60 °C. Im Inneren von Gebäuden ist hingegen die Korrosion gering, falls die Atmosphäre nicht durch Industrieeinflüsse belastet ist. Dicht geschlossene Hohlkörper rosten im Inneren nicht, jedoch kann Oberflächenfeuchtigkeit (Regen, Kondenswasser) durch undichte Stellen eingesaugt und gespeichert werden; dem ist durch konstruktive Schutzmaßnahmen zu begegnen. Bei Bauteilen, die ausreichend dick (z. B. 35 mm) mit dichtem Beton umhüllt sind, kann auf Korrosionsschutz verzichtet werden.

Maßgebend für Vorbereitung und Ausführung von Rostschutzmaßnahmen sind DIN 18363 und DIN 55928; in der letzten ist auch der besonders wichtige Korrosionsschutz dünnwandiger Bauteile (Stahlleichtbau) geregelt (s. Teil 2). Da die vorgeschriebenen zulässigen Spannungen der Bauteile nur bei ausreichendem und dauerndem Schutz gegen Querschnittsminderung durch Rost anwendbar sind, kommt dem wirksamen Korrosionsschutz nicht nur wirtschaftliche Bedeutung zu, sondern er ist auch ein Gebot der Sicherheit.

1.4.2   Vorbereitung der Oberflächen

Vor dem Aufbringen von Beschichtungen (Anstrichen) oder Metallüberzügen müssen die Oberflächen von artfremden Verunreinigungen (z. B. Schmutz, Fett, lose alte Beschichtungen) und arteigenen Schichten (Zunder, Rost) befreit werden, damit die Schutzschichten fest haften und nicht durch Unterrosten abplatzen können. Eine ausreichende Oberflächen-Rauheit ist zur Verbesserung des Haftvermögens anzustreben. Für Beschichtungen können festsitzende, unversehrte Farbreste bleiben, für Metallüberzüge müssen auch diese entfernt werden. Bei erhöhter Korrosionsbeanspruchung und für metallische Überzüge ist die Walzhaut (Zunder) vollständig zu beseitigen; sonst kann festhaftende Walzhaut belassen werden, doch bietet sie in jedem Fall dem Anstrich einen schlechten Haftgrund. Abwittern des Zunders ist wegen der langen Dauer wenig geeignet; zudem tritt eine starke Verrostung zunderfreier Zonen und ein Befall mit Korrosionsstimulatoren (Eisensulfatnester) auf, die nicht mehr vollständig entfernt werden können.

Je nach dem Ausgangszustand der Oberflächen und dem angestrebten Norm-Reinheitsgrad ist das zweckmäßigste Entrostungsverfahren zu wählen. Der bei der Vorbereitung erreichte Reinheitsgrad wird nach DIN 55928, T. 4 mittels fotografischer Vergleichsmuster festgestellt.

Hand- und maschinelle Entrostung: Die Ausführung von Hand erfolgt mit Drahtbürste, Spachtel, Schwedenschaber und Rostklopfhammer, die maschinelle Entrostung mit rotierenden Drahtbürsten, Schlagkolben- oder Schlaglamellengeräten, Nadelpistolen oder Schleifscheiben. Oberflächenverletzungen durch Schlagwerkzeuge sollen wegen ihrer Kerbwirkung vermieden werden. − Erreichbar sind die Norm-Reinheitsgrade St 2 und St 3.

Strahlen: Das Strahlgut wird beim Schleuderstrahlen in Durchlauf-Strahlanlagen mit Schleuderrädern, beim Druckluftstrahlen mit Druckluft und beim Naßstrahlen mit Druckwasser auf die Stahlteile geschleudert und erzeugt eine metallisch blanke, aufgerauhte Oberfläche. Strahlmittel können aus Metall in Kornform gegossen sein, oder sie sind von mineralisch synthetischer (Elektrokorund, Kupferhüttenschlacke und dergl.) bzw. natürlicher Herkunft (Quarzsand mit Verwendungsbeschränkung als gefährlicher Arbeitsstoff). Es können die Norm-Reinheitsgrade Sa 1, Sa 2, Sa 2½ bis hin zur besten Güteklasse Sa 3 erreicht werden.

Flammstrahlen: Eine Azetylen-Sauerstoff-Flamme mit Sauerstoffüberschuß wird einmal oder mehrmals über die Oberfläche geführt. Beschichtungen, Zunder und

Rost werden bis auf unbedeutende Reste entfernt (Norm-Reinheitsgrad Fl). Mindestblechdicke > 5 mm. Auf der Bauteilrückseite treten Temperaturen $\geqq$ 100 °C auf. Die Verbrennungsrückstände werden maschinell abgebürstet.

Auf die saubere, trockene und noch warme Oberfläche wird der Anstrich aufgebracht, so daß der Farbfilm sehr gut haftet.

Chemische Entrostung: Die Stahlteile werden in ein Beizbad aus verdünnten Mineralsäuren getaucht und anschließend gespült, neutralisiert und ggf. passiviert. Zunder und Rost werden vollständig entfernt (Norm-Reinheitsgrad Be).

Die Verwendung sog. Rostumwandler oder Roststabilisatoren ist wegen ihrer unsicheren Wirkung untersagt.

1.4.3   Beschichtungen

Beschichtungen mit Stoffen, deren Bindemittel meist organischer Natur sind, werden in der Regel aus 1 bis 2 Grundbeschichtungen, dem zusätzlichen Kantenschutz und 1 bis 3 Deckbeschichtungen aufgebaut. Die einzelnen Sollschichtdicken sind von den verwendeten Bindemitteln abhängig und führen zu einer Gesamtschichtdicke zwischen 80 und 360 µm. Durch strukturviskose Einstellung lassen sich viele Beschichtungsstoffe dickschichtig verarbeiten, so daß sie auch als Einschichter verwendbar sind.

Sofern nicht besondere Verhältnisse vorliegen, kann bei der geringen Korrosionsbeanspruchung im Inneren geschlossener Gebäude entweder ganz auf Beschichtungen verzichtet werden, oder es genügt ein vereinfachter Korrosionsschutz mit einer Grundbeschichtung. Bei teilweiser Betonumhüllung von Stahlteilen muß die Beschichtung bzw. der Überzug einige Zentimeter in die Berührungsflächen hineinführen; die Übergangsfuge ist erforderlichenfalls zusätzlich abzudichten.

Fertigungsbeschichtungen (FB): Bei der Walzstahlkonservierung wird auf die Bleche oder Profile nach dem Durchlaufen der Strahlkabinen sofort ein rasch trocknender Fertigungsanstrich von 15 bis 25 µm Dicke gespritzt, der bis zur Fertigstellung der Stahlkonstruktion ein Unterrosten verhindert. Der Konservierungsanstrich darf u. a. beim Schweißen und Brennschneiden keine gesundheitsgefährdenden Dämpfe entwickeln, seine Bestandteile dürfen die Güte der auf ihm auszuführenden Schweißnähte nicht herabsetzen [8].

Grundbeschichtungen (GB): Sie sollen als physikalisch-chemische Schutzschicht die korrosiven Einwirkungen neutralisieren. Der 1. Grundanstrich ist am Tage des Entrostens aufzubringen; andernfalls empfiehlt sich ein Voranstrich mit schnelltrocknendem Haftgrund, der nach spätestens 2 Wochen zu überstreichen ist. Für die Beschichtungsstoffe der GB werden Korrosionsschutzpigmente, ggfs. in Kombination mit Füllstoffen, verwendet.

Solche Pigmente sind z.B. Bleimennige, Zinkchromat, basisches Bleisilicochromat, Zinkphosphat, Zink- oder Bleistaub. Die Beschreibung der spezifischen Schutzeigenschaften dieser Pigmente in DIN 55928 T 5 erleichtert die Wahl des für den jeweiligen Korrosionsangriff bestgeeigneten Pigments.

Die verwendeten Bindemittel müssen auf die Pigmente abgestimmt sein und werden nach Trocknungszeit und Temperaturbeanspruchung gewählt.

Sie unterteilen sich in oxidativ trocknende Bindemittel (z. B. Öl, Alkydharz, Epoxidharzester) physikalisch trocknende Bindemittel (z. B. Chlorkautschuk, Cyclokautschuk), Bindemittel für

Reaktions-Beschichtungen (z. B. Epoxidharz, Polyurethan) und bituminöse Bindemittel (z. B. Bitumen, Teere und Teerpeche). Für den Stahlwasserbau kommen bis zu 2 mm dicke Schichten aus Epoxidharz, Chlorkautschuk, Polyurethan und bituminöse Bindemittel allein oder in Gemischen, ggfs. mit zusätzlichen Pigmenten oder Füllstoffen in Frage.

Deckbeschichtungen (DB): Sie schränken die Einwirkung aggressiver Stoffe auf die Grundbeschichtung ein und verhindern deren vorzeitigen Abbau. Sie müssen undurchlässig, porenfrei, quell- und lichtbeständig sein.

Pigmente sind z. B. Aluminiumpulver, Bleiweiß, Eisenglimmer, Eisen-, Titan- und Zinkoxid. Im Freien sind Schuppenpigmente (Aluminiumpulver, Eisenglimmer) besonders beständig.

Als Bindemittel werden die gleichen Stoffe wie bei den GB verwendet.

DIN 55928 T 5 enthält umfangreiche Tabellen bewährter Beschichtungen für GB und DB mit Angabe der Eignung für die Korrosionsangriffe.

Ausführung der Anstricharbeiten

Es soll nur auf trockene Flächen, bei trockenem Wetter und bei Temperaturen $\geqq + 5\,°C$ und $\leqq 50\,°C$ gestrichen oder gespritzt werden. Gefährlich, besonders für frische Anstriche, ist die Einwirkung von Kalk, Beton oder Verunreinigungen sowie das Auftreten aggressiver Gase.

Anstreichen mit dem Pinsel gibt mit größerer Sicherheit gleichmäßige, dichte Anstrichfilme, auch auf Kanten und Ecken, als das schnellere Aufspritzen. Deswegen soll zumindest der 1. Grundanstrich mit dem Pinsel aufgetragen werden.

Vor dem Zusammensetzen der Einzelteile sind die Berührungsflächen nochmals zu reinigen und mit dem Grundanstrich zu versehen. Durch Schweißen verbundene Berührungsflächen bleiben ohne Anstrich, wenn ringsum geschweißt wird, anderenfalls muß der Anstrich vor dem Aufeinanderlegen vollkommen trocken sein. Vor dem ersten, in der Werkstatt herzustellenden Grundanstrich sind alle offenen Fugen sorgfältig mit Kitt auszufüllen.

Nach Aufstellen der Stahlkonstruktion sind zunächst alle Räume zwischen den Verbandsteilen, in denen sich Wasser ansammeln kann, gut zu verkitten. Sodann ist der Grundanstrich auszubessern und an den auf der Baustelle hergestellten Verbindungen (Schrauben, Nähte) nachzuholen. Hierauf werden dem ganzen Stahlbauwerk die Deckanstriche gegeben. Die aufeinanderfolgenden Anstriche erhalten zur Erhöhung der Haftfestigkeit steigenden Bindemittelgehalt und zur Kontrolle zweckmäßig verschiedene Farbtönungen.

Von den Gesamtkosten einer Beschichtung entfallen auf die Farbe nur etwa 25 bis 33%, so daß an ihr zweckmäßig nicht gespart werden sollte.

1.4.4 Metallüberzüge und anorganische Beschichtungen

Schmelztauchen: Als Überzugmetall wird in der Regel Zink verwendet; bei Temperaturbeanspruchung bis 700 °C kommt Aluminium in Betracht.

Stückverzinken (DIN 50976) in Bädern bis 20 m Länge ermöglicht das Verzinken ganzer Bauteile; die Schichtdicke ist 50 bis 85 µm. Bänder, die zur späteren Weiterverarbeitung zu Dach- und Wandelementen vorgesehen sind, können kontinuierlich (DIN 17162) feuerverzinkt werden; die Schichtdicke beträgt etwa 20 µm. Dem Feuerverzinken kann Phosphatieren zur Haftverbesserung nachfolgender Beschichtungen oder Chromatieren gegen Weißrost bzw. auf Aluminium folgen.

Beim Eintauchen in das geschmolzene Zink bilden sich auf der Stahloberfläche Eisen-Zink-Legierungen in unlösbarer Verbindung mit dem Grundwerkstoff; beim Herausziehen aus dem Bad überziehen sie sich mit einer Reinzinkschicht. Der Zinküberzug gewährleistet einen kathodischen Schutz des Stahls, der auch bei kleinen Verletzungen der Zinkschicht wirksam bleibt. Auf Grund der geringen Korrosionsgeschwindigkeit des Zinks ist die Lebensdauer des Rostschutzes bei ausreichender Schichtdicke sehr groß.

Bei der Bestellung des Stahls soll die Eignung zum Feuerverzinken besonders vereinbart werden. Die Temperatur des Zinkbades von 450 °C setzt die Streckgrenze des Stahls herab. Liegen die Eigenspannungen der Konstruktion infolge Walzen, Schweißen, Richten und Kalt-verformen oberhalb der ermäßigten Streckgrenze, treten plastische Verformungen auf, die zum Verzug der Bauteile führen. Eine Verringerung dieser Erscheinung läßt sich durch ver-zinkungsgerechtes Konstruieren erreichen [3].

Beim D u p l e x - S y s t e m wird der Metallüberzug zusätzlich beschichtet; die Gesamt-lebensdauer ist dabei wesentlich länger als die Summe der einzelnen Schutzmaßnah-men, da der Abbau des Metallüberzugs von der Beschichtung verhindert wird und diese wegen des Metallüberzugs nicht unterrosten kann. Mit in der Praxis erprobten Stoffen kann ausreichende Haftung zwischen Beschichtung und Metallüberzug er-reicht werden.

Thermisches Spritzen (DIN 8565): Beim Flammspritzen werden Flammspritzdrähte einer Gasflamme zugeführt und vom Gasdruck in Form feiner Tröpfchen auf die durch Strahlen vorbereitete Stahloberfläche geschleudert. Als Spritzzusatz kommt neben dem bevorzugten Zink auch Aluminium in Betracht. Die Mindestschichtdik-ke von 100 µm bei Zink bzw. 120 µm bei Aluminium reicht nur bei zusätzlicher Beschichtung des Überzugs und muß sonst entsprechend erhöht werden. Im Wasser und im Boden sind stets Beschichtungen erforderlich. Das Verfahren kann im Her-stellerwerk und auf der Baustelle eingesetzt werden und eignet sich u. a. für den Stahlwasserbau und zum Schutz nachträglicher Schweißnähte an feuerverzinkten Bauteilen.

Emaillieren: Emailüberzüge bestehen aus einer durch Schmelzen entstandenen, gla-sig erstarrten oxidischen Masse; sie sind witterungsbeständig und haben infolge ihrer glatten Oberfläche geringen Pflegebedarf. Aus diesen Gründen und wegen der Möglichkeit der Farbgebung ist emaillierter Stahl für vorgefertigte Wandelemente vielseitig verwendbar.

1.4.5   Verwendung legierter Stahlsorten

Ein K u p f e r g e h a l t von 0,1 ··· 0,2% verlangsamt die Rostgeschwindigkeit, jedoch nicht in Meeresluft und unter Wasser.

Mit Cr, Cu, Ni, P und Si schwach legierter w e t t e r f e s t e r B a u s t a h l in den Güten WT St 37-2 und WT St 52-3 bildet bei ständigem Wechsel von Befeuchtung und Abtrocknung auf seiner Oberfläche nach etwa 3 Jahren eine festhaftende, stabile, braunviolette S c h u t z s c h i c h t aus, die die Rostgeschwindigkeit auf den vernachläs-sigbar kleinen Wert von 1 µm/Jahr reduziert und daher besondere Korrosionsschutz-maßnahmen (Anstriche usw.) entbehrlich macht. Die Oxidschicht bildet sich aber nicht in geschlossenen Räumen, bei ununterbrochener Wasserbenetzung und in unmittelbarer ($\leq$ 1 km) Meeresnähe, doch wird die Lebensdauer der in diesen Fällen notwendigen Anstriche ungefähr verdoppelt. Bei der K o n s t r u k t i o n mit wetterfestem Baustahl muß Rücksicht darauf genommen werden, daß während der ersten Rostphase Korrosionsprodukte ablaufen und andere Bauteile verfärben können. Verbindungsmittel müssen aus dem gleichen Material bestehen. Zu beachten sind [9] sowie Erlasse, die die Anwendung teilweise beschränken (z.B. im Brückenbau).

Nichtrostende Stähle mit allg. bauaufsichtlicher Zulassung, z.B. X 5 CrNi 18 9 oder X 10 CrNiTi 18 9 für Wanddicken über 6 mm, wurden bisher wegen ihres hohen Preises vornehmlich für dekorative Zwecke eingesetzt, wie Türen, Fenster und Fassaden; sie finden jedoch auch in großem Umfang Anwendung bei Druckbehältern und zunehmend für Bauteile.

Je nach Streckgrenze werden diese Stähle wie St 37 oder St 52 berechnet, aber mit Änderungen bei den Stabilitäts- und Formänderungsnachweisen, weil ihr Elastizitätsmodul mit $E = 170000$ N/mm² niedriger liegt. Bei entsprechender Sorgfalt lassen sich die meisten der im Stahlbau üblichen Schweißverfahren anwenden.

1.4.6   Konstruktiver Rostschutz

Wenn Korrosionsschutzmaßnahmen unmöglich oder unwirksam sind, muß die statisch notwendige Wanddicke der Bauteile um einen Rostzuschlag vergrößert werden, der unter Berücksichtigung der erfahrungsgemäßen Rostgeschwindigkeit und der voraussichtlichen Lebensdauer des Bauwerks festzulegen ist.

Große Bedeutung kommt der korrosionsschutzgerechten Gestaltung zu. Dabei sind folgende Gesichtspunkte zu beachten:

− Die der Korrosion ausgesetzten Flächen sollen klein und wenig gegliedert sein.

− Unterbrochene Schweißnähte und Punktschweißung sind zu vermeiden.

− Alle Stahlbauteile sollen zugänglich und erreichbar sein; das bedeutet, daß der Raum zwischen Bauwerken bzw. Bauteilen keine kleineren Einzelmaße als 500 mm hat und daß der Abstand zwischen den zu erhaltenden Flächen groß ist, um sie vorzubereiten, zu beschichten und zu prüfen. DIN 55928 T 2 gibt hierfür Mindestmaße an (s. Teil 2). Zwischenräume ≤ 25 mm sind bei erhöhter Korrosionsgefahr auszufuttern; einteilige Profile sind dann vorteilhafter.

− Flächen, die nach der Montage nicht mehr zugänglich sind, erhalten einen höherwertigen Korrosionsschutz.

− Maßnahmen gegen die Ablagerung korrosionsfördernder Stoffe (Staub, Salze, aggressive Lösungen, Wasser) sind Schrägneigung der Flächen, Durchbrüche, Wasserablauföffnungen, Tropfnasen usw.

− Hohlbauteile sollen durch abgedichtete Mannlöcher oder Handlöcher dicht verschlossen werden. Andernfalls sind sie mit Umluft- und Entwässerungsöffnungen in ausreichender Anzahl und Größe zu belüften. Am geschraubten Baustellenstoß notwendige Handlöcher mit $d \geqq 120$ mm sind möglichst auf der Unterseite vorzusehen; beiderseits des Schraubstoßes ist der Hohlkasten durch eingeschweißte Querschotte luftdicht zu verschließen. Dicht geschlossene Hohlbauteile können ohne Innenschutz bleiben.

− Die bei der Berührung verschiedener Metalle mit unterschiedlichem elektrischen Potential auftretende Kontaktkorrosion muß durch isolierende Zwischenlagen (Kunststoffteile, Isolierpasten, Beschichtungen) verhindert werden.

1.5 Feuerschutz

1.5.1 Allgemeines

Stahl ist zwar nicht brennbar, doch versagen belastete Stahlbauteile im Brandfall bei der kritischen Stahltemperatur crit $T = 500\,°C$, weil dann die Streckgrenze bis zur zulässigen Stahlspannung abgesunken ist. Stahl nimmt die Brandtemperatur relativ rasch an; es müssen deswegen Vorkehrungen getroffen werden, die das Vordringen der Hitze zum Stahl verzögern, damit Zeit zur Rettung von Menschen und für die Brandbekämpfung gewonnen wird.

Die in 8 Teile gegliederte DIN 4102 enthält die Prüfbedingungen für die Einteilung der Baustoffe und Bauteile nach ihrem Brandverhalten. Baustoffe werden unterschieden nach der Klasse A (A1, A2 = nicht brennbar) und nach der Klasse B (B1 = schwer-, B2 = normal-, B3 = leichtentflammbar). Für die daraus hergestellten tragenden oder raumabschließenden Bauteile gelten die Feuerwiderstandsklassen F 30 (feuerhemmend), F 60, F 90 (feuerbeständig), F 120 und F 180 (hochfeuerbeständig).

Die Zahlenangabe bezieht sich auf die Feuerwiderstandsdauer in Minuten, die das Bauteil unter zulässiger Gebrauchslast in einem genormten Brandversuch überstanden hat, ohne zusammenzubrechen. Können Stahlstützen nicht unter Gebrauchslast geprüft werden, darf die Stahltemperatur an keiner Stelle 500°C im Versuch überschreiten. Stützen mit Bekleidungen müssen von der Klasse F 90 ab unmittelbar nach dem Versuch der Löschwasserbeanspruchung standhalten, ohne daß die tragenden Stahlteile freigelegt werden.

Für Außenwandelemente und Sonderbauteile gelten eigene Bedingungen.

Die Feuerschutzklasse der vorgesehenen Schutzmaßnahmen ist durch Brandversuche an 2 gleichartigen Probekörpern nachzuweisen. Sofern jedoch Baustoffe und konstruktive Durchbildung eines Bauteils genau den Angaben in DIN 4102, T. 4 entsprechen, darf es ohne die langwierigen und kostspieligen Brandversuche in die dort angegebene Feuerwiderstandsklasse eingereiht werden.

Die Landesbauordnungen regeln, welcher Feuerschutzklasse die einzelnen Bauteile zuzuordnen und dementsprechend zu schützen sind.

1.5.2 Feuerschutzmaßnahmen

Bekleidungen

Es werden zweckmäßig Baustoffe mit schlechter Wärmeleitfähigkeit verwendet. Gegen Abfallen infolge Stoß- oder Löschwasserwirkung muß die Bekleidung erforderlichenfalls durch besondere Maßnahmen (Einlegen von Drahtgewebe u. a.) gesichert werden. Es dürfen nur Stoffe mit dem Stahl in Berührung kommen, die keine Korrosion verursachen.

Die jeweilige Mindestbekleidungsdicke d ist abhängig vom verwendeten Baustoff, von der geforderten Feuerwiderstandsklasse und vom Verhältnis U/A in m^{-1} des Umfangs der vom Feuer beaufschlagten Fläche zum Stahlquerschnitt (Taf. **25**.1, **25**.2). d kann dann Tabellen der DIN 4102, T. 4 entnommen werden. Es muß $U/A \leqq 300\ m^{-1}$ sein.

Tafel **25**.1   Berechnung des Verhältniswertes U/A in m^{-1} für bekleidete Stahlbauteile

Bekleidungsart	Beflammung		
	einseitig und bei Hohlprofilen	dreiseitig	vierseitig
profilfolgend	$\dfrac{100}{t_f}$	$\dfrac{U_{st} - b_f}{A}$ oder $\dfrac{200}{t_f}$ *)	$\dfrac{U_{st}}{A}$
kastenförmig	–	$\dfrac{2h + b}{A}$	$\dfrac{2h + 2b}{A}$

U_{st} Umfang des Stahlprofils in m^2/m (s. Profiltafeln); A Stahlquerschnittsfläche in m^2; b_f Flanschbreite in m; t_f Flansch- bzw. Hohlprofildicke in cm. h und b sind Höhe und Breite des Stahlprofils in m; hat die Bekleidung auf allen beflammten Seiten den Abstand s vom Stahlprofil, dürfen die Innenmaße der Bekleidung eingesetzt werden (**25**.2 d).
*) Der größere Wert ist maßgebend.

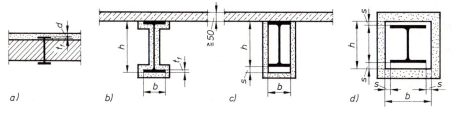

a)   b)   c)   d)

25.2 Beispiele für die Anordnung von Feuerschutzbekleidungen
  a) Stahlprofil in einer Wand, einseitig beflammt
  b) Deckenträger, 3seitig beflammt, profilfolgende Bekleidung
  c) desgl., kastenförmige Bekleidung
  d) Stütze kastenförmig bekleidet, 4seitig beflammt

Beispiel: Deckenträger IPE 240 mit $b_{st} = 120$ mm, $A = 39,1$ cm^2 und $U_{st} = 0,922$ m^2/m; dreiseitig beflammt,

a) Profilfolgend bekleidet (**25**.2 b):

$$\frac{U}{A} = \frac{0,922 - 0,12}{39,1 \cdot 10^{-4}} = 205 \text{ oder } \frac{200}{0,98} = 204; \text{ maßgebend } \frac{U}{A} = 205$$

b) Kastenförmig bekleidet (**26**.2): $\dfrac{U}{A} = \dfrac{2 \cdot 0,24 + 0,12}{39,1 \cdot 10^{-4}} = 153$

Einige Beispiele für Stützen- und Trägerbekleidungen aus unterschiedlichen Baustoffen zeigen die Bilder **26**.1 und **26**.2. Auch Träger können mit Platten auf tragender Unterkonstruktion bekleidet werden. Gegenüber Bild **26**.1 c verkleinert sich d erheblich (etwa auf die Hälfte), wenn Platten aus anderen Baustoffen, wie z. B. Vermiculite oder Fibersilikat, aufgrund von den Herstellern erteilten Prüfzeugnissen verwendet werden [32]. Profilfolgende Bekleidung von Trägern (**25**.2 b) wird gemäß vorliegenden Prüfzeugnissen als Mineralfaser- oder Vermiculite-Spritzputz aufgebracht. Bei F 30−A ist $d = 10$ mm, bei F 90−A liegt d je nach Hersteller und Verhältnis U/A zwischen 15 und 35 mm.
Zum Schutz der Ummantelung gegen Beschädigung sollen Stützen mit offenem Querschnitt bis auf $\geqq 1,5$ m über Fußbodenoberfläche ausbetoniert oder ausgemauert werden (**26**.1 b). Betongefüllte Stahlstützen mit geschlossenem Querschnitt müs-

sen am Kopf und Fuß, höchstens jedoch in 5,0 m Abstand, jeweils zwei einander gegenüberliegende Löcher mit zusammen $\geq 6\ \text{cm}^2$ Querschnitt erhalten; die Bekleidung muß an diesen Stellen gleichgroße Öffnungen haben.

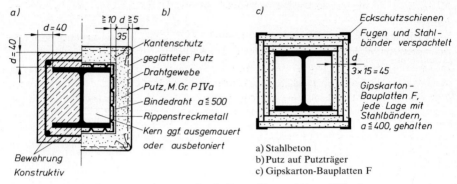

a) Stahlbeton
b) Putz auf Putzträger
c) Gipskarton-Bauplatten F

26.1 Feuerschutzbekleidungen von Stützen für die Feuerwiderstandsklasse F 90 mit

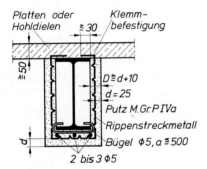

26.2
Feuerschutzbekleidung eines Deckenträgers für die Feuerwiderstandsklasse F 90 mit Putz auf Putzträger

Unterdecken

Statt die Träger einzeln zu bekleiden, kann die Deckenkonstruktion von oben durch die Betonplatte, von unten durch eine untergehängte Unterdecke gegen Feuer geschützt werden (**26.**3). DIN 4102 T 4 enthält mehrere Möglichkeiten der konstruktiven Durchbildung mit genauen Maßangaben; hinzu kommen vielfältige Angebote der Industrie für montierbare, vorgefertigte Unterdecken entsprechend den erteilten Zulassungen.

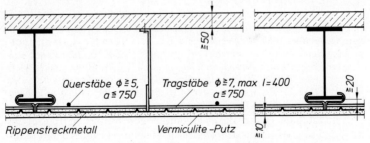

26.3 Unterdecke aus Vermiculite-Putz für die Feuerwiderstandsklasse F 90-A

Weitere Feuerschutzmaßnahmen

In stark brandgefährdeten Gebäuden (Lager, Kaufhäuser usw.) werden in der Dekke Sprinkleranlagen installiert; sie sprechen örtlich auf Wärme (ca. 70°C) oder Rauchentwicklung automatisch an und löschen Brände durch Versprühen von Wasser bereits im Entstehen.

Bei nichtummantelten Stützen aus Hohlprofilen kann der Brandschutz durch eine zirkulierende Wasserfüllung gewährleistet werden.

Im Inneren von Gebäuden verwendbare Beschichtungen mit dämmschichtbildender Wirkung bei Brandhitze erfüllen die Anforderungen der Klasse F 30, wenn für sie eine bauaufsichtliche Zulassung vorliegt.

2 Berechnung der Stahlbauten

Die maßgebenden Vorschriften sind die Stahlbau-Grundnorm DIN 18800 Teil 1 sowie die Fachnorm für den Stahlhochbau DIN 18801; in ihnen sind die Bemessung, Konstruktion und Herstellung geregelt.

In diesem Abschnitt werden nur allgemeine Berechnungsgrundlagen für den Stahlhochbau erläutert. Spezielle Vorschriften, die sich auf einzelne Konstruktionselemente, wie Verbindungsmittel, Zug- oder Druckstäbe, Träger, Fachwerke oder auf Kranbahnen und Brücken beziehen, werden in den entsprechenden Buchabschnitten behandelt.

2.1 Lastannahmen

Die Größe der auf Hochbauten einwirkenden Lasten ist DIN 1055 zu entnehmen [35]. Nach der Häufigkeit ihres Auftretens und Zusammenwirkens werden sie in Haupt-, Zusatz- und Sonderlasten unterteilt.

Hauptlasten (H): Ständige Last, planmäßige Verkehrslast, Schneelast, sonstige Massenkräfte, Einwirkungen aus wahrscheinlicher Baugrundbewegung.

Zusatzlasten (Z): Windlast, Lasten aus Bremsen und Seitenstoß (z. B. von Kranen), andere kurzzeitig auftretende Massenkräfte, Wärmewirkungen.

Sonderlasten (S): Anprall, Einwirkungen aus möglichen Baugrundbewegungen.

Für die Berechnung sind die Lasten so zu Lastfällen zu kombinieren, daß sich die jeweils ungünstigsten Schnittgrößen ergeben:

Lastfall **H** − alle **H**auptlasten sowie die Kombinationen $s + w/2$ bzw. $w + s/2$. Wird ein Bauteil, abgesehen von seiner Eigenlast, nur durch Zusatzlasten beansprucht, so gilt die mit der größten Wirkung als Hauptlast.

Lastfall **HZ** − alle **H**aupt- und **Z**usatzlasten

Lastfall **HS** − alle **H**auptlasten mit nur einer **S**onderlast (und ggf. weiteren Zusatz- und Sonderlasten).

2.2 Nachweise

Es dürfen im allg. die Stähle St 37 und St 52 nach DIN 17100 und diejenigen Stähle verwendet werden, die ihnen zugeordnet werden können, wie z.B. die wetterfesten Stähle WT St 37 und WT St 52 nach DASt-Richtlinie 007. Tafel **29.**1 enthält die Rechenwerte der Werkstoffeigenschaften zur Ermittlung von Formänderungen und Schnittgrößen.

Andere Stähle dürfen verwendet werden, wenn eine allg. bauaufsichtliche Zulassung vorliegt, z. B. die hochfesten schweißgeeigneten Feinkornbaustähle StE 460 und StE 690 nach der DASt-Richtlinie 011.

Tafel **29**.1   Rechenwerte für Werkstoffeigenschaften für Walzstahl, Stahlguß und Gußeisen

Stahl	Streckgrenze β_S N/mm²	Elastizitätsmodul E N/mm²	Schubmodul G N/mm²	Lineare Wärmedehnzahl α_T K^{-1}
Baustahl St 37	240[1])			
Baustahl St 52	360[2])			
Stahlguß GS 52	260	210000	81000	$12 \cdot 10^{-6}$
Vergütungsstahl C 35 N	280			
Grauguß GG 15	–	100000	38000	$10 \cdot 10^{-6}$

[1]) Für Materialdicken $\leqq$ 100 mm
[2]) Für Materialdicken $\leqq$ 60 mm
Für größere Dicken sind entsprechende Festlegungen zu treffen

2.2.1 Allgemeiner Spannungsnachweis

Er ist für alle Bauteile (Materialdicke $\geqq$ 1,5 mm) und für alle Lastfälle (H, HZ, HS) zu führen; dabei sind die mit den Querschnittswerten nach Tafel **30**.1 berechneten Spannungen den zulässigen Werten aus den Tafeln **30**.2 und **31**.1 gegenüberzustellen. Im Lastfall HS gilt zul σ_{HS} = 1,3 zul σ_H. Eigenspannungen aus der Herstellung und Spannungsspitzen an Kerben bleiben unberücksichtigt. Die zulässigen Spannungen berücksichtigen einen ausreichenden Sicherheitsabstand gegen Erreichen der Streckgrenze β_S: zul $\sigma = \beta_S / \gamma$.

Beanspruchung durch eine Längskraft N:

$$\text{Druck:} \left|\sigma_D\right| = N/A \leqq \text{zul } \sigma \tag{29.1}$$

$$\text{Zug:} \ \sigma_z = N/(A-\Delta A) \leqq \text{zul } \sigma \tag{29.2}$$

Beanspruchung durch ein Biegemoment M_y oder M_z:

$$\text{Biegedruck:} \quad \sigma_D = \left|\frac{M_y}{W_{D,y}}\right| \leqq \text{zul } \sigma \quad \text{bzw. } \sigma_D = \left|\frac{M_z}{W_{D,z}}\right| \leqq \text{zul } \sigma \tag{29.3}$$

$$\text{Biegezug:} \quad \sigma_Z = \frac{M_y}{W_{Z,y}} \leqq \text{zul } \sigma \quad \text{bzw. } \sigma_Z = \frac{M_z}{W_{Z,z}} \leqq \text{zul } \sigma \tag{29.4}$$

Bei gleichzeitiger Beanspruchung durch $N(\sigma_N)$, $M_y(\sigma_{My})$ und/oder $M_z(\sigma_{Mz})$ sind die zu den Einzelschnittgrößen nach Gln. (29.1) bis (29.4) ermittelten Spannungsanteile für die maßgebenden Rand- bzw. Eckpunkte zu überlagern:

$$\left|\sigma_N + \sigma_{My} + \sigma_{Mz}\right| \leqq \text{zul } \sigma \tag{29.5}$$

Tafel **30.1** Querschnittswerte bei näherungsweiser Berücksichtigung von Löchern für Verbindungsmittel

Zeile	Schnittgröße	Spannungsart	Maßgebende Querschnittswerte zur Ermittlung der Spannungen aus	
			N und Q	M_B und M_T
1	Längskraft N	Druck	A	
2		Zug[1])	$A - \Delta A$	
3	Biegemoment M_B	Druck		$W_D = I/z_D$
4		Zug[1])		$W_Z = (I - \Delta I)/z_Z$
5	Längskraft N und	Druck	A	$W_D = I/z_D$
6	Biegemoment M_B	Zug[1])	$A - \Delta A$	$W_Z = (I - \Delta I)/z_Z$
7	Querkraft Q	Schub	A_Q, S, I, t	
8	Torsionsmoment M_T			[2])

A Fläche des ungelochten Querschnittes
ΔA Summe aller abzuziehenden Lochflächen, die in derjenigen Rißlinie liegen, die den kleinsten Wert $A - \Delta A$ ergibt
A_Q Querkraftfläche, die bei näherungsweiser Berechnung der Schubspannungen infolge Querkraft zu deren Aufnahme geeignet ist; t = Dicke des Querschnittsteils
S Flächenmoment 1. Grades (stat. Moment) von ungelochten Querschnittsteilen[3])
I Flächenmoment 2. Grades (Trägheitsmoment) des ungelochten Querschnittes
ΔI Summe der I der in ungünstigste Rißlinie fallenden Löcher im Biegezugbereich[3])
z_D, z_Z Abstand der Randfaser am Druckrand bzw. Zugrand[3])
W_D, W_Z Maßgebendes Widerstandsmoment für die Randdruck- bzw. Randzugspannung

[1]) Gleitfeste Verbindung s. Abschn. 3.1.3.2
[2]) Querschnittswerte des ungelochten Querschnittes
[3]) bezogen auf die Schwerachse des ungelochten Querschnittes

Tafel **30.2** Zulässige Spannungen für Bauteile in N/mm²

Zeile	Spannungsart[1])	Last-fall	Werkstoff			
			St 37	St 52	StE 460 [2])	StE 690 [2])
1	Druck und Biegedruck (zul σ_D) für Stabilitätsnachweis nach DIN 4114 Teil 1 und Teil 2	H	140	210	275	410
		HZ	160	240	310	460
2	Zug und Biegezug (zul σ) Druck und Biegedruck	H	160	240	310	410
		HZ	180	270	350	460
3	Schub (zul τ)	H	92	139	180	240
		HZ	104	156	200	270

[1]) Lochleibungsdruck (zul σ_l) für Materialdicken $\geqq$ 3 mm bei Verbindung durch Schrauben s. Abschn. Verbindungen
[2]) Bei Berechnung und Anwendung sind die DASt-Richtlinie 011 und die allg. bauaufsichtliche Zulassung zu beachten

Tafel **31**.1   Zulässige Spannungen für Lagerteile und Gelenke[1]) in N/mm²

Spannungsart	GG-15		St 37		St 52		GS 52		C 35 N	
	H	HZ	H	HZ	H	HZ	H	HZ	H	HZ
Druck	100	110								
Biegedruck	90	100	160	180	240	270	180	200	160	180
Biegezug	45	50								
Berührungsdruck nach Hertz[2]) σ_{HE}	500	600	650	800	850	1050	850	1050	800	1000
Lochleibungsdruck bei Gelenkbolzen[3])	[4])		210	240	320	360	240	265	210	240

Werkstoff

[1]) Für andere Stähle und Baustoffe (z.B. bei Kunststofflagern) sind die jeweiligen allgemeinen bauaufsichtlichen Zulassungen maßgebend. Ein Normblatt über Lager ist in Vorbereitung.
[2]) Bei beweglichen Lagern mit mehr als 2 Rollen sind diese Werte auf 85% zu ermäßigen. Solche Lager sind jedoch möglichst zu vermeiden.
[3]) Diese Werte gelten nur für mehrschnittige Verbindungen.
[4]) Als Gelenkbolzen nicht verwendbar.

Wenn bei Längskraft und zweiachsiger Biegung je für sich $\left|\sigma_N + \sigma_{My}\right| \leq 0,8$ zul σ und $\left|\sigma_N + \sigma_{Mz}\right| \leq 0,8$ zul σ sind, darf die maximale Eckspannung sein:

$$\left|\sigma_N + \sigma_{My} + \sigma_{Mz}\right| \leq 1,1 \text{ zul } \sigma$$

Beanspruchung durch eine Querkraft Q_y oder Q_z:

$$\max \tau_{Qy} = \frac{Q_y \cdot \max S_z}{I_z \cdot t} \leq \text{zul } \tau \quad \text{bzw.} \quad \max \tau_{Qz} = \frac{Q_z \cdot \max S_y}{I_y \cdot t} \leq \text{zul } \tau \quad (31.1)\ (31.1a)$$

max τ darf zul τ bis zu 10% überschreiten (max $\tau \leq 1,1$ zul τ), wenn in einem Querschnittsteil die Bedingung für die mittlere Schubspannung erfüllt ist:

$$\tau_{Qy,m} = Q_y/A_{Qy} \leq \text{zul } \tau \quad \text{bzw.} \quad \tau_{Qz,m} = Q_z/A_{Qz} \leq \text{zul } \tau \qquad (31.2)\ (31.2a)$$

Bei I-förmigen Querschnitten ist die zur Aufnahme der Querkraft Q_z geeignete Fläche A_{Qz} die Stegfläche, deren Höhe von Mitte Unterflansch bis Mitte Oberflansch gerechnet wird.
Bei gleichzeitigem Auftreten von Q_y, Q_z sowie Torsion gelten für die Summe der Schubspannungen die Gl. (31.1) bis (31.2a) sinngemäß (s. Normblatt).
Zweiachsige Spannungszustände. Für das Zusammenwirken von Einzelspannungen σ_x, σ_y und τ ist die Vergleichsspannung nachzuweisen:

$$\sigma_V = \sqrt{\sigma_x^2 - \sigma_x \cdot \sigma_y + \sigma_y^2 + 3\tau^2} \leq \text{zul } \sigma \qquad (31.3)$$

Bei Biegeträgern, die ausschließlich durch Q und einachsige Biegung beansprucht werden, darf statt dessen der Nachweis geführt werden

$$\sigma_V = \sqrt{\sigma^2 + 3\tau^2} \leq 1,1 \text{ zul } \sigma \qquad (31.4)$$

Gl. (31.4) gilt als erfüllt, wenn $\sigma \leq 0,5$ zul σ oder $\tau \leq 0,5$ zul τ ist. In Gln. (31.3) und (31.4) darf τ_m anstelle von τ eingesetzt werden.

2.2.2   Stabilitätsnachweis

Die Nachweise für das Knicken von Stäben und Stabwerken sowie das Kippen (Biegedrillknicken) von Trägern sind nach DIN 4114 Teil 1 und 2 zu führen. Für die Beulsicherheitsnachweise von Platten gilt die DASt-Richtlinie 012. Die Durchführung solcher Nachweise wird in den Abschnitten über Druckstäbe, Stützen und Träger behandelt.

2.2.3   Lagesicherheitsnachweis

Sicherheit gegen Abheben von einzelnen Lagern: Die verschiedenen Lastanteile sind mit Lasterhöhungsfaktoren nach Tafel **32**.1 zu vervielfachen. Es muß sein:

$$N_D + 1,3 \text{ zul } Z_A \geqq N_Z \tag{32.1}$$

Es bedeuten:

N_D (N_Z)   Normalkomponente der Resultierenden aller im Lager angreifenden pressenden (abhebenden) Stützgrößen aus den γ_{cr}-fachen Belastungen.

zul Z_A die im Lastf. H zulässige Ankerzugkraft (zul $Z_A = 0$, wenn keine Anker angebracht werden). Die Verankerung der Anker ist nachzuweisen.

Tafel **32**.1   Lasterhöhungsfaktoren γ_{cr} beim Nachweis der Sicherheit gegen Abheben und Umkippen

Belastungen	γ_{cr}
günstig wirkende Anteile aller angesetzten Lasten	1,0
ungünstig wirkende Anteile der Eigenlast	1,1
ungünstig wirkende Anteile der Lasten außer den Lasten nach Zeile 2 und 5	1,3
ungünstig wirkende Anteile der Lasten in Bauzuständen	1,5
ungünstig wirkende Anteile aus Ersatzlasten bei Anprallfällen	1,1
Verschiebungs- und Verdrehungsgrößen	1,0

Ungewollte Außermittigkeiten und die Verformungen des Systems unter γ_{cr}-facher Belastung sind, falls erforderlich, zu berücksichtigen.

Erreichen der kritischen Pressung β_{cr} (Umkippen). Mit den γ_{cr}-fachen Belastungen ist folgende Bedingung einzuhalten (**33**.1):

$$\sigma_{cr} = D_{cr}/A_{cr} \leqq \beta_{cr} \tag{32.2}$$

Es bedeuten:

σ_{cr} Pressung unter den γ_{cr}-fachen Belastungen, wobei eine konstante Spannungsverteilung in der gedrückten Teilfläche der Lagerfuge unter Einhaltung der Gleichgewichtsbedingungen angenommen werden kann; die Annahme einer rechteckigen gedrückten Teilfläche ist zulässig.

D_{cr} Reaktionskraft in der Lagerfuge.

N_{cr} Normalkomponente der Resultierenden aller im Lager angreifenden Stützgrößen aus γ_{cr}-facher Belastung; γ_{cr} s. Tafel **32**.1.

A_{cr} Teilfläche der Gesamtfläche der Lagerfuge, deren Schwerpunkt in der Wirkungslinie von D_{cr} liegt (bei der Annahme σ = const.).

β_{cr} die nach Tafel **33**.2 kritische Pressung in der Fuge bei γ_{cr}-facher Belastung.

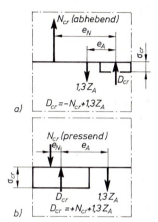

33.1
Ermittlung der Ankerzugkraft $Z_A = \dfrac{N_{cr}}{1,3} \cdot \dfrac{e_N}{e_A}$

Tafel **33**.2   Kritische Pressung β_{cr} bei γ_{cr}-facher Belastung

Bau- oder Werkstoff	β_{cr} N/mm²	Bemerkung
Beton	β_{wN}	β_{wN} siehe DIN 1045
stählerne Linienkipplager	1,5 zul σ_{HE}	σ_{HE}: Hertzsche Pressung für Lastfall H siehe Tafel **31**.1
Gummiplatten (Elastomer)	1,5 zul σ	zul σ siehe allgemeine bauaufsicht-
Polytetrafluoräthylenplatten (z.B. Teflon)	1,5 zul σ	liche Zulassung bzw. entsprechende Richtlinien
Holz	1,5 zul σ	zul σ siehe DIN 1052 Teil 1

Gleitsicherheit parallel zur Bauwerksfuge. Für den Nachweis werden die Gebrauchslasten verwendet.

$$1,5\,H \leqq \mu_N \cdot N \quad \text{(1,0 } H \text{ im Fall von Anprallasten)} \tag{33.1}$$

Bei Vernachlässigung der Reibkraft:

$$H \leqq D \tag{33.2}$$

Es bedeuten:

μ_N Reibungsbeiwerte. Stahl auf Stahl: $\mu_N = 0,1$; Stahl auf Beton: $\mu_N = 0,3$
N pressende Normalkraft in der Bauwerksfuge infolge der äußeren Lasten
H parallel zur Bauwerksfuge wirkende Kraft infolge der äußeren Lasten. N und H für die gleiche maßgebende Lastkombination.
D Zulässige übertragbare Kraft von eventuell vorhandenen Dollen, Rippen oder ähnlichen mechanischen Schubsicherungen in der Gleitrichtung, ermittelt mit den für den jeweiligen Lastfall zulässigen Spannungen.

2.2.4 Formänderungsuntersuchung

Formänderungen müssen hinsichtlich der Gebrauchsfähigkeit ggf. beschränkt werden (z. B. Vermeidung von Wassersäcken auf Dächern oder von Rissen in massiven Bauteilen, Sicherung des Betriebs von Maschinen). Ihre Berechnung erfolgt i. allg. mit Querschnittswerten ohne Lochabzug. Sie müssen u. U. bei der Schnittkraftermittlung für den Standsicherheitsnachweis berücksichtigt werden. Beim Nachweis aussteifender Verbände und Rahmen nach Theorie II. Ordnung sind ggf. Nachgiebigkeiten in Anschlüssen und Stößen zu berücksichtigen.

Berechnung der Formänderungen. Bei beliebigen Tragwerken und Belastungen werden einzelne Formänderungsgrößen (Durchbiegungen, Auflagerverdrehungen) mit dem Arbeitsintegral berechnet [34]. Anstelle der größten Durchbiegung max f eines Feldes begnügt man sich der Einfachheit halber mit dem Wert in Feldmitte, der nur unwesentlich kleiner ist. Für einfache, oft vorkommende Tragwerke und Lastbilder und bei konstantem Flächenmoment 2. Grades I sind die Durchbiegungen in Tabellenwerken zu finden [35]. Bei zusammengesetzter Belastung können die Einzelwerte überlagert werden.

Für ein Trägerfeld, welches mit der gleichmäßig verteilten Streckenlast q und 2 Endmomenten belastet ist, wird z. B. die Durchbiegung in Feldmitte

$$f = \frac{5}{384} \cdot \frac{q \cdot l^4}{E \cdot I} + \frac{(M_\mathrm{l} + M_\mathrm{r}) \cdot l^2}{16\, E \cdot I} \tag{34.1}$$

Beim Balken auf 2 Stützen ohne Kragarme sind M_l und $M_\mathrm{r} = 0$; setzt man dann max $M = q \cdot l^2/8$ ein, erhält man

$$\max f = \frac{5}{48} \cdot \frac{\max M \cdot l^2}{E \cdot I} \tag{34.2}$$

Ist I dem Momentenverlauf angepaßt, wird näherungsweise

$$\max f \approx \frac{5{,}5}{48} \cdot \frac{\max M \cdot l^2}{E \cdot \max I} \tag{34.2a}$$

Mit der Höhe h des symmetrischen Trägers und $\sigma = \max M \cdot h/2I$ läßt sich Gl. (34.2) umformen zu

$$f = k \cdot \sigma \cdot l^2/h \tag{34.3}$$

Hierin ist f in cm, σ in kN/cm^2, h in mm und l in m einzusetzen. Für q oder bei mehreren Einzellasten ist $k = 0{,}992 \approx 1$, bei einer Einzellast in Feldmitte $k = 0{,}79$.

Löst man Gl. (34.3) nach h auf, setzt $\sigma = 14$ kN/cm^2 und $f = l/300$, so erhält man für den Balken auf 2 Stützen mit der Streckenlast q die Profilhöhe

$$\mathrm{erf}\, h \geqq l/24 \tag{34.4}$$

die notwendig ist, um gleichzeitig die zulässigen Werte der Durchbiegung und der Spannung ausnützen zu können.

Zulässige Durchbiegung. Während in Sonderfällen, z. B. bei Trapezblechen für Dächer, Wände und Decken, zulässige Werte der Durchbiegung vorgeschrieben sind, wurden in den Stahlhochbaunormen hierfür keine Zahlenangaben gemacht, so daß der entwerfende Ingenieur die Durchbiegungsgrenzen eigenverantwortlich unter

Beachtung möglicher Folgeschäden festsetzen muß. Als Anhaltspunkt können folgende Angaben dienen.

Soweit nicht kleinere Werte einzuhalten sind, wurde bisher die Durchbiegung f begrenzt auf $f \leqq l/300$ (bei Deckenträgern und Unterzügen mit Stützweite $l > 5$ m) und $f \leqq a/200$ (bei Kragträgern mit Kraglänge a); der Einfluß der Eigenlast darf durch Überhöhung ausgeglichen werden (**35**.1). Überhöhungen kommen bei größeren Stützweiten, nicht aber bei Walzprofilen in Betracht.

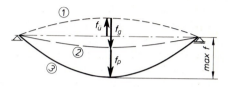

35.1 Durchbiegungen und ihre Anteile
   Linie 1: $f_{\ddot{u}}$ Spannungslose Werkstattform
      (Überhöhung)
   Linie 2: f_g Durchbiegung infolge ständiger Last
   Linie 3: f_p Zusatzdurchbiegung unter Nutzlast
   max f Durchhang im Endzustand

In Vorschlägen zum Eurocode 3 wird unterschieden in f_p infolge von Nutzlasten in ungünstigster Stellung, zuzüglich eventuellen Kriechverformungen infolge g, in $f_{g + \text{ständ. } p}$ infolge ständiger Last einschl. dem quasipermanenten Anteil der Nutzlast, sowie max f als Durchhang des Trägers infolge aller Einflüsse zusammen. Folgende zulässige Werte werden empfohlen (Klammerwerte gelten für Kragarme):

$f_p \leqq 0{,}003 \ (0{,}006) \cdot l$ allgemein für Deckenkonstruktionen und begehbare Dächer

$f_p \leqq 0{,}002 \ (0{,}004) \cdot l \leqq 15 \ (10)$ mm für Deckenträger, die nicht verformbare Zwischenwände tragen

$f_{g + \text{ständ. } p} \leqq 28$ mm für leichte Decken ($g < 5$ kN/m^2 oder $G < 150$ kN/Träger) mit häufigem Aufenthalt von Personen

$f_{g + \text{ständ. } p} \leqq 10$ mm bei rhythmisch wirkenden Verkehrslasten (Turnhallen, Tanzsäle)

max $f = 0{,}004 \ (0{,}008) \cdot l$ für ordnungsgemäßen Ablauf des Regenwassers bei $\geqq 1{,}5\%$ geneigten Dächern; größter Durchhang, wenn das Aussehen des Gebäudes beeinträchtigt wird.

Die horizontale Auslenkung von Hallenstützen soll $\frac{1}{150}$ der Hallenhöhe nicht überschreiten.

3 Verbindungsmittel

Die Einzelteile aus Profilen und Blechen werden nach den Konstruktionszeichnungen zu Bauteilen bzw. zu ganzen Bauwerken zusammengefügt. Unlösbare Verbindungen entstehen durch Schweißnähte, lösbare durch Schrauben, Bolzen oder Keile. Die Sicherung der Muttern macht Schraubverbindungen jedoch oft unlösbar. Bedingung ist stets, daß alle in den Bauteilen auftretenden Kräfte ordnungsgemäß übertragen werden können und die Verformungen in den für das Bauwerk geltenden Grenzen bleiben.

Kleben von Bauteilen erfolgte bisher nur versuchsweise zusätzlich zur HV-Verschraubung (VK-Verbindung). Die allgemeine Anwendung des Metallklebens ist z. Z. noch nicht möglich.

Nietverbindungen sind völlig von Schraub- und Schweißverbindungen verdrängt worden. Sie kommen nur noch ausnahmsweise in besonderen Fällen vor, z. B. zum Heften breiter, aufeinanderliegender Bleche, bei Bauteilen aus nicht schweißgeeignetem Werkstoff oder wenn Schweißen bei ungewöhnlich eng tolerierten Maßabweichungen wegen des zu erwartenden Schweißverzuges unzweckmäßig erscheint.

Wegen ihrer geringen Bedeutung werden sie in diesem Buch nicht mehr behandelt; es wird auf ältere Auflagen verwiesen. Hinsichtlich der statischen Wirkungsweise und ihrer Berechnung sind sie den Paßschrauben gleichgestellt.

3.1 Schraubenverbindungen

Schrauben werden vornehmlich in Baustellenverbindungen eingesetzt, weil der bei Schweißarbeiten notwendige Geräte- und Gerüstaufwand entfällt und Schraubverbindungen deswegen wirtschaftlicher sind. Sie müssen verwendet werden, wenn die Verbindung lösbar sein soll oder wenn ein Nachziehen erforderlich werden kann. Auch in Werkstattverbindungen können Schrauben trotz ihres höheren Preises dann wirtschaftlich sein, wenn die Bauteile so konstruiert sind, daß sie auf automatischen Säge- und Bohranlagen gefertigt werden können und dadurch höhere Lohnkosten für geschweißte Verbindungen entfallen.

Nach ihrer Funktion unterscheidet man 2 Arten von Verbindungen:

Kraftverbindungen müssen alle nach der statischen Berechnung auftretenden Kräfte aufnehmen und übertragen.

Heftverbindungen sollen die Einzelteile auf größere Länge miteinander so verbinden, daß sie wie ein Stück wirken, und außerdem ein Klaffen, das immer Rostgefahr bedeutet, verhindern. In Druckgliedern müssen sie auch das Ausknicken der Einzelteile verhüten.

3.1.1 Arten und Ausführung der Schraubenverbindungen

Sechskantschrauben für Stahlkonstruktionen nach DIN 7990 (**37.**1) sind Schrauben o h n e Passung (rohe Schrauben) mit den Festigkeitsklassen 4.6 und 5.6 nach DIN ISO 898 T. 1. Das Spiel zwischen Schaft und Bohrung darf $\Delta d \leqq 2$ mm nicht überschreiten. In Anschlüssen und Stößen seitenverschieblicher Rahmen sowie allgemein bei der Verwendung von Senkschrauben nach DIN 7969 muß $\Delta d \leqq 1$ mm sein. Für tragende Verbindungen in Stahlbauten mit n i c h t ruhender Belastung dürfen rohe Schrauben nicht verwendet werden.

Die Bezeichnung der Festigkeitsklasse gibt Zugfestigkeit und Streckgrenze des Schraubenwerkstoffs an; z. B. bedeutet die Angabe 4.6:

$$\beta_Z = 4 \cdot 100 = 400 \text{ N/mm}^2$$

$$\beta_S = 0,6 \, \beta_Z = 0,6 \cdot 400 = 240 \text{ N/mm}^2$$

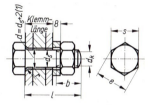

37.1
Rohe Sechskantschraube DIN 7990 für Verbindungen mit Lochspiel

Sechskantpaßschrauben nach DIN 7968 (**37.**2) sind Schrauben m i t Passung. Sie haben einen gedrehten Schaft, dessen Durchmesser $\leqq 0,3$ mm kleiner sein darf als das Loch. Festigkeitsklassen sind 4.6 (für Bauteile aus St 37) und 5.6 (für St 52).

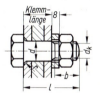

37.2
Sechskant-Paßschraube DIN 7968

Zu beiden Schraubenarten gehören S e c h s k a n t m u t t e r n nach DIN 555 (roh) bzw. DIN 934 (blank), und unter die Muttern müssen 8 mm dicke, runde, r o h e S c h e i b e n A (für Schrauben DIN 7990) bzw. b l a n k e S c h e i b e n B (für Schrauben DIN 7968) nach DIN 7989 gelegt werden. An geneigten Flanschflächen werden statt der runden Scheiben keilförmige V i e r k a n t s c h e i b e n nach DIN 434 für U- und nach DIN 435 für I-Stähle verwendet.

Die um 5 mm gestuften Schraubenlängen l betragen 30···200 mm; zugehörige Klemmlänge s. DIN 7990 und DIN 7968 sowie [33].

Der Schraubenschaft muß über die ganze Klemmlänge reichen, damit das Gewinde nicht in den Bereich der Lochleibungsspannungen gerät; zumindest muß die im zu verbindenden Bauteil verbleibende Schraubenschaftlänge bei vorwiegend ruhender Belastung das 0,4fache des Schraubenschaftdurchmessers betragen. Der Gewindeauslauf sowie die Differenz zwischen der Schaftlänge der Schraube und der Klemmlänge müssen innerhalb der Scheibe liegen, die zu diesem Zweck eine ausreichende, für alle Schraubendurchmesser gleiche Dicke aufweist.

In Bauwerken, in denen Schwingungen auftreten können, müssen die Muttern durch F e d e r r i n g e (DIN 127) oder S i c h e r u n g s m u t t e r n aus Stahlblech (DIN 7967) gesichert werden. Durch die übliche Verformung des Gewindeüberstandes durch Meißelhieb wird die Schraube unlösbar. Sicherung durch S p l i n t e wird im Stahlbau nur bei Gelenkverbindungen verwendet (s. Abschn. 3.3).

Vor dem Zusammenbau der Einzelteile erhalten ihre Berührungsflächen als Korrosionsschutz einen Zwischenanstrich.

Die meisten Baustellenverbindungen werden mit den preiswerten r o h e n S c h r a u - b e n hergestellt. Die teureren P a ß s c h r a u b e n sind zu verwenden, wenn auch kleinste Verschiebungen im Anschluß zu vermeiden sind, also besonders bei biegefesten Stößen, in stabilitätsgefährdeten Systemen und wenn die höhere Tragfähigkeit der Paßschrauben gebraucht wird. Ihre Löcher müssen nach dem Zusammenbau der Teile vor dem Einziehen der Schrauben in der Regel aufgerieben werden.

Hochfeste Schrauben (HV-Schrauben, **38.**1) der Festigkeitsklasse 10.9 mit großen Schlüsselweiten werden nach DIN 6914 für Verbindungen mit Lochspiel oder nach DIN 7999 als Sechskantpaßschrauben hergestellt. Die Abstufung der Schraubenlängen entspricht der von normalen Sechskantschrauben. Die blanken Scheiben nach DIN 6916 sind einseitig innen und außen abgefast und werden sowohl unter die Mutter (DIN 6915) als auch unter den Schraubenkopf gelegt. Für I-Stähle sind Schrägscheiben nach DIN 6917, für U-Stähle nach DIN 6918 zu verwenden. Alle Teile sind mit „HV" gekennzeichnet.

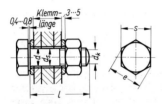

38.1
Hochfeste Schraube DIN 6914 für Verbindungen mit Lochspiel

S c h e r - / L o c h l e i b u n g s v e r b i n d u n g e n werden wie bei normalen Sechskantschrauben als SL-Verbindungen mit $\Delta d \leqq 2$ mm (nur für vorwiegend ruhend belastete Bauteile) oder als SLP-Verbindungen mit $\Delta d \leqq 0{,}3$ mm, jeweils ohne oder mit halber Vorspannung der Schrauben, ausgeführt. Es kann erforderlich werden, 2 der dünneren Unterlegscheiben unter die Mutter zu legen, um das Hineinragen des Gewindes in das zu verbindende Bauteil zu vermeiden.

G l e i t f e s t v o r g e s p a n n t e V e r b i n d u n g e n mit hochfesten Schrauben bzw. Paßschrauben (GV- bzw. GVP-Verbindungen) sind für Bauteile mit vorwiegend ruhender und nicht ruhender Belastung zugelassen. Δd darf in GV-Verbindungen $\leqq 2$ mm bzw. bei verringerter Belastbarkeit $\leqq 3$ mm, in GVP-Verbindungen $\leqq 0{,}3$ mm betragen. Die HV-Schrauben werden mit einer genau abgemessenen Zugkraft so vorgespannt, daß die R e i b u n g in den aufeinandergepreßten Berührungsflächen zwischen den Einzelteilen zur Kraftübertragung senkrecht zur Schraubenachse herangezogen werden kann. Um eine ausreichende Reibungskraft zu gewährleisten, müssen die Berührungsflächen so vorbehandelt werden, daß ein Reibbeiwert $\mu = 0{,}50$ erreicht wird. Die Behandlung erfolgt durch Strahlen mit Quarzsand oder Stahlgußkies, bei vorwiegend ruhend belasteten Bauteilen auch durch 2maliges Flammstrahlen. Die Reibflächen müssen beim Zusammenbau frei von Rost, Staub, Öl und Farbe sein, da sonst der Reibbeiwert unzulässig herabgesetzt wird. Nach der Vorbehandlung darf ein gleitfester Konservierungsanstrich nach den Technischen Lieferbedingungen 918300, Blatt 85 der DB aufgetragen werden. Die Vorspannung der HV-Schrauben gilt als Sicherung der Mutter gegen Lösen.

Das Vorspannen der Schrauben kann nach 3 Methoden erfolgen:

Beim Drehmoment-Verfahren wird die erforderliche Vorspannkraft F_V von Hand durch ein meßbares Drehmoment erzeugt. Die verwendeten Drehmomentenschlüssel haben eine Momenten-Anzeigevorrichtung oder automatische Momentenbegrenzung. Die Größe des aufzubringenden Drehmoments hängt davon ab, ob Gewinde und Auflageflächen der Schrauben geölt oder mit Molybdändisulfid (MoS$_2$) geschmiert sind.

Beim Drehimpuls-Verfahren wird die Vorspannkraft durch Drehimpulse maschineller Schlagschrauber erzeugt, die vorher an einer Anzahl von Schrauben auf die gewünschte Vorspannkraft einzustellen sind.

Beim Drehwinkel-Verfahren erhalten die Schrauben zunächst ein Voranziehmoment von 1/10···1/5 des vollen Moments; dann wird die Mutter um einen Drehwinkel φ = 180°···360° weiter angezogen. φ ist abhängig von der Klemmlänge l_k, aber unabhängig vom Durchmesser der Schrauben und von der Schmierung. Nach diesem Verfahren vorgespannte Schrauben dürfen nicht wiederverwendet werden.

Bei feuerverzinkten hochfesten Schrauben müssen Gewinde und Auflageflächen grundsätzlich mit MoS$_2$ geschmiert werden. In Anschlüssen mit größerer Schraubenzahl werden alle Schrauben zunächst auf ≈ 60% des Sollwertes und in einem zweiten Arbeitsgang, von der Mitte des Schraubenbildes ausgehend, auf die volle Vorspannkraft gebracht. Dadurch wird die Spannung auf alle Schrauben gleichmäßig verteilt.

Die Überprüfung der Schrauben durch Weiteranziehen mit einem dem Anziehgerät entsprechenden Prüfgerät erstreckt sich in der Regel auf 5% der Schrauben.

Nähere Einzelheiten zur Ausführung und Prüfung der gleitfesten Verbindungen sowie notwendige Zahlenangaben hierzu sind DIN 18800 T. 7 zu entnehmen.

Schließringbolzen (**39**.1) dürfen nach [7] in Bauteilen mit vorwiegend ruhender Belastung verwendet werden, wenn dem Hersteller des Schließringbolzen-Systems eine Eignungsbescheinigung ausgestellt wurde[1]). Der Werkstoff der Bolzen muß mindestens der Güte 8.8 nach DIN ISO 898 T. 1 entsprechen. Der Werkstoff des Schließrings muß trotz der beträchtlichen Kaltverformung beim Anziehvorgang rissefrei bleiben und alterungsbeständig sein.

Die Bolzen werden mit einem hydraulischen, elektrisch gesteuerten pistolenförmigen Bolzensetzgerät automatisch gesetzt. Der Kolben des Gerätes greift mit seinem gerillten Schnellspannfutter in die Zugrillen des Bolzens ein und spannt diesen vor, wobei sich der Spannzylinder auf die Schrägfläche des Schließringes abstützt und ihn gegen das Werkstück drückt. Ist die Vorspannkraft fast erreicht, wird der Schließring plastisch verformt und in die feinen

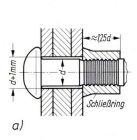

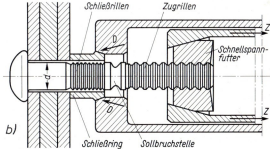

39.1 Schließringbolzen
   a) Fertig gesetzter Schließringbolzen   b) Spannvorrichtung (schematisch) und Spannvorgang

---

[1]) Hochfeste Huck-Bolzen der Firma Titgemeyer, Osnabrück

Schließrillen des Bolzenschafts gequetscht, indem der Zylinder sich über den Schließring schiebt, bis er am Werkstück anliegt. Eine weitere geringe Erhöhung der Zugkraft läßt den Bolzen an der Sollbruchstelle abreißen. Die Überprüfung der gesetzten Bolzen erfolgt an mindestens 20% der Bolzen durch Kontrolle der Sollform der Schließringes. Ein Lösen ist nur durch Zerstören der Verbindung mit einem hydraulischen Schließringschneider möglich.

Andere Schraubenarten

Rohe Sechskantschrauben nach DIN 558 (**40.**1b), Senkschrauben mit Schlitz nach DIN 7969 u. ä. werden verwendet, wenn das Muttergewinde in ein Werkstück eingeschnitten ist.

Gewinde-Schneidschrauben nach DIN 7513 (**40.**1c) bis zum Durchmesser M 8 dienen zur Befestigung von Dach- und Wandelementen aus Blech an Stahlkonstruktionen mittels vorgebohrter Löcher.

Hakenschrauben nach DIN 6378 (**40.**1a) oder auch in ähnlichen Formen werden besonders bei der Montage zum Festklemmen von Bauteilen verwendet, wenn diese nicht durch Bohrungen geschwächt werden sollen.

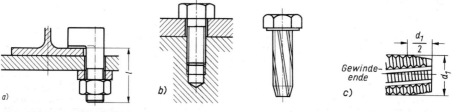

40.1 a) Hakenschraube DIN 6378
b) Rohe Sechskantschraube DIN 558
c) Gewindeschneidschraube DIN 7513 Form A

Steinschrauben (Form A ··· F) nach DIN 529 (**40.**2) dienen zur Befestigung von Stahlteilen im Mauerwerk oder Beton. Die Schrauben werden mit Zementmörtel vergossen. Hammerschrauben nach DIN 7992 s. Abschn. 6.4.1.5.

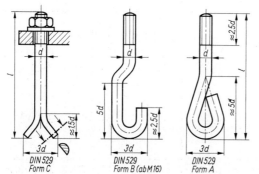

40.2
Beispiele von Steinschrauben

3.1.2 Anordnung der Schrauben

Der Lochdurchmesser wird nach der kleinsten Dicke min *t* der zu verbindenden Einzelteile nach Tafel **41.**1 gewählt. Bei Walzprofilen richtet man sich nach dem größten zulässigen Lochdurchmesser (nach DIN 997). Für kraftübertragende Verbindungen wählt man i. allg. mindestens M 12. Zur Verbilligung der Werkstattarbeiten soll man stets versuchen, bei einem Bauteil mit einem Lochdurchmesser auszukommen.

Tafel 41.1   Loch- und Schraubendurchmesser in Abhängigkeit von der kleinsten vorhandenen Blechdicke t; Sinnbilder (veraltet)

Loch-$\varnothing$ d_1	$\Delta d = 2$ mm	12	14	18	22	24	26	29	32
	$\Delta d = 1$ mm[1])	11	13	17	21	23	25	28	31
Schraube M		10	12	16	20	(22)	24	(27)	30
Blechdicke min t	gut	4···5	4···6	6···8	8···11	10···14	13···17	16···21	20···24
	möglich	3···5	4···7	5···10	6···13	8···17	11···20	14···24	18···24
Sinnbilder[2])		 ✳	✴	✺	✣	✤	✥	²⁹ ✦	³² ✧

[1]) Für Paßschrauben gelten die Loch-$\varnothing$ für $\Delta d = 1$ mm.
[2]) Diese bisher üblichen Sinnbilder nach einer inzwischen zurückgezogenen Norm werden in diesem Buch weiter verwendet.

Tafel 41.2   Symbol für eingebaute Schraube nach DIN ISO 5261 (2.85)

	Darstellung in der Zeichenebene					
	senkrecht zur Achse			parallel zur Achse		
Schraube	nicht gesenkt	Senkung auf der Vorderseite	Rückseite	nicht gesenkt	Senkung auf einer Seite	Lageangabe der Mutter*)
in der Werkstatt eingebaut	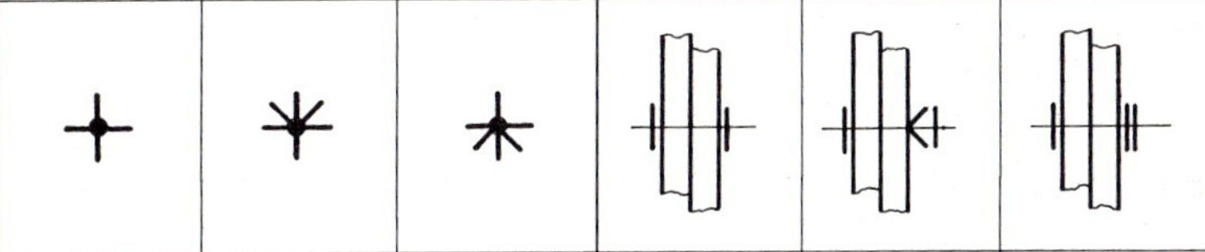					
auf der Baustelle eingebaut	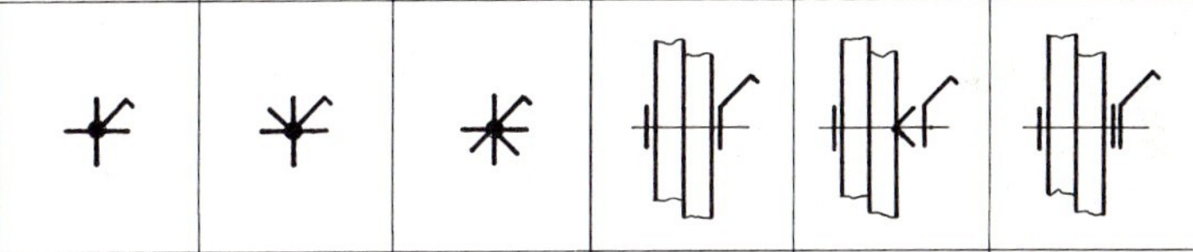					
auf der Baustelle gebohrt und eingebaut	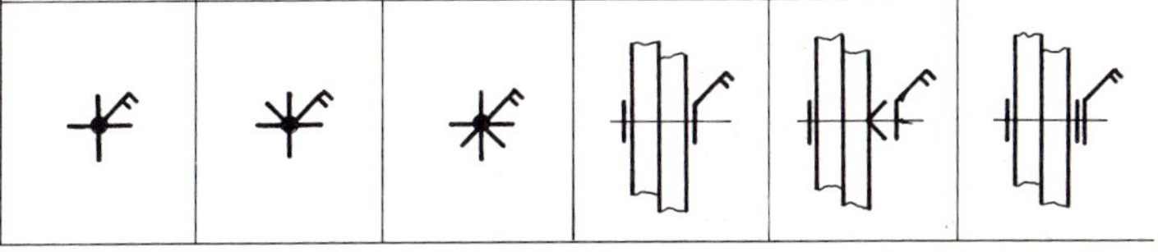					

Die Symbole für Löcher sind ohne Punkt in der Mitte auszuführen; der Durchmesser der Löcher wird in der Nähe des Symbols angegeben. Die Bezeichnung der Schrauben soll mit ihren DIN-Bezeichnungen übereinstimmen. Die Bezeichnung von Löchern oder Schrauben, die auf eine Gruppe gleicher Verbindungselemente bezogen ist, braucht nur an einem äußeren Element (mit einem Hinweispfeil) angebracht zu werden (**13**.1); in diesem Fall soll die Anzahl der Löcher oder Schrauben, die die Gruppe bilden, vor der Bezeichnung eingetragen werden (z. B. 10 M 16 DIN 7990).
*) Nur wenn es erforderlich ist.

Auf Werkstattzeichnungen werden Schrauben mit Sinnbildern nach Tafel **41.**2 dargestellt; der Schraubendurchmesser und die Zahl der Schrauben in einer Gruppe werden mit Hinweispfeil in die Zeichnung eingetragen (**13.**1). Auf Naturgrößen und Werkstücken gelten andere Symbole (**42.**1).

Abweichend von Tafel **41.**2 werden in den Abbildungen dieses Buches zur Kennzeichnung der Schraubendurchmesser die Sinnbilder nach einer inzwischen zurückgezogenen Norm entsprechend Tafel **41.**1 und Bild **42.**2 verwendet, die den Vorteil größerer Anschaulichkeit bieten.

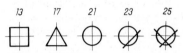

13   17   21   23   25

a)   b)   c)

42.1 Sinnbilder für Lochdurchmesser auf Naturgrößen und Werkstücken

42.2 Zusatzsymbole (veraltet) zu den Schraubensinnbildern n. Taf. **41.**1
a) Schraube unten versenkt
b) Schraube auf der Baustelle einziehen
c) Loch auf der Baustelle bohren

Die Abstände der Bohrungen untereinander und von den Rändern der Bauteile sind vorgeschrieben (**42.**3; Tafel **42.**4). Die unteren Grenzwerte verhüten Aufreißen des Bauteils zwischen den Löchern oder zum Rand hin, die oberen sollen Klaffen (Rostgefahr) und in Druckstäben auch Ausknicken verhindern.

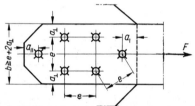

42.3
Rand- und Lochabstände

Tafel **42.**4   Rand- und Lochabstände von Schrauben und Nieten

Randabstände			Lochabstände		
Kleinster Randabstand	∥ zur Kraftrichtung	$2\,d_1$	Kleinster Lochabstand	bei allen Bauwerksteilen	$3\,d_1$
	⊥ zur Kraftrichtung	$1,5\,d_1$			
Größter Randabstand	∥ und ⊥ zur Kraftrichtung	$3\,d_1$ oder $6\,t$	Größter Lochabstand soweit die Bemessung keine engere Teilung erfordert	im Druckbereich und für Beulsteifen	$6\,d_1$ oder $12\,t$
Bei Stab- und Formstählen darf als größter Randabstand $8\,t$ statt $6\,t$ genommen werden, wenn das abstehende Ende eine Versteifung durch die Profilform erfährt.				im Zugbereich und für Heftung auch im Druckbereich	$10\,d_1$ oder $20\,t$
			Bei breiten Stäben mit mehr als 2 Lochreihen sind nur für die äußeren Reihen die Werte nach dieser Tafel einzuhalten.		

$\leq 6t$ $\leq 8t$ $\leq 8t$

Größere Rand- und Lochabstände sind zulässig, wenn geeignete Maßnahmen einen ausreichenden Korrosionsschutz gewährleisten, wie z.B. erforderlich für Stirnplatten biegesteifer Stirnplattenverbindungen mit hochfesten Schrauben.

Bei den vom Loch-⌀ d_1 und der Dicke t des dünnsten außenliegenden Teiles abhängigen Werten ist der kleinere maßgebend.

In Stößen und Anschlüssen sollen die Lochabstände nahe der unteren Grenze liegen, um Knotenbleche und Stoßlaschen klein zu halten. Bei Heftverbindungen hingegen sind aus Wirtschaftlichkeitsgründen die oberen Grenzen vorzuziehen.

Während die Anordnung der Schrauben in Blechen, Flach- und Breitflachstählen und in den Stegen der Walzprofile (**43**.1) bei Beachtung von Tafel **42**.4 frei gestaltet werden kann, sind die Schrauben in Flanschen und Schenkeln von Walzprofilen in vorgeschriebene Rißlinien zu setzen, deren Lage durch das in DIN 997 festgelegte Anreißmaß w bestimmt ist (**43**.1 und 2). Sind bei breiten Schenkeln oder Flanschen 2 Rißlinien vorgesehen, müssen die Schrauben abwechselnd versetzt oder, falls der Rißlinienabstand $\geqq 3\,d_1$ ist, auch nebeneinander in beiden Reihen angeordnet werden. Diese Anreißmaße sind stets einzuhalten; nur wenn verschiedene Profile aufeinandertreffen, z. B. an einem Stoß, müssen die Rißlinien abweichend vom Anreißmaß gelegt werden (**111**.1).

DIN 998 (ungleichschenklige ⌐) und DIN 999 (gleichschenklige ⌐) geben ferner Mindestlochabstände für folgende Verhältnisse an (s. auch [35]):

e_1, damit genügend Platz für den Schraubenschlüssel beim Festziehen der nächstliegenden Schraube bleibt

e_2 bzw. e_3, damit in Zugstäben nur ein Loch bzw. nur zwei Löcher vom Nutzquerschnitt abzuziehen sind

e_3 bzw. e_4, damit der Abstand $3\,d_1$ gewahrt bleibt

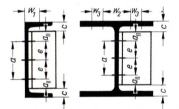

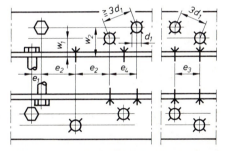

43.1 Lochanordnung bei U- und I-Stählen

43.2 Lochabstände bei Winkelstählen (e_1 bis e_6) nach DIN 998 und 999

Für die Anordnung der H V - S c h r a u b e n gelten grundsätzlich die gleichen Regeln, jedoch sind zur Festlegung der Mindestabstände wegen der größeren Schlüsselweiten und mit Rücksicht auf die Abmessungen der verwendeten Geräte u. U. besondere Überlegungen nötig. So sind z. B. Größtdurchmesser und Anreißmaße in Walzprofilen in DIN 997 für HV-Schrauben z. T. von den normalen Werten abweichend vorgeschrieben.

3.1.3 Kraftwirkungen in Schraubenverbindungen

Eine Zusammenstellung der verschiedenen Schraubenarten s. Tafel **48**.1.

3.1.3.1 Scher-/Lochleibungsverbindungen (SL- und SLP-Verbindungen)

In SL- und SLP-Verbindungen können Schrauben aller Festigkeitsklassen mit bzw. ohne Lochspiel eingesetzt werden. In einem Anschluß sind aber nur Schrauben der gleichen Art zur gemeinsamen Kraftübertragung zulässig. Über das Zusammenwirken mit Schweißnähten s. Abschn. 3.2.5.1.

Wirkungsweise der Schrauben

Abscheren. Die Verbindungen werden in der Regel so konstruiert, daß die zu übertragende Kraft Q_a senkrecht zur Achse des Schraubenschafts wirkt und dessen Querschnitt in der Berührungsebene der zu verbindenden Teile auf Abscheren beansprucht. Entsprechend der Zahl der Scherflächen im Schaft spricht man von ein-, zwei- oder mehrschnittigen Verbindungen (**44.**1). Die Scherfläche ist für jeden Schnitt $A_a = \pi \cdot d^2/4$.

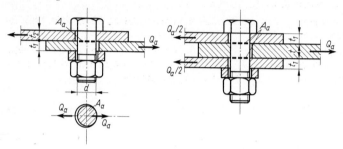

44.1 Ein- und zweischnittige Schraubenverbindung

Lochleibung. Die Kraft wird aus dem Bauteil in den Schrauben- oder Nietschaft stets als Druckkraft über die Lochleibungsfläche $A_l = d \cdot \min t$ übertragen, wobei die jeweils kleinste Lochleibungsfläche für die Tragfähigkeit maßgebend ist.

Obwohl der Lochleibungsdruck nach den Begrenzungslinien *a* in Bild **44.**2 verläuft, darf man vereinfacht mit einer gleichmäßigen Verteilung (Linien *b*) rechnen, da die zulässige Lochleibungsspannung nicht allein auf Grund theoretischer Berechnungen, sondern auch aus Prüfungen fertiger Verbindungen ermittelt wurde.

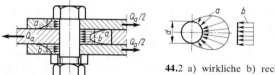

44.2 a) wirkliche b) rechnerisch angenommene Verteilung der Lochleibungsspannungen

Biegung. Der Schraubenschaft wird immer zusätzlich auf Biegung beansprucht. Wählt man die Schaftdurchmesser passend zu den Bauteildicken (Taf. **41.**1), dann bleiben die Zusatzspannungen so klein, daß sie durch die Sicherheiten in zul σ_l und zul τ_a ausreichend aufgefangen werden und sich rechnerische Nachweise erübrigen. Wird aber die Schaftlänge durch Ausgleichsfutter vergrößert, trifft dies nicht mehr zu. Deshalb müssen Futter > 6 mm mit einer Schraubenreihe oder durch entsprechende Schweißnähte vorgebunden werden (**166.**1).

Größere Biegebeanspruchung erhalten besonders einschnittige Verbindungen durch den exzentrischen Kraftverlauf. Dies kann zu empfindlichen Verformungen führen (**45.**1); die dadurch bedingte Mehrbeanspruchung der Verbindungsmittel führt im Kranbau zur Abminderung der zulässigen übertragbaren Kraft, bleibt sonst aber unberücksichtigt.

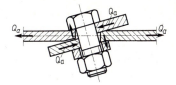

45.1
Verformung einer ungestützten einschnittigen Verbindung

Zulässige übertragbare Kraft einer Schraube

In Anschlüssen und Stößen sind in der Regel die vorhandenen Kräfte anzuschließen. Eine Verbindung ist ausreichend bemessen, wenn die vorhandene Abscher- und Lochleibungsspannung der meist belasteten Schraube einer Schraubengruppe höchstens gleich der zulässigen Spannung ist. Bezeichnet Q_a die größte vorkommende Kraft einer Schraube, so lauten die S p a n n u n g s n a c h w e i s e :

$$\tau_{a1} = \frac{Q_a}{A_{a1}} = \frac{Q_a}{\dfrac{\pi d^2}{4}} \leqq \text{zul } \tau_a \quad \text{(einschnittig)} \tag{45.1}$$

oder $\qquad \tau_{a2} = \dfrac{Q_a}{A_{a2}} = \dfrac{Q_a}{2 \cdot \dfrac{\pi d^2}{4}} \leqq \text{zul } \tau_a \quad \text{(zweischnittig)} \tag{45.2}$

$$\sigma_l = \frac{Q_a}{A_l} = \frac{Q_a}{d \cdot \min t} \leqq \text{zul } \sigma_l \tag{45.3}$$

Für d ist bei Paßschrauben der L o c h d u r c h m e s s e r , bei rohen Schrauben und HV-Schrauben mit $\leqq 2$ mm Lochspiel der S c h a f t d u r c h m e s s e r einzusetzen. Bei einschnittigen Verbindungen ist min t eindeutig die kleinere Blechdicke, bei zweischnittigen entweder die Dicke des Mittelblechs oder die Summe der äußeren Blechdicken, also t oder $2 t_1$ nach Bild **44.1**.

Die zulässigen Spannungen sind den Tafeln **46.1** und **47.1** zu entnehmen; für Schließringbolzen s. [7]. Erhalten hochfeste Schrauben eine V o r s p a n n u n g von mindestens der Hälfte der vollen Vorspannkraft F_V, dann kann der dadurch hervorgerufene räumliche Spannungszustand ausgenutzt und die zulässige Lochleibungsspannung zul σ_l höher angesetzt werden. Die Überprüfung dieser Teilvorspannung ist nicht erforderlich.

Anstelle des vorstehenden Nachweises der Schraubenspannungen stellt man meistens die größte vorhandene Kraft Q_a einer Schraube ihrer zulässigen übertragbaren Kraft gegenüber:

$$\text{vorh } Q_a \leqq \text{zul } Q_a \; (= \text{zul } Q_{SL} \text{ bzw. zul } Q_{SLP}) \tag{45.4}$$

$$\text{vorh } Q_a \leqq \text{zul } Q_l \tag{45.5}$$

Aus den Gl. (45.1 bis 3) ergibt sich die zul. übertragbare Kraft einer Schraube zu

$$\text{zul } Q_{a1} = \frac{\pi d^2}{4} \text{zul } \tau_a \tag{45.6}$$

bzw. $\text{zul } Q_{a2} = 2 \cdot \text{zul } Q_{a1}$ (46.1)

$\text{zul } Q_l = d \cdot \min t \cdot \text{zul } \sigma_l$ (46.2)

Tafel **46.**1 enthält in den Zeilen 1 bis 12 die zulässigen übertragbaren Kräfte zul Q_{a1} für einschnittiges A b s c h e r e n (in DIN 18 800 T. 1 mit zul Q_{SL} bzw. Q_{SLP} bezeichnet). Bei zweischnittigen Verbindungen sind die Tafelwerte zu verdoppeln.
Die zulässigen übertragbaren Kräfte bei L o c h l e i b u n g s d r u c k sind in den Zeilen 1 bis 10 der Tafel **47.**1 zusammengestellt. Die Tafelwerte wurden mit $t = 1$ cm berechnet und müssen noch mit der jeweils maßgebenden Bauteildicke min t multipliziert werden. Die Zeilen 3 und 4 sind nur beschränkt anwendbar auf zweischnittige rohe Schrauben in Bauteilen aus St 37 bei einem Lochspiel $\leqq$ 1 mm.

Tafel **46.**1   **Schrauben** (Niete) auf **Abscheren** bzw. **Reibung.** Zulässige übertragbare Kraft in kN je Schraube für eine Scherfläche bzw. Reibfläche bei vorwiegend r u h e n d e r Belastung; für zweischnittige Verbindungen ist die Tragfähigkeit doppelt so groß. Zulässige Scherspannung zul τ_a. Vorspannkraft F_V.

Zeile	Verbindungsart, Schrauben- (Niet-)Werkstoff		zul $\tau_a^{1)}$ $\dfrac{N}{mm^2}$	Last-fall	Lochdurchmesser für Paßschrauben (Niete) in mm, Schraubengröße							
					13 M 12	17 M 16	21 M 20	23 M 22	25 M 24	28 M 27	31 M 30	37 M 36
1	SL	4.6	112	H	12,7	22,5	35,2	42,6	50,6	64,2	79,2	114,0
2			126	HZ	14,2	25,3	39,6	47,9	57,0	72,2	89,1	128,3
3		5.6	168	H	19,2	34,1	53,4	64,6	76,8	97,4	120,2	173,1
4			192	HZ	21,5	38,2	59,7	72,2	85,9	108,9	134,3	193,4
5		10.9	240	H	27,0	48,5	75,5	91,0	108,5	137,5	169,5	244,5
6			270	HZ	30,5	54,5	85,0	102,5	122,0	154,5	191,0	275,0
7	SLP	4.6, (St 36)	140	H	18,6	31,8	48,4	58,1	68,7	86,2	105,7	150,6
8			160	HZ	21,3	36,3	55,4	66,4	78,6	98,6	120,8	172,0
9		5.6, (St 44)	210	H	27,9	47,7	72,7	87,2	103,1	129,4	158,6	225,8
10			240	HZ	31,9	54,5	83,0	99,6	117,8	147,8	181,2	258,0
11		10.9	280	H	37,0	63,5	97,0	116,5	137,5	172,5	211,5	301,1
12			320	HZ	42,5	72,5	111,0	133,0	157,0	197,0	241,5	344,0
13	GV $^{2)}$ $^{3)}$	10.9	–	H	20,0	40,0	64,0	76,0	88,0	116,0	140,0	204,0
14			–	HZ	22,5	45,5	72,5	86,5	100,0	132,0	159,0	232,0
15	GVP $^{2)}$		–	H	38,5	72,0	112,5	134,0	156,5	202,0	245,5	354,0
16			–	HZ	43,5	82,0	128,0	153,0	178,5	230,5	280,0	404,0
17	Vorspannkraft F_V in kN				50	100	160	190	220	290	350	510

Die Zeilen 7 bis 12 gelten auch für n i c h t vorw. ruhende Belastung
$^{1)}$ zul τ_a nach DIN 18000 T. 1, Tab. 8.
$^{2)}$ Vorspannung mit F_V nach Zeile 17; Drehmoment-, Drehimpuls- oder Drehwinkel-Verfahren s. Abschn. 3.1.1.
$^{3)}$ Für GV-Verbindungen mit Lochspiel 2 mm $< \Delta d \leqq 3$ mm sind die Werte der Zeilen 13 und 14 auf 80% zu ermäßigen.

Tafel **47**.1   **Schrauben** (Niete) auf **Lochleibungsdruck.** Zulässige übertragbare Kraft in kN je Schraube für 10 mm Werkstoffdicke bei vorwiegend r u h e n d belasteten Bauteilen.
Zulässige Leibungsspannung zul σ_l.

Verbindungsart, Schrauben-(Niet-) und Bauteil-Werkstoff			zul σ_l ¹) $\dfrac{N}{mm^2}$	Last-fall	\multicolumn{8}{}{Lochdurchmesser für Paßschrauben (Niete) in mm, Schraubengröße}							
					13 M 12	17 M 16	21 M 20	23 M 22	25 M 24	28 M 27	31 M 30	37 M 36
Schrauben (Niete) und hochfeste Schrauben **o h n e V o r s p a n n u n g**												
1	SL	4.6, 5.6, 10.9	280	H	33,6	44,8	56,0	61,6	67,2	75,6	84,0	100,8
2			320	HZ	38,4	51,2	64,0	70,4	76,8	86,4	96,0	115,2
3		*4.6, 5.6²)* St 37	*300*	*H*	*36,0*	*48,0*	*60,0*	*66,0*	*72,0*	*81,0*	*90,0*	*108,0*
4			*340*	*HZ*	*40,8*	*54,4*	*68,0*	*74,8*	*81,6*	*91,8*	*102,0*	*122,4*
5		5.6, 10.9 St 52	420	H	50,4	67,2	84,0	92,4	100,8	113,4	126,0	151,2
6			480	HZ	57,6	76,8	96,0	105,6	115,2	129,6	144,0	172,8
7	SLP ³)	4.6, 5.6, 10.9 St 37	320	H	41,6	54,4	67,2	73,6	80,0	89,6	99,2	118,4
8			360	HZ	46,8	61,2	75,6	82,8	90,0	100,8	111,6	133,2
9		5.6, 10.9 St 52	480	H	62,4	81,6	100,8	110,4	120,0	134,4	148,8	177,6
10			540	HZ	70,2	91,8	113,4	124,2	135,0	151,2	167,4	199,8
Hochfeste Schrauben mit **t e i l w e i s e r V o r s p a n n u n g** ≥ 0,5 F_V (F_V nach Tafel **46**.1, Zeile 17)												
11	SL	10.9 St 37	380	H	45,6	60,8	76,0	83,6	91,2	102,6	114,0	136,8
12			430	HZ	51,6	68,8	86,0	94,6	103,2	116,1	129,0	154,8
13		St 52	570	H	68,4	91,2	114,0	125,4	136,8	153,9	171,0	205,2
14			645	HZ	77,4	103,2	129,0	141,9	154,8	174,2	193,5	232,2
15	SLP	10.9 St 37	420	H	54,6	71,4	88,2	96,6	105,0	117,6	130,2	155,4
16			470	HZ	61,1	79,9	98,7	108,1	117,5	131,6	145,7	173,9
17		St 52	630	H	81,9	107,1	132,3	144,9	157,5	176,4	195,3	233,1
18			710	HZ	92,3	120,7	149,1	163,3	177,5	198,8	220,1	262,7
Hochfeste Schrauben mit **v o l l e r V o r s p a n n u n g** ≥ 1,0 F_V (F_V nach Tafel **46**.1, Zeile 17)												
19	GV	10.9 St 37	480	H	57,6	76,8	96,0	105,6	115,2	129,6	144,0	172,8
20			540	HZ	64,8	86,4	108,0	118,8	129,6	145,8	162,0	194,4
21		St 52	720	H	86,4	115,2	144,0	158,4	172,8	194,4	216,0	259,2
22			810	HZ	97,2	129,6	162,0	178,2	194,4	218,7	243,0	291,6
23	GVP	10.9 St 37	480	H	62,4	81,6	100,8	110,4	120,0	134,4	148,8	177,6
24			540	HZ	70,2	91,8	113,4	124,2	135,0	151,2	167,4	199,8
25		St 52	720	H	93,6	122,4	151,2	165,6	180,0	201,6	223,2	266,4
26			810	HZ	105,3	137,7	170,1	186,3	202,5	226,8	251,1	299,7

Die Tafelwerte sind mit der vorh. maßgebenden Bauteildicke min Σt zu multiplizieren.
Die Zeilen 15 bis 26 gelten auch nach DS 804 für n i c h t vorw. ruhende Belastung.
¹) zul σ_l nach DIN 18800 T. 1, Tabelle 7.
²) Die Zeilen 3 und 4 sind nach DIN 18801 nur zulässig in Bauteilen aus St 37 in zweischnittigen Verbindungen mit rohen Schrauben mit Lochspiel $\Delta d \leqq 1$ mm.
³) Die Angaben für Paßschrauben der Festigkeitsklassen 4.6 (5.6) gelten auch für Niete aus St 36 (St 44).

Tafel **48**.1   Übersicht über die Schrauben-(Niet-)Verbindungen

Verbindungsart		Loch-spiel Δd mm	Bezeichnung und Festigkeitsklasse der Schrauben gemäß DIN ISO 898 T. 1		Vorspan-nung der Schrauben	Für Bauteile aus	Maßg. $\emptyset$ für τ_a und σ_l
Scher/Loch-leibungs-verbindung	**SL**[1])	$\leqq 2$[2])	Rohe Schraube DIN 7990, Senkschraube DIN 7969[3])	4.6, 5.6	0	St 37 und St 52	Schaft
			hochfeste Schraube DIN 6914	10.9	0 $\geqq 0,5\ F_V$		
	SLP	$\leqq 0,3$	Paßschraube DIN 7968	4.6, 5.6	0		Loch
			hochfeste Paß-schraube DIN 7999	10.9	0 $\geqq 0,5\ F_V$		
			Niete DIN 124	St 36	–	St 37	
			und DIN 302[3])	St 44		St 52	
Gleitfeste Verbindung	**GV**	$\leqq 2$ ($\leqq 3$)	hochfeste Schraube DIN 6914	10.9	1,0 F_V	St 37 und St 52	Schaft
	GVP	$\leqq 0,3$	hochfeste Paß-schraube DIN 7999				Loch

[1]) Nur für Bauteile mit vorwiegend ruhender Belastung; nicht in seitenverschieblichen Rahmen bei Berechnung nach den Traglastverfahren.
[2]) Bei Anschlüssen und Stößen in seitenverschieblichen Räumen ist $\Delta d \leqq 1$ mm einzuhalten.
[3]) Bei Senkschrauben und -nieten sind größere Verformungen zu erwarten; zusätzliche Nachweise bzw. Verminderung der Tragkraft s. DIN 18 800 T. 1, 7.2.1. Lochspiel bei Senkschrauben $\Delta d \leqq 1$ mm.

3.1.3.2   Gleitfest vorgespannte Verbindungen (GV- und GVP-Verbindungen)

Bei voll aufgebrachter Vorspannkraft F_V (Tafel **46**.1. Zeile 17) ist in DIN 18 800 T. 1 für Bauteile aus St 37 und St 52 die in einer Reibfläche zulässige übertragbare Kraft zul Q_{GV} einer hochfesten Schraube mit Lochspiel bzw. zul Q_{GVP} einer hochfesten Paßschraube festgelegt. Die für eine Reibfläche geltenden Werte der Tafel **46**.1, Zeilen 13 bis 16, sind bei m-schnittiger Verbindung noch mit m zu multiplizieren.

Hierbei setzt sich Q_{GVP} aus dem Reibungsanteil Q_{GV} und dem halben Scheranteil Q_{SLP} zusammen:

$$\text{zul } Q_{GVP} = \text{zul } Q_{GV} + 0,5 \text{ zul } Q_{SLP}$$

In GV-Verbindungen darf Δd von 2 auf 3 mm vergrößert werden, wenn vorh $Q_a \leqq$ 0,8 zul Q_{GV} ist.

Die zulässige Lochleibungsspannung und die zugehörigen zulässigen übertragbaren Kräfte zul Q_l bei 1 cm Werkstoffdicke sind in Tafel **47**.1, Zeilen 19 bis 26 enthalten. τ_a braucht nicht nachgewiesen zu werden.

Erhalten GVP-Verbindungen Kräfte mit wechselndem Vorzeichen, so ist die dem Betrag nach größere Kraft mit zul Q_{GVP}, die kleinere aber mit zul Q_{GV} nachzuweisen.

Beim allg. Spannungsnachweis für zugbeanspruchte Bauteile, die durch GV- oder GVP-Verbindungen angeschlossen oder gestoßen sind, gelten 40% derjenigen hochfesten Schrauben, die im betrachteten Nettoquerschnitt liegen, als vor Beginn der Lochschwächung durch Reibungsschluß angeschlossen (Kraftvorabzug). Außerdem ist der Vollquerschnitt mit der Gesamtkraft nachzuweisen.

3.1.3.3 Schrauben mit axialer Zugkraft

Wenn auch Schrauben bevorzugt so eingesetzt werden, daß die Kräfte senkrecht zur Schraubenachse wirken, sind sie doch in der Lage, Zugkräfte in Richtung ihrer Achse zu übertragen. Da die Gewindeabmessungen aller Schraubenarten gleich sind, bieten Paßschrauben gegenüber Schrauben mit Lochspiel keinen Tragfähigkeitsvorteil.

Schrauben ohne Vorspannung

Die in der Schraube infolge der Zugkraft Z wirkende Zugspannung wird auf eine fiktive Querschnittsfläche, den sogenannten Spannungsquerschnitt A_s bezogen, der aus dem Mittelwert zwischen dem Kerndurchmesser d_3 und dem Flankendurchmesser d_2 des Gewindes berechnet wird:

$$A_s = \frac{\pi}{4} \cdot \left(\frac{d_2 + d_3}{2}\right)^2.$$

Damit erhält man die zulässige übertragbare Kraft einer Schraube in Richtung der Schraubenachse zu

$$\textbf{zul } Z = A_s \cdot \textbf{zul } \sigma_Z \tag{49.1}$$

Tafel **50**.1 enthält zul σ_Z für die verschiedenen Festigkeitsklassen der Schrauben sowie für die einzelnen Schraubendurchmesser die jeweiligen Werte für A_s und zul Z.

Hochfeste Schrauben und Paßschrauben ohne planmäßige Vorspannung weisen wegen ihrer hohen zulässigen Spannung große Dehnungen auf und dürfen nur mit Einschränkung verwendet werden. Es muß eine der folgenden Bedingungen für die innerhalb der geforderten Lebensdauer der Verbindung zu erwartende Lastspielzahl n erfüllt sein (andernfalls sind die Schrauben vorzuspannen):

1. $n \leqq 10^4$. Diese Bedingung gilt als erfüllt bei nicht ständigen Lasten infolge Schnee, Temperatur, Verkehrslasten in Wohnungen, Büros und Büchereien und infolge Lagerstoffen.
2. $n \leqq 10^5$, jedoch dürfen Schraubenspannungen $\sigma_Z > 144$ N/mm² nicht mit $n > 10^4$ auftreten. Diese Bedingung gilt als erfüllt bei Windbelastung, solange eine durch das Tragwerk bedingte Periodizität der Windbelastung, z.B. durch angefachte Schwingungen, ausgeschlossen werden kann.

Bei SL- und SLP-Verbindungen können die zulässigen Beanspruchungen auf Abscheren, Lochleibungsdruck und auf Zug unabhängig voneinander voll ausgenutzt werden. Für den maßgebenden Wert für zul σ_l ist Fußnote 4 der Taf. **50**.1 zu beachten.

Tafel **50.**1   **Zulässige übertragbare Zugkraft zul Z** in kN je Schraube bzw. Paßschraube in Richtung der Schraubenachse bei vorwiegend r u h e n d e r Belastung. Zulässige Zugspannung zul σ_Z.

Zeile	plan-mäßige Vorspannung[1])	Festigkeits-klasse der Schrauben	zul σ_Z [2]) $\frac{N}{mm^2}$	Last-fall	Schraubengröße										
					M 12	M 16	M 20	M 22	M 24	M 27	M 30	M 36	M 42	M 48
1	0	4.6	110	H	9,3	17,3	27,0	33,3	38,8	50,5	61,7	89,9	123,3	162,0
2			125	HZ	10,5	19,6	30,6	37,9	44,1	57,4	70,1	102,1	140,1	184,1
3		5.6	150	H	12,6	23,6	36,8	45,5	53,0	68,9	84,2	122,6	168,2	221,0
4			170	HZ	14,3	26,7	41,7	51,5	60,0	78,0	95,4	138,9	190,6	250,4
5		10.9	360	H	30,5	56,5	88,2	109,0	127,0	165,2	202,0	294,0	403,6	530,3
6		[3]) [4])	410	HZ	34,6	64,4	100,5	124,2	144,7	188,2	230,0	335,0	459,6	604,0
7	1,0 · F_V	10.9	$0{,}7F_V/A_s$	H	35,0	70,0	112,0	133,0	154,0	203,0	245,0	357,0	–	–
8		[4])	$0{,}8F_V/A_s$	HZ	40,0	80,0	128,0	152,0	176,0	232,0	280,0	408,0	–	–
9	Spannungsquerschnitt A_s in cm²		[5])		0,843	1,57	2,45	3,03	3,53	4,59	5,61	8,17	11,21	14,73

[1]) F_V nach Tafel **46.**1, Zeile 17.   [2]) zul σ_Z nach DIN 18800 T. 1, Tab. 10.
[3]) Zeilen 5 und 6 nur anwendbar, wenn die Bedingungen nach Abschn. 3.1.3.3 erfüllt sind.
[4]) In SL- und SLP-Verbindungen dürfen bei gleichzeitiger Beanspr. auf Abscheren und Zug die zulässigen Werte für die einzelnen Beanspruchungsarten unabhängig voneinander ohne Nachweis einer Vergleichsspannung voll ausgenutzt werden. Für zul σ_l gelten bei voller Vorspannung (1,0 F_V) die Werte für teilweise Vorspannung (0,5 F_V), in nicht planmäßig vorgespannten Verbindungen ($\geq$ 0,5 F_V) die Werte ohne Vorspannung, falls Z = zul Z ist. Für kleinere Werte Z kann zwischen den Werten der Tafel **47.**1, Zeilen 11 bis 14 und 1, 2, 5, 6 bzw. Zeilen 15 bis 18 und 7 bis 10 geradlinig interpoliert werden.
[5]) Für die Schrauben M 52 bis M 64 (mit 4 mm Abstufung) erhält man den Spannungsquerschnitt angenähert zu $A_s \approx 0{,}005 \cdot d^{2,064}$ in cm² mit d in mm.

Hochfeste Schrauben und Paßschrauben mit planmäßiger Vorspannung

Die zulässige übertragbare Zugkraft einer Schraube mit voller Vorspannung F_V beträgt:

$$\text{zul } Z_H = 0{,}7\, F_V \qquad \text{zul } Z_{HZ} = 0{,}8\, F_V \qquad\qquad (50.1)\ (50.2)$$

Bei gleichzeitiger Beanspruchung der Schraube senkrecht zur Schraubenachse gilt folgendes:

Schraube in SL-Verbindung: Es ist Fußnote 4 zur Taf. **50.**1 zu beachten.

Schraube in GV-Verbindung: Wegen Verringerung der Klemmkraft infolge der vorhandenen äußeren Zugbelastung Z muß die zulässige übertragbare Kraft der Schraube senkrecht zur Schraubenachse zul Q_{GV} (n. Taf. **46.**1) abgemindert werden auf

$$\text{zul } Q_{GV,\, z} = \text{zul } Q_{GV} \left(1 - 0{,}8 \cdot \frac{Z}{\text{zul } Z}\right) \qquad\qquad (50.3)$$

Schraube in GVP-Verbindung: zul Q_{GVP} (n. Taf. **46.**1) ist abzumindern auf

$$\text{zul } Q_{GVP,\, z} = \text{zul } Q_{GV} \left(1 - 0{,}8 \cdot \frac{Z}{\text{zul } Z}\right) + \frac{1}{2}\text{zul } Q_{SLP} \qquad\qquad (50.4)$$

Berechnungsbeispiele s. Abschn. 3.1.4.3.

3.1.4 Berechnung von Schrauben-Anschlüssen und -Verbindungen

Die einzelnen Teile eines Stabquerschnitts, z. B. Stege, Flansche, sind im allg. je für sich nach den anteiligen Schnittgrößen anzuschließen oder zu stoßen. Wird ein Querschnittsteil nicht mittig, sondern nur mittelbar angeschlossen, so ist die Kräfteumlagerung im Anschluß- oder Stoßbereich nachzuweisen.

3.1.4.1 Anschlüsse mit mittiger Krafteinleitung

Der Anschluß eines Stabes oder Stabteiles wird mittig beansprucht, wenn der Schwerpunkt der Verbindungsmittel auf der Wirkungslinie der anzuschließenden anteiligen Kraft F liegt. Mittige Krafteinleitung liegt bei den meisten Stabanschlüssen, Stabstößen und Stoßverbindungen der Flansche von Biegeträgern vor oder ist durch konstruktive Maßnahmen erreichbar.

Man kann dann annehmen, daß sich die Kraft F gleichmäßig auf alle n Schrauben verteilt. Jedes Verbindungsmittel erhält daher die Anschlußkraft

$$Q_\mathrm{a} = \frac{F}{n} \tag{51.1}$$

die nicht größer als die zulässige übertragbare Kraft einer Schraube sein darf. Die erforderliche Schraubenzahl erhält man mit dem Kleinstwert min Q_a (aus zul Q_l oder zul Q_a1 bzw. zul Q_a2) zu

$$\mathrm{erf}\ n = \frac{F}{\min Q_\mathrm{a}} \tag{51.2}$$

Damit die Annahme einer gleichmäßigen Verteilung der Anschlußkraft auf alle Schrauben gerechtfertigt ist, dürfen in einer Reihe in Kraftrichtung hintereinander nicht mehr als 6 Schrauben angeordnet werden. Ergibt sich $n > 6$, müssen mehrere Schraubenreihen vorgesehen werden. Mindestens verwendet man 2 Schrauben, jedoch ist auch der Anschluß mit nur einer Schraube zulässig; in diesem Fall ist bei Zugstäben mit unsymmetrischem Anschluß eine besondere Form für den Spannungsnachweis vorgeschrieben (s. Abschn. Zugstäbe).

Wird der Flansch oder der abstehende Schenkel eines Stabes mittelbar mit einem Beiwinkel angeschlossen (**55**.2), so dürfen die infolge Versatzes der Schraubenreihen auftretenden Exzentrizitäten und Kraftumlagerungen pauschal dadurch berücksichtigt werden, daß der Beiwinkel an einem seiner Schenkel mit dem 1,5fachen oder an beiden Schenkeln mit dem 1,25fachen der anteiligen Schnittgröße angeschlossen wird. Diese Erhöhung erübrigt sich bei GV- oder GVP-Verbindungen.

Beispiel 1: Anschluß eines Zugbandes aus St 37 für eine Zugkraft $Z = +630$ kN an ein Knotenblech; Lastfall H. Tragfähigkeit der Schrauben s. Taf. **46**.1 und **47**.1.

In diesem Beispiel soll gezeigt werden, in welch weitem Umfang die Zahl der Anschlußschrauben durch die Wahl der Verbindungsart und der Schraubenart beeinflußbar ist.

a) Einschnittige SL-Verbindung mit rohen Schrauben (**52**.1)

Bei der gewählten Knotenblechdicke $t = 12$ mm wird für 1 Schraube M 20 - 4.6 mit Lochspiel $\Delta d \leqq 2$ mm

$$\text{zul } Q_\mathrm{SL} = 35{,}2 \text{ kN} < \text{zul } Q_\mathrm{l} = 1{,}2 \cdot 56{,}0 = 67{,}2 \text{ kN}$$

Maßgebend ist die Beanspruchung auf einschnittiges Abscheren:

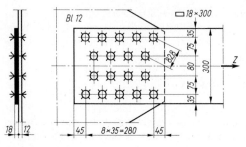

$$\text{erf } n = \frac{630}{35,2} = 17,9 \approx 18 \text{ M } 20$$

Spannungsnachweis für die Schrauben:

$$\tau_{a1} = \frac{630}{18 \cdot \frac{\pi \cdot 2,0^2}{4}} = 11,1 < 11,2 \text{ kN/cm}^2$$

$$\sigma_1 = \frac{630}{18 \cdot 1,2 \cdot 2,0} = 14,6 < 28 \text{ kN/cm}^2$$

52.1 Einschnittiger Zugstab-Anschluß mit rohen Schrauben

Da nicht mehr als 6 Schrauben hintereinander angeordnet werden dürfen und der Anschluß nicht zu lang werden soll, werden 4 Schraubenreihen vorgesehen und die Breite des Zugbandes dazu passend gewählt.

Spannungsnachweis des Zugbandes BrFl 18 × 300 im Schnitt durch die ersten 4 Bohrungen:

$$A = 2 (3,5 + 8,28 + 4,0) \cdot 1,8 = 56,8 \text{ cm}^2$$
$$\Delta A = 4 \cdot 2,2 \cdot 1,8 = 15,8 \text{ cm}^2$$
$$A_n = 41,0 \text{ cm}^2$$

$$\sigma_Z = \frac{630}{41,0} = 15,4 \text{ kN/cm}^2 < \text{zul } \sigma_Z = 16 \text{ kN/cm}^2$$

b) Zweischnittige SL-Verbindung mit rohen Schrauben (52.2)

Die für den Anschluß notwendige Anzahl der Verbindungsmittel läßt sich verkleinern, wenn man die Verbindung durch Verwendung von 2 Breitflachstählen für den Zugstab zweischnittig macht; i. allg. wird dann die höhere Beanspruchbarkeit der Schrauben auf Lochleibungsdruck maßgebend, und außerdem wird die Anschlußkraft zentrisch angeschlossen, was stets angestrebt werden sollte. Beschränkt man das Lochspiel auf $\Delta d \leqq 1$ mm, dürfen bei zweischnittiger Verbindung die höheren zulässigen Lochleibungsspannungen aus Taf. **47**.1, Zeilen 3 und 4 ausgenutzt werden.

Für 1 rohe Schraube M 20−4.6 ist bei $\Delta d \leqq 1$ mm
zul $Q_1 = 1,2 \cdot 60,0 = 72$ kN > zul $Q_{a2} = 2 \cdot 35,2 = 70,4$ kN

$$\text{erf } n = \frac{630}{70,4} = 8,9 \approx 9 \text{ Schrauben M } 20-4.6$$

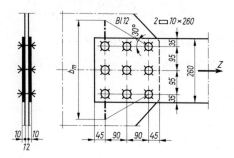

52.2
Zweischnittiger Zugstab-Anschluß mit rohen Schrauben

Zulässige übertragbare Kraft der Schrauben:

$$\left.\begin{array}{l} \text{zul } Q_1 = 9 \cdot 1{,}2 \cdot 60{,}0 = 648 \text{ kN} \\ \text{zul } Q_{a2} = 9 \cdot 2 \cdot 35{,}2 = 634 \text{ kN} \end{array}\right\} > Z = 630 \text{ kN}$$

Spannungsnachweis des Zugstabes aus 2 BrFl 10 × 260:

$$\begin{array}{ll} A = 2 \cdot 1{,}0 \cdot 26{,}0 & = 52{,}0 \text{ cm}^2 \\ \Delta A = 2 \cdot 3 \cdot 2{,}1 \cdot 1{,}0 & = \underline{12{,}6 \text{ cm}^2} \\ & A_n = 39{,}4 \text{ cm}^2 \end{array} \qquad \sigma_Z = \frac{630}{39{,}4} = 16 \text{ kN/cm}^2 = \text{zul } \sigma_Z$$

Spannungsnachweis des Knotenblechs:

Näherungsweise wird eine Lastausbreitung unter einem Winkel von 30° von den äußeren Schrauben der ersten Reihe bis zur letzten Schraubenreihe angenommen. Damit wird die mitwirkende Knotenblechbreite bei Berücksichtigung des Lochabzuges

$$\begin{array}{ll} b_m = 2 \cdot 9{,}5 + 2 \cdot 18 \cdot \tan 30° & = 39{,}8 \text{ cm} \\ \Delta b = 3 \cdot 2{,}1 & = \underline{6{,}3 \text{ cm}} \\ & b_n = 33{,}5 \text{ cm} \end{array}$$

$$\sigma_Z = \frac{630}{33{,}5 \cdot 1{,}2} = 15{,}7 < 16 \text{ kN/cm}^2$$

c) Zweischnittige SLP-Verbindung mit Paßschrauben (**53.**1)

Eine weitere Verringerung der Schraubenzahl ergibt sich bei Verwendung von Paßschrauben, besonders dann, wenn man die Knotenblech- bzw. Stabdicke so groß wählt, daß die Tragfähigkeit der Schrauben auf Lochleibungsdruck bis zu ihrer zulässigen übertragbaren Kraft auf zweischnittiges Abscheren angehoben wird. Die Bedingung hierfür lautet

$$\text{erf } t = \frac{\text{zul } Q_{a2}}{\text{zul } Q_{1(1\,\text{cm})}} = \frac{2 \cdot 48{,}4}{67{,}2} = 1{,}44 \text{ cm} \qquad (53.1)$$

Gewählt: $\left.\begin{array}{l} \text{Knotenblechdicke 1,5 cm} \\ \text{Stabdicke } 2 \cdot 1{,}0 = 2{,}0 \text{ cm} \end{array}\right\} > 1{,}44 \text{ cm}$

$$\text{erf } n = \frac{Z}{\text{zul } Q_{a2}} = \frac{630}{2 \cdot 48{,}4} = 6{,}5 \approx 7 \text{ Paßschrauben M 20}-4.6$$

Zulässige übertragbare Kraft der Schrauben:

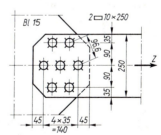

$$\left.\begin{array}{l} \text{zul } Q_{a2} = 7 \cdot 2 \cdot 48{,}4 = 678 \text{ kN} \\ \text{zul } Q_1 = 7 \cdot 1{,}5 \cdot 67{,}2 = 706 \text{ kN} \end{array}\right\} > 630 \text{ kN}$$

53.1
Stabanschluß mit Paßschrauben

Der allg. Spannungsnachweis des Zugstabes im Schnitt durch die 3 ersten Bohrungen ergibt

$$\begin{array}{ll} A = 2 \cdot (3{,}5 + 9{,}66) \cdot 2 \cdot 1{,}0 & = 52{,}6 \text{ cm}^2 \\ \Delta A = 2 \cdot 3 \cdot 2{,}1 \cdot 1{,}0 & = \underline{12{,}6 \text{ cm}^2} \\ & A_n = 40{,}0 \text{ cm}^2 \end{array}$$

$$\sigma_Z = \frac{630}{40{,}0} = 15{,}75 < 16 \text{ kN/cm}^2$$

Es werden nicht nur weniger Schrauben benötigt, als im Beispiel b, sondern der Querschnitt des Stabes kann auch wegen der versetzten Bohrungen etwas kleiner gewählt werden.

d) Hochfeste Schrauben mit 2 mm Lochspiel in SL-Verbindung mit teilweiser Vorspannung

Um die größtmögliche zulässige Schraubenkraft zu erzielen, wird die Knotenblechdicke wieder nach Gl. (53.1) gewählt:

$$\text{erf } t = \frac{2 \cdot 75,5}{76,0} = 1,99 \text{ cm.}$$

Ausgeführt wird $t = 20$ mm ($= t_{\text{Stab}}$).

Bei 5 hochfesten Schrauben HV M 20−10.9 wird

$$\text{zul } Q_{\text{SL}} = 5 \cdot 2 \cdot 75,5 = 755 > 630 \text{ kN}$$

$$\sigma_l = \frac{630}{5 \cdot 2,0 \cdot 2,0} = 31,5 \text{ kN/cm}^2 < \text{zul } \sigma_l = 38,0 \text{ kN/cm}^2$$

Die Schrauben sind mit $0,5 \cdot F_{\text{V}} = 0,5 \cdot 160 = 80$ kN vorzuspannen. Eine Überprüfung der Vorspannung ist nicht erforderlich.

Querschnitt und Spannungsnachweis des Zugstabes wie Beisp. c; Schraubenbild ähnlich wie **(54.**1).

e) Hochfeste Schrauben mit 2 mm Lochspiel in GV-Verbindung **(54.**1)

Schraubenanschluß mit 5 HV M 20−10.9:

$$\text{zul } Q_{\text{GV}} = 5 \cdot 2 \cdot 64,0 = 640 > 630 \text{ kN}$$

$$\sigma_l = \frac{630}{5 \cdot 1,8 \cdot 2,0} = 35,0 < 48 \text{ kN/cm}^2$$

Spannungsnachweis des Stabes aus 2 BrFl 10 × 210

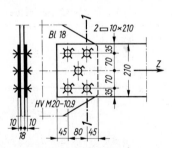

$$A = 2 \cdot 1,0 \cdot 21,0 \qquad = 42,0 \text{ cm}^2$$
$$\Delta A = 2 \cdot 1,0 \cdot 2,2 \cdot 2 \quad = \underline{8,8 \text{ cm}^2}$$
$$A_{\text{n}} = 33,2 \text{ cm}^2$$

Vollquerschnitt $\sigma_Z = \dfrac{630}{42,0} = 15 < 16 \text{ kN/cm}^2$

54.1
Stabanschluß mit hochfesten Schrauben in gleitfest vorgespannter GV-Verbindung

Schnitt 1−1: Vor Beginn der Lochschwächung übertragener zulässiger Reibungskraftanteil der 2 Schrauben in der 1. Reihe (40% von zul Q_{GV}):

$$\Delta Z = 0,4 \cdot 2 \cdot 2 \cdot 64 = 102,4 \text{ kN}$$

$$\sigma_{lZ} = \frac{Z - \Delta Z}{A_{\text{n}}} = \frac{630 - 102,4}{33,2} = 15,9 < 16 \text{ kN/cm}^2$$

Gegenüber der Verbindung mit Paßschrauben sind nicht nur weniger Verbindungsmittel erforderlich, sondern wegen des geringeren Einflusses der Lochschwächung ist auch der Stabquerschnitt 16% kleiner und das Knotenblech dünner als in Beispiel d).

f) Hochfeste Paßschrauben in GVP-Verbindung (**55**.1)

Schraubenanschluß

Bei 2 Reibflächen ist für 1 Schraube GVP M 20−10.9   zul $Q_{GVP} = 2 \cdot 112,5 = 225$ kN
Hierin ist der Reibungskraftanteil enthalten   zul $Q_{GV} = 2 \cdot 64,0 = 128$ kN
Bei 4 Schrauben entfällt auf 1 Schraube

$$Q_a = \frac{630}{4} = 157,5 \text{ kN} < \text{zul } Q_{GVP} = 225 \text{ kN}$$

$$\sigma_l = \frac{157,5}{2,1 \cdot 2,0} = 37,5 < \text{zul } \sigma_l = 48 \text{ kN/cm}^2$$

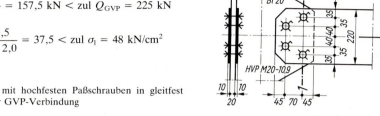

55.1
Stabanschluß mit hochfesten Paßschrauben in gleitfest
vorgespannter GVP-Verbindung

Spannungsnachweis des Stabes aus 2 BrFl 10 × 220

$$A = 2 \cdot 1,0 \cdot 22,0 \qquad = 44,0 \text{ cm}^2$$
$$\Delta A = 2 \cdot 1,0 \cdot 2 \cdot 2,1 \qquad = \underline{8,4 \text{ cm}^2}$$
$$A_n = 35,6 \text{ cm}^2$$

Vollquerschnitt $\sigma_Z = \dfrac{630}{44,0} = 14,3 < 16 \text{ kN/cm}^2$

Schnitt 1−1: Vor Beginn der Lochschwächung übertragener zulässiger Reibungskraftanteil
der 2 Schrauben der 1. Reihe (40% von zul Q_{GV}):

$$\Delta Z = 0,4 \cdot 2 \cdot 2 \cdot 64 = 102,4 \text{ kN}$$

$$\sigma_{1Z} = \frac{Z - \Delta Z}{A_n} = \frac{630 - 102,4}{35,6} = 14,8 < 16 \text{ kN/cm}^2$$

Beispiel 2 (**55**.2): Das Zugband eines Rahmenbinders aus 2 L 75 × 8 ist an das 12 mm dicke
Knotenblech des Fußpunkts mit Paßschrauben M 20 für die Zugkraft $Z_H = +310$ kN anzuschließen.

Um das Knotenblech klein zu halten, erfolgt
der Anschluß mit 2 Beiwinkeln 75 × 8. Sie
werden mit der 1,5fachen anteiligen Kraft an
die abstehenden Schenkel der Stabwinkel angeschlossen.

Zulässige übertragbare Kräfte der Schrauben
s. Taf. **46**.1 u. **47**.1.

Anschluß am Knotenblech mit 5 Paßschr.
M 20:

zul $Q_l = 5 \cdot 1,2 \cdot 67,2 = 403$ kN $> Z = 310$ kN

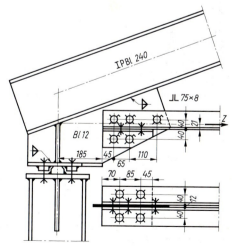

55.2
Anschluß eines Untergurts mit Beiwinkeln am
Auflagerknoten

Anteilige Kraft der mit 2 Schrauben angeschlossenen Beiwinkel:

$$\frac{2}{5} \cdot 310 = 124 \text{ kN}$$

Anschluß der Beiwinkel am Zugband für die 1,5fache Kraft:

$$F = 1,5 \cdot 124 = 186 \text{ kN}$$

Für die $2 \cdot 2 = 4$ einschnittigen Paßschrauben in den abstehenden Winkelschenkeln ist

$$\left. \begin{array}{l} \text{zul } Q_{SL} = 4 \cdot 48,4 \quad\quad = 194 \text{ kN} \\ \text{zul } Q_l = 4 \cdot 0,8 \cdot 67,2 = 215 \text{ kN} \end{array} \right\} > 186 \text{ kN}$$

Weitere Berechnungsbeispiele s. Abschn. 4 und 7.3.

3.1.4.2 Verbindungen mit Beanspruchung durch Biegemomente

Wird ein Anschluß durch ein Biegemoment belastet, dann werden die Verbindungsmittel nicht gleichmäßig beansprucht, sondern die vom Schwerpunkt der Verbindungsmittel am weitesten entfernte Schraube erhält die größte Kraft. Verbindungen erhalten Biegemomente z.B. wenn der Anschlußschwerpunkt nicht auf der Wirkungslinie der Anschlußkraft liegt, bei der Verbindung von Anschlußwinkeln mit dem Trägersteg (Abschn. 7.3.2) oder bei der Stoßdeckung des Steges von Biegeträgern.

Biegefeste Stöße

Sie sind typisch für die Beanspruchung von Verbindungen durch Biegemomente; an ihrem Beispiel werden im folgenden die Berechnungsmethoden erläutert.

Verbindungsmittel und Stoßlaschen müssen die an der Stoßstelle vorhandenen Schnittgrößen M, Q und gegebenenfalls auch N aufnehmen, wobei zu beachten ist, daß Q ausschließlich vom Steg getragen wird. Für die Lage des Stoßes ist deswegen nach Möglichkeit eine Stelle mit kleinem Moment zu wählen, doch ist zu empfehlen, bei der Berechnung sicherheitshalber ein etwas größeres Biegemoment anzusetzen. Bewährt hat sich z.B. ein Mittelwert zwischen dem vorhandenen und dem vom Querschnitt übertragbaren Moment. Stöße von Durchlaufträgern, die nach dem Traglastverfahren berechnet wurden (s. Abschn. 7.2.4.2) sind jedoch stets für das volle übertragbare Moment max $M = W_n \cdot$ zul σ zu bemessen.

Entsprechend dem für alle Stoßverbindungen geltenden Grundsatz ist jeder Querschnittsteil (Flansch, Steg) je für sich mit Laschen zu decken, die für die anteiligen Kräfte angeschlossen werden.

Stoßdeckung der Flansche

Die Kraft, die in einem Flansch bzw. in einem Teilquerschnitt des Gurtes wirkt, läßt sich aus der Brutto-Querschnittsfläche A_f des betreffenden Gurtteils und seiner an der Stoßstelle vorhandenen, mit den ungeschwächten Querschnittswerten ermittelten Schwerpunktspannung σ_m berechnen (**57.**1):

$$F_f = A_f \cdot \sigma_m \tag{56.1}$$

Die Kraft F_f geht voll in die zugehörige Stoßdeckungslasche über ($F_{la} = F_f$). Die

Lasche erhält im allg. die gleiche Querschnittsfläche wie das zu deckende Teil, ist für F_f nachzuweisen sowie mit der notwendigen Schraubenzahl nach den Regeln des Abschnittes 3.1.4.1 anzuschließen. Bei nur außen angeordneten Flanschlaschen sind die Anschlußschrauben einschnittig beansprucht (**61**.1). Durch zusätzliche Laschen an den Innenseiten der Flansche wird die Verbindung 2schnittig; die Tragfähigkeit der Schrauben wird größer, der Stoß wird kürzer (**63**.1).

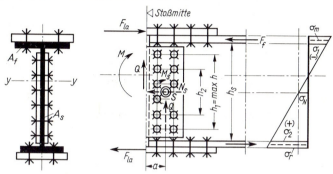

57.1 Schnittgrößen und Biegespannungen am Laschenstoß eines einfach-symmetrischen Trägers

Stoßdeckung des Steges

Der Steg erhält beiderseits je eine Steglasche mit der Dicke $t \approx 0,8\, t_s$ (t_s = Stegdicke) und eine Höhe, die möglichst der Steghöhe des Trägers entspricht. Ein Nachweis der Steglaschen ist dann unnötig. Der Anschluß der Steglaschen hat den auf den Steg entfallenden Anteil des Biegemomentes [erster Summand in Gl. (58.1)], einen ggf. im Steg vorhandenen Normalkraftanteil N_s und die gesamte Querkraft Q aufzunehmen.

Bei einfachsymmetrischen Querschnitten oder bei vorhandener Normalkraft N enthält der Steg wegen unterschiedlich großer Spannungen σ_1 und σ_2 am oberen bzw. unteren Stegrand einen Normalkraftanteil (**57**.1)

$$N_s = \frac{\sigma_1 + \sigma_2}{2} \cdot A_s = \sigma_N \cdot A_s \qquad (57.1)$$

σ_1 und σ_2 sind mit ihren Vorzeichen einzusetzen,
A_s ist die Querschnittsfläche des Steges.

Läßt man N_s und Q im Schwerpunkt des Schraubenanschlusses wirken, so können sie gleichmäßig auf die n Schrauben verteilt werden. N_s liefert eine horizontale, Q eine vertikale Schraubenkraftkomponente:

$$Q_h = N_s/n \qquad Q_v = Q/n \qquad (57.2)\,(57.3)$$

Der Anteil M'_s des Steges am gesamten Biegemoment M ist proportional dem Verhältnis des Flächenmoments 2. Grades I_s des Steges zum Brutto-Flächenmoment I des gesamten Trägers; er kann auch mit den Stegblechrandspannungen ermittelt werden:

$$M'_s = M \cdot \frac{I_s}{I} \quad \text{oder} \quad M'_s = \frac{(\sigma_2 - \sigma_1)\, h_s \cdot A_s}{12} \qquad (57.4)\,(57.4a)$$

Die Querkraft trägt noch mit dem Hebelarm a von Stoßmitte bis zum Schwerpunkt der Verbindungsmittel zum Anschlußmoment der Steglaschen bei (**57**.1); damit wird das gesamte, im Schwerpunkt des Schrauben-Anschlusses wirkende Moment

$$M_s = M'_s + Q \cdot a \qquad (58.1)$$

Um die größte Schraubenkraft im Steglaschenanschluß infolge des nunmehr bekannten Momentes M_s berechnen zu können, stellen wir die Gleichgewichtsbedingung $\Sigma M = 0$ für den Schwerpunkt des Anschlusses nach Bild **58**.1 auf:

$$M_s = Q_1 \cdot r_1 + Q_2 \cdot r_2 + \ldots + Q_n \cdot r_n$$

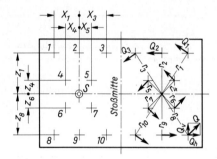

58.1
Schraubenkräfte im Steglaschen-Anschluß bei Momentenbeanspruchung. Koordinaten zur Berechnung des polaren Flächenmomentes 2. Grades I_p der Schrauben

Nimmt man an, daß die Schraubenkräfte proportional zu ihrem Abstand vom Schwerpunkt des Anschlußbildes sind, kann hierin eingesetzt werden:

$$Q_2 = Q_1 \cdot \frac{r_2}{r_1} \qquad Q_3 = Q_1 \cdot \frac{r_3}{r_1} \qquad \cdots Q_n = Q_1 \frac{r_n}{r_1}$$

Dann wird

$$M_s = Q_1 \cdot \frac{r_1^2}{r_1} + Q_1 \cdot \frac{r_2^2}{r_1} + \cdots + Q_1 \cdot \frac{r_n^2}{r_1} = \frac{Q_1}{r_1} \Sigma r^2$$

und hieraus die größte, tangential gerichtete Schraubenkraft

$$Q_1 = \frac{M_s \cdot \max r}{\Sigma r^2} = \frac{M_s \cdot \max r}{\Sigma (z^2 + x^2)} = \frac{M_s \cdot \max r}{I_p}$$

Die Horizontalkomponente von Q_1 wird bei Berücksichtigung der Normalkraft N_s nach Gl. (57.2)

$$\mathbf{max\ Q_h} = Q_1 \frac{\max z}{\max r} + \frac{N_s}{n} = \frac{M_s \cdot \max z}{\Sigma z^2 + \Sigma x^2} + \frac{N_s}{n} \qquad (58.2)$$

Zur in gleicher Weise gerechneten Vertikalkomponente von Q_1 ist der Querkraftanteil nach Gl. (57.3) zu addieren:

$$\mathbf{max\ Q_v} = \frac{M_s \cdot \max x}{\Sigma z^2 + \Sigma x^2} + \frac{Q}{n} \qquad (58.3)$$

Die beiden Komponenten werden zur größten Schraubenkraft zusammengesetzt:

$$\mathbf{max\ Q_a} = \sqrt{\mathbf{max\ Q_h^2} + \mathbf{max\ Q_v^2}} \leqq \mathbf{zul\ Q_a} \qquad (58.4)$$

Bei einem schmalen, hohen Anschlußbild ist x klein gegenüber z und kann näherungsweise vernachlässigt werden. Die Kraftkomponenten errechnen sich dann einfach zu

$$\max Q_h = M_s \cdot \frac{\max h}{\Sigma h^2} + \frac{N_s}{n} \qquad \mathbf{\max Q_v = \frac{Q}{n}} \qquad (59.1)\ (59.2)$$

h sind die gegenseitigen Abstände der symmetrisch zur Stegmitte liegenden, horizontalen Lochreihen (**57**.1). Bei gleichem Abstand der Reihen läßt sich der Ausdruck

$$f = \frac{\max h^2}{\Sigma h^2} = 1/\Sigma \left(\frac{h}{\max h}\right)^2$$

unabhängig von Lochdurchmesser und -abstand für die verschiedenen Anschlußbilder berechnen (Taf. **59**.1). Gl. (59.1) vereinfacht sich zu

$$\mathbf{\max Q_h = \frac{M_s}{\max h} f + \frac{N_s}{n}} \qquad (59.1\,a)$$

Anschließend ist Gl. (58.4) nachzuweisen.

Tafel **59**.1   Koeffizienten f zur Berechnung biegebeanspruchter Verbindungen

Bohrungen	einreihig	zweireihig		dreireihig		vierreihig	
Größte Schraubenzahl in einer Reihe		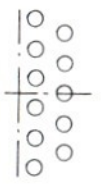		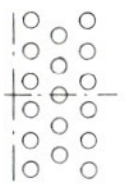	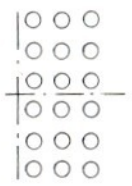	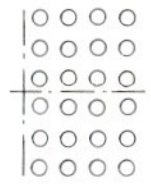	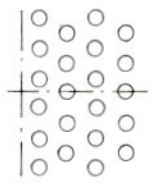
$n =$	f_1	f_{2v}	f_{2p}	f_{3v}	f_{3p}	f_{4v}	f_{4p}
2	1,0000	1,0000	0,5000	0,5000	0,3333	0,5000	0,2500
3	1,0000	0,8000	0,5000	0,4444	0,3333	0,4000	0,2500
4	0,9000	0,6429	0,4500	0,3750	0,3000	0,3214	0,2250
5	0,8000	0,5333	0,4000	0,3200	0,2667	0,2667	0,2000
6	0,7143	0,4545	0,3571	0,2778	0,2381	0,2273	0,1786
7	0,6429	0,3956	0,3214	0,2449	0,2143	0,1978	0,1607
8	0,5833	0,3500	0,2917	0,2188	0,1944	0,1750	0,1458
9	0,5333	0,3137	0,2667	0,1975	0,1778	0,1569	0,1333
10	0,4909	0,2842	0,2455	0,1800	0,1636	0,1421	0,1227
11	0,4545	0,2597	0,2273	0,1653	0,1515	0,1299	0,1136
12	0,4231	0,2391	0,2115	0,1528	0,1410	0,1196	0,1058
13	0,3956	0,2215	0,1978	0,1420	0,1319	0,1108	0,0989
14	0,3714	0,2063	0,1857	0,1327	0,1238	0,1032	0,0929
15	0,3500	0,1931	0,1750	0,1244	0,1167	0,0966	0,0875

Vereinfachte Berechnung des biegefesten Trägerstoßes

Neben der vorstehend beschriebenen genauen Berechnung ist eine wesentlich einfachere Berechnung möglich, der Traglastüberlegungen zugrunde liegen. Es wird auf die Mitwirkung des Steges bei der Aufnahme der Biegemomente ganz verzichtet, wozu man auch gezwungen sein kann, wenn eine biegefeste Stegverbindung konstruktiv nicht ausgeführt wird (**60**.1) oder ggfs. nicht möglich ist (**210**.2). Der Steg übernimmt dann ausschließlich die Querkraft Q, die im Schraubenschwerpunkt angesetzt wird und sich gleichmäßig auf die n Schrauben der Stegverbindung verteilt (**60**.2):

$$\max Q_a = Q/n \leqq \text{zul } Q_a \qquad (60.1)$$

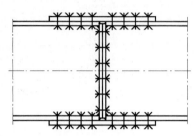

60.1 Biegefester Trägerstoß; die Stirnplattenverbindung der Stege ist nur zur Aufnahme von Querkräften geeignet

60.2 Annahme für die Kräftewirkung bei der vereinfachten Berechnung des biegefesten Trägerstoßes

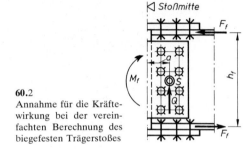

Das Biegemoment M an der Stoßstelle ist um den Anteil aus der Versetzung der Querkraft um das Maß a zu vergrößern:

$$M_f = M + Q \cdot a \qquad (60.2)$$

M_f wird in ein von den Flanschkräften F_f gebildetes Kräftepaar aufgelöst:

$$F_f = M_f/h_f \qquad (60.3)$$

Mit F_f sind die Flansche, die Flanschlaschen und deren Anschlüsse nachzuweisen. Da der Steg für die Aufnahme des Biegemoments M ausfällt, kann dieser vereinfachte Stoß nur an einer Stelle geringer Biegebeanspruchung liegen. Weil die Flanschkräfte im Ober- und Untergurt die gleiche Größe erhalten, wird dieses Berechnungsmodell besser nur bei Trägern angewendet, die zur y-Achse symmetrisch sind.

Beispiel 1 (61.1): Der Baustellenstoß (Gesamtstoß) eines statisch bestimmt gelagerten geschweißten Vollwandträgers aus St 37 mit einfachsymmetrischem Querschnitt ist mit hochfesten Schrauben mit 1 mm Lochspiel in SL-Verbindung herzustellen. Die Schnittgrößen an der Stoßstelle sind: $M = 500$ kNm; $Q = 220$ kN; $N = 0$. Lastfall H. Tragfähigkeit der Schrauben s. Taf. **46**.1 und **47**.1

Für den Trägerquerschnitt ist an der Stoßstelle bei Berücksichtigung der Lochschwächung in der Zugzone

$$\begin{aligned} I_y &= 0.8 \cdot \frac{80^3}{12} + 64 \cdot 4.6^2 + 70.4 \cdot 36.5^2 + 50 \cdot 45.6^2 \\ &= 34\,133 + 1354 + 93\,790 + 103\,968 & = 233\,200 \text{ cm}^4 \\ \Delta I &= 2 \cdot 2.5 \cdot 2.0 \cdot 45.6^2 + 0.8 \cdot 2.1\,(4.6^2 + 13.1^2 \\ & \quad + 21.6^2 + 30.1^2 + 38.6^2) & = \underline{25\,900 \text{ cm}^4} \\ & & I_{yn} = 207\,300 \text{ cm}^4 \end{aligned}$$

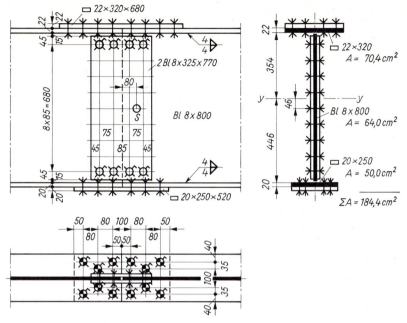

61.1 Trägerstoß mit Laschendeckung mit hochfesten Schrauben in SL-Verbindung

An der Stoßstelle ist das zulässige Moment für den Träger bei Berücksichtigung der Loch-schwächung und mit zul $\sigma_Z = 16,0$ kN/cm^2

$$\text{zul } M = \frac{207\,300}{46,6} \cdot 16,0 = 71\,200 \text{ kNcm}$$

Da das vorhandene Moment erheblich kleiner ist, wird zum Nachweis des Stoßes sicher-heitshalber ein gemittelter Wert für das Biegemoment angenommen

$$M = \frac{50\,000 + 71\,200}{2} \approx 61\,000 \text{ kNcm}$$

Ein Spannungsnachweis für den Trägerquerschnitt erübrigt sich damit

Stoß des Obergurts

Schwerpunktspannung der Gurtplatte

$$\sigma_\mathrm{m} = \frac{61\,000 \cdot (35,4 + 1,1)}{233\,200} = 9,55 \text{ kN/cm}^2$$

Druckkraft in der Gurtplatte nach Gl. (56.1)

$$D_\mathrm{f} = 9,55 \cdot 70,4 = 672 \text{ kN}$$

Die Lasche erhält den gleichen Querschnitt wie der Gurt.

Anschluß der Stoßlasche ☐ 22 × 320 mit 8 hochfesten Schrauben M 24 − 10.9

$$Q_\mathrm{al} = 672/8 = 84,0 < \text{zul } Q_\mathrm{SL} = 108,5 \text{ kN}$$

Stoß des Untergurts

Schwerpunktspannung der Gurtplatte im ungeschwächten Querschnitt

$$\sigma_m = \frac{61\,000\,(44,6 + 1,0)}{233\,200} = 11,93 \text{ kN/cm}^2$$

Zugkraft in der Gurtplatte $Z_f = 11,93 \cdot 50,0 = 596$ kN

Anschluß der Stoßlasche $\square$ 20 × 250 mit 6 hochfesten Schrauben M 24 − 10.9

$$Q_{a1} = 596/6 = 99,4 < 108,5 \text{ kN} \quad \text{und} \quad < \text{zul } Q_1 = 2,0 \cdot 67,2 = 134,4 \text{ kN}$$

Zugspannung in der Stoßlasche:

$$\sigma_Z = \frac{596}{2,0 \cdot (25,0 - 2 \cdot 2,5)} = 14,9 < 16 \text{ kN/cm}^2$$

Stoß des Stegblechs

Randspannungen des Stegblechs

$$\sigma_1 = -\frac{61\,000 \cdot 35,4}{233\,200} = -9,26 \text{ kN/cm}^2 \qquad \sigma_2 = +\frac{61\,000 \cdot 44,6}{233\,200} = +11,67 \text{ kN/cm}^2$$

Schnittgrößen im Stegblech

nach Gl. (57.1) $N_s = \dfrac{-9,26 + 11,67}{2} \cdot 64,0 = 77,0$ kN ($\approx D_f - Z_f = 672 - 596 = 76$ kN)

nach Gl. (57.4) $M'_s = 61\,000 \cdot \dfrac{34\,133}{233\,200} = 8930$ kNcm

nach Gl. (58.1) $M_s = 8930 + 220 \cdot 8,0 = 10\,690$ kNcm

Schraubenkräfte in den Steglaschen

nach Gl. (59.2)   max $Q_v = 220/18 = 12,22$ kN

Für die 2reihige parallele Anordnung mit 9 hochfesten Schrauben M 20 mit teilweiser Vorspannung in einer Reihe ist nach Tafel **59.**1

$$f_{2p} = 0,2667 \quad \text{und}$$

nach Gl. (59.1a)   max $Q_h = \dfrac{10\,690}{68,0} \cdot 0,2667 + \dfrac{77,0}{18} = 46,2$ kN

nach Gl. (58.4)   max $Q_a = \sqrt{12,22^2 + 46,2^2} = 47,8$ kN $< $ zul $Q_1 = 0,8 \cdot 76,0 = 60,8$ kN

Die Schrauben im Steg sind mit $0,5\ F_V = 80$ kN vorzuspannen.

Beispiel 2 (**63.**1): Der Laschenstoß eines IPB 340−St 37 ist unter Verwendung von Paßschrauben M 24−4.6 im Lastfall H für das Moment $M = 300$ kNm und die Querkraft $Q = 80$ kN nachzuweisen.

Die 250 mm breiten Steglaschen greifen mit 3,5 mm so wenig in die Flanschausrundung ein, daß sich besondere Maßnahmen zum Einpassen erübrigen.

Für den Träger ist

$$A = 171 \text{ cm}^2 \qquad I_y = 36\,660 \text{ cm}^4$$

und für den Trägersteg wird

$$A_s = 1{,}2 \cdot (34{,}0 - 2 \cdot 2{,}15) = 1{,}2 \cdot 29{,}7 = 35{,}6 \text{ cm}^2$$

$$I_s = 1{,}2 \cdot 29{,}7^3/12 = 2620 \text{ cm}^4$$

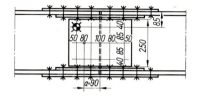 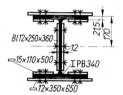

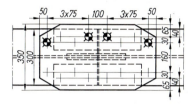

63.1
Stoß eines Trägers IPB 340 mit
Laschendeckung

Stoßdeckung der Flansche

Schwerpunktspannung der Flansche: $\sigma_m = 30000 \ (17{,}0 - 2{,}15/2)/36660 = 13{,}03 \text{ kN/cm}^2$

Flanschquerschnitt: $A_f = 0{,}5 \ (A - A_s) = 0{,}5 \ (171 - 35{,}6) = 67{,}7 \text{ cm}^2$

Flanschkraft: $F_f = 13{,}03 \cdot 67{,}7 = 882 \text{ kN}$

Äußere Flanschlasche □ 12 × 350: $A_{la,a} = 1{,}2 \cdot 35{,}0 = \ \ 42{,}0 \text{ cm}^2$
Innere Flanschlasche 2 □ 15 × 110: $A_{la,i} = 2 \cdot 1{,}5 \cdot 11{,}0 = \ \underline{33{,}0 \text{ cm}^2}$
$A_{la} = \ \ 75{,}0 \text{ cm}^2$
$\Delta A = 2 \cdot 2{,}5 \ (1{,}2 + 1{,}5) = \ \underline{13{,}5 \text{ cm}^2}$
$A_{n,la} = \ 61{,}5 \text{ cm}^2$

Zugspannung in den Laschen: $\sigma_{Z,la} = F_f/A_{n,la} = 882/61{,}5 = 14{,}34 \text{ kN/cm}^2 < 16 \text{ kN/cm}^2$

F_f wird den einzelnen Laschen proportional zu ihren Querschnittsflächen zugewiesen:

$$F_{la,a} = 882 \cdot 42/75 = 494 \text{ kN} \quad F_{la,i} = 882 - 494 = 388 \text{ kN}$$

Belastung einer Paßschraube im Anschluß der

Außenlasche $Q_a = 494/8 = \ \ \ 61{,}8 \text{ kN}$ ⎱ $< \text{zul } Q_{SLP} = 68{,}7 \text{ kN}$
Innenlasche $Q_a = 388/6 = \ \ \ \underline{64{,}7 \text{ kN}}$ ⎰ $< \text{zul } Q_l = 1{,}2 \cdot 80 = 96 \text{ kN}$
Belastung einer 2schnittigen Schraube = $\ 126{,}5 \text{ kN} < \text{zul } Q_l = 2{,}15 \cdot 80 = 172 \text{ kN}$

Stegstoß

Nach Gl. (57.4 und 58.1): $M_s = 30000 \cdot 2620/36660 + 80 \cdot 9{,}0 = 2864 \text{ kNcm}$

Weil der Anschluß der Steglaschen nicht schmal und hoch ist, muß die Berechnung der Schraubenkräfte mittels des polaren Flächenmoments 2. Grades der Schrauben durchgeführt werden.

$$I_p = \Sigma z^2 + \Sigma x^2 = 4 \cdot 8{,}5^2 + 6 \cdot 4{,}0^2 = 385 \text{ cm}^2$$

Nach Gl. (58.2): $\max Q_h = 2864 \cdot 8{,}5/385 = 63{,}2 \text{ kN}$

Nach Gl. (58.3): $\max Q_v = 2864 \cdot 4{,}0/385 + 80/6 = 43{,}1 \text{ kN}$

Damit wird für die meistbeanspruchte Paßschraube M 24 in den Steglaschen
nach Gl. (58.4): max $Q_a = \sqrt{63{,}2^2 + 43{,}1^2} = 76{,}5$ kN $<$ zul $Q_l = 1{,}2 \cdot 80 = 96$ kN

Beispiel 3 (**63.**1): Der Trägerstoß aus Beispiel 2 ist für das Moment $M = 250$ kNm und die
Querkraft $Q = 150$ kN vereinfacht nachzuweisen.

Stegstoß

Nach Gl. (60.1): max $Q_a = 150/6 = 25$ kN $<$ zul $Q_l = 1{,}2 \cdot 80 = 96$ kN

Flanschstoß

Nach Gl. (60.2): $M_f = 250 + 150 \cdot 0{,}09 = 264$ kNm

nach Gl. (60.3): $F_f = 26400/(34 - 2{,}15) = 829$ kN

F_f hat etwa die gleiche Größe wie im Beispiel 2; der Nachweis der Flanschlaschen und ihrer
Anschlüsse erfolgt in gleicher Weise.

Spannung im Zugflansch: $\sigma_z = \dfrac{829}{2{,}15\,(30{,}0 - 2 \cdot 2{,}5)} = 15{,}42$ kN/cm^2 $<$ 16 kN/cm^2

Beispiel 4 (**64.**1): Der Anschluß eines Fachwerkstabes aus 2 L 90 × 9 aus St 37 an ein 15 mm
dickes Knotenblech wird mit 3 rohen Schrauben M 24 mit $\Delta d \leq 2$ mm ausgeführt. Für die
Stabkraft $D_H = 220$ kN ist die ausreichende Tragfähigkeit der Schrauben nachzuweisen.

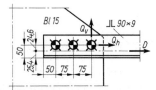

64.1
Anschluß eines Doppelwinkels mit rohen Schrauben an einem
Knotenblech

Der Schwerpunkt der Schrauben liegt nicht auf der mit der Stab-Schwerachse zusammenfal-
lenden Kraftwirkungslinie. Dadurch erhält der Schraubenanschluß das Moment

$M = 220 \cdot 2{,}46 = 541$ kN cm   und hieraus nach Gl. (59.1a) eine quer zur Stabachse gerichtete
Schraubenkraftkomponente

$$Q_v = \frac{541 \cdot 1}{15} = 36{,}1 \text{ kN.}$$

Die in Stablängsrichtung wirkende Komponente der Schraubenkraft ist

$$Q_h = 220/3 = 73{,}3 \text{ kN}$$
$$\max Q_a = \sqrt{73{,}3^2 + 36{,}1^2} = 81{,}7 \text{ kN} < Q_l = 1{,}5 \cdot 67{,}2 = 100{,}8 \text{ kN}$$

Bei Winkelanschlüssen des Stahlhochbaus mit vorwiegend ruhender Belastung darf die Exzentrizität der Schraubenrißlinie gegenüber der Stabschwerachse unberücksichtigt bleiben.
Der Nachweis der Schrauben erfolgt dann lediglich für Q_h!

Weitere Berechnungsbeispiele s. Abschn. 3.3 und 7.3.2.

3.1.4.3   Anschlüsse mit zugbeanspruchten Schrauben

Mittige Zugkraft

Liegt bei einer mit der Kraft N auf Zug beanspruchten Verbindung der Schwerpunkt
des Schraubenbildes auf der Wirkungslinie der Zugkraft, verteilt sich diese gleich-

mäßig auf alle n Schrauben:

$$Z = \frac{N}{n} \tag{65.1}$$

Beispiel 1 (65.1): Der Stoß eines Zugstabes aus einem Rohr wird für eine Zugkraft $N_H = +420$ kN mit hochfesten Schrauben ausgeführt.

Bei 6 Schrauben entfällt auf 1 Schraube die Zugkraft

$$Z = 420/6 = 70 \text{ kN}.$$

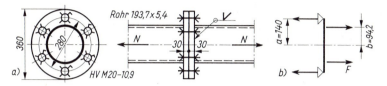

65.1 a) Stoß eines zugbeanspruchten Rohres mit Querplatten und hochfesten Schrauben
b) Belastung der kreisförmigen Stirnplatte

a) 6 HV−M 20 ohne Vorspannung

$$Z = 70 \text{ kN} < \text{zul } Z = 88,2 \text{ kN} \text{ (Taf. } \textbf{50}.1, \text{ Z. 5)}$$

Hochfeste, auf Zug beanspruchte Schrauben dürfen nur dann ohne Vorspannung ausgeführt werden, wenn die Bedingungen hinsichtlich der Lastspielzahl der nicht ständigen Lasten erfüllt sind (s. Abschn. 3.1.3.3). Andernfalls müssen die Schrauben voll mit F_V vorgespannt werden:

b) 6 HV−M 16 mit voller Vorspannung mit $F_V = 100$ kN

$$Z = 70 \text{ kN} = \text{zul } Z \text{ (Taf. } \textbf{50}.1, \text{ Z. 7)}$$

Die Biegemomente in der Querplatte werden näherungsweise wie für eine umfangsgelagerte Kreisplatte mit kreisförmiger Linienlast berechnet (**65**.1b).

Mit $\beta = \dfrac{b}{a} = \dfrac{9,42}{14,0} = 0,673$ wird das radiale und tangentiale Biegemoment unter F

$$M_r = M_t = F \cdot b [0,175 (1 - \beta^2) - 1,5 \lg \beta]$$

F ist die auf die Längeneinheit des Kreisumfangs bezogene Stabkraft

$$F = \frac{N}{2\pi \cdot b} = \frac{420}{2\pi \cdot 9,42} = 7,10 \text{ kN/cm}$$

$$M_r = M_t = 7,10 \cdot 9,42 [0,175 (1 - 0,673^2) - 1,5 \cdot \lg 0,673] = 23,7 \text{ kN cm/cm}$$

Bei 30 mm Plattendicke ist

$$W = 1 \cdot \frac{3^2}{6} = 1,5 \text{ cm}^3/\text{cm} \qquad \sigma = \frac{23,7}{1,5} = 15,8 < 16,0 \text{ kN/cm}^2$$

Biegefeste Anschlüsse

In ihnen wirkt neben der Querkraft Q noch ein Einspannmoment M, gegebenenfalls auch eine Normalkraft N (**66**.1). Die Querkraft Q wird auf die n Schrauben des

Anschlusses gleichmäßig verteilt und von ihnen einschnittig aufgenommen. Das Moment M wird als Druckkraft durch Kontaktwirkung und als Zugkraft von den Schrauben übertragen. Bilden Aussteifungen in der Nähe des Druckrandes einen Druckpunkt, liegt die Wirkungslinie von D in der Achse der Steifen. Für die Schraubenzugkräfte nimmt man vereinfachend an, daß sie linear mit ihrem Abstand von D anwachsen. Wegen der Unsicherheiten dieser Hypothese wird man sicherheitshalber nur die Schrauben in der oberen Hälfte des Anschlusses statisch in Rechnung stellen oder, wegen gleicher Steifigkeit, nur Schrauben in der Nähe angeschweißter Flansche und Aussteifungen[1]).

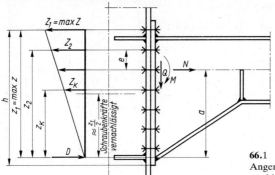

66.1
Angenommene Kräftewirkung am geschraubten biegefesten Anschluß

Ist der Druckpunkt nicht durch Aussteifungen eindeutig festgelegt, muß für D eine Wirkungslinie in plausiblem Abstand vom Druckrand geschätzt werden, z.B. $h/8 \cdots h/6$, falls sie nicht genauer berechnet wird[1]).

Mit dem auf die Wirkungslinie von D bezogenen Moment

$$M_D = M + N \cdot a \tag{66.1}$$

lautet die Gleichgewichtsbedingung $\Sigma M = 0$ um D

$$M_D = \sum_{i=1}^{i=k} Z_i \cdot z_i$$

Nach gleichem Rechnungsgang wie beim Stegblechstoß erhält man

$$\max Z = M_D \cdot \frac{\max z}{\sum\limits_{i=1}^{i=k} z_i^2} \tag{66.2}$$

Aus $\Sigma H = 0$ ergibt sich

$$D = \max Z \cdot \frac{\sum\limits_{i=1}^{i=k} z_i}{\max z} - N \tag{66.3}$$

[1]) S c h i n e i s, M.: Vereinfachte Berechnung geschraubter Rahmenecken. Der Bauingenieur (1969) H. 12

Die Summen in den Gl. (66.2 und 3) erstrecken sich nur über die Schrauben mit gleicher Steifigkeit in der oberen Hälfte des Anschlusses. − Zum Entwurf kann man die wirksame Anschlußhöhe max z mit dem geschätzten mittleren Schraubenabstand e und der zulässigen Zugkraft zul Z des obersten Schraubenpaares näherungsweise bemessen zu

$$\text{max } z \approx \sqrt{\frac{3{,}25\, e \cdot M_D}{\text{zul } Z}} - 0{,}5\, e \qquad (67.1)$$

Beispiel 2 (67.1): Der Anschluß der Konsole mit hochfesten Schrauben M 24 in GV-Verbindung ist für die Last $F_H = 120$ kN nachzuweisen.

$$Q = 120 \text{ kN} \qquad M = 120 \cdot 0{,}35 = 42{,}0 \text{ kNm}$$

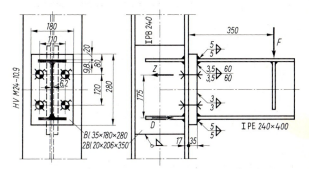

67.1
Konsolenanschluß mit hochfesten Schrauben in GV-Verbindung

Für die Berechnung der Schraubenzugkräfte wird das untere Schraubenpaar statisch nicht in Rechnung gestellt; der Druckpunkt liegt in der Mitte des unteren Konsolflansches. Z und D bilden ein einfaches Kräftepaar mit 17,5 cm Hebelarm.

$$D = Z = 4200/17{,}5 = 240 \text{ kN}$$

$$\text{zul } Z = 2 \cdot 154 = 308 \text{ kN} > Z = 240 \text{ kN (nach Taf. } \mathbf{50}.1)$$

Für das obere, auf Zug beanspruchte Schraubenpaar muß zul Q_{GV} n. Gl. (50.3) ermäßigt werden auf

$$\text{zul } Q_{GV,Z} = 88{,}0 \left(1 - 0{,}8 \frac{120}{154}\right) = 33{,}1 \text{ kN}$$

Für die unteren Schrauben wird die volle Tragfähigkeit angesetzt. Die in der Reibfläche aufnehmbare Kraft wird damit

$$\text{zul } Q_{GV} = 2\,(33{,}1 + 88{,}0) = 242 \text{ kN} > Q = 120 \text{ kN}$$

Die Beanspruchung der Stirnplatte muß noch nachgewiesen werden. Da Bild **67.**1 die typisierten Abmessungen nach [16] berücksichtigt (s. Teil 2), kann darauf verzichtet werden, jedoch sind dann nur die 2 Schrauben in der Nähe der Druckzone für die Aufnahme der Querkraft heranzuziehen:

$$\text{zul } Q_{GV} = 2 \cdot 88{,}0 = 176 \text{ kN} > 120 \text{ kN}$$

Schubspannung im Konsolsteg:

$$\tau_m = \frac{Q}{A_Q} = \frac{120}{0{,}62\,(24{,}0 - 0{,}98)} = 8{,}41 < 9{,}2 \text{ kN/cm}^2$$

D und Z wirken als Querkraft in der Stütze und verursachen im Stützensteg die Schubspannung

$$\tau_m = \frac{240}{1,0\,(24,0 - 1,7)} = 10,76 > 9,2 \text{ kN/cm}^2!$$

Innerhalb der Anschlußhöhe der Konsole wird der Stützensteg durch beiderseitige Blechbeilagen verstärkt.

Beispiel 3 (68.1): Der biegefeste Anschluß des Riegels aus IPE 360 ist für $M = 100$ kNm, $N = + 80$ kN und $Q = 40$ kN mit rohen Schrauben M 24 zu bemessen und nachzuweisen; Lastfall H
Für 1 Schraube M 24 ist nach Tafel **50.**1   zul $Z = 38,8$ kN

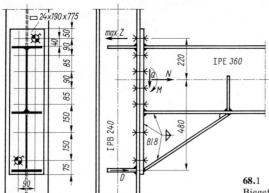

68.1
Biegefester Trägeranschluß mit rohen Schrauben

Das auf den Druckpunkt (Wirkungslinie von D) bezogene Moment ist nach Gl. (66.1)

$$M_D = 10000 + 80\,(\max z - 22) = 8240 + 80 \cdot \max z$$

Die notwendige Anschlußhöhe wird bei einem angenommenen Schraubenabstand von $e = 9$ cm nach Gl. (67.1)

$$\max z \approx \sqrt{\frac{3,25 \cdot 9\,(8240 + 80 \cdot \max z)}{2 \cdot 38,8}} - 0,5 \cdot 9$$

Durch iteratives Einsetzen von Näherungswerten für max z auf der rechten Seite der Gleichung erhält man

$$\max z = 67,1 \text{ cm}$$

Wenn nur die 4 Schraubenpaare der oberen Hälfte eingesetzt werden, wird mit den ausgeführten Maßen des Schraubenanschlusses

$$\Sigma z = 70 + 61 + 52,5 + 43,5 = 227 \text{ cm} \qquad \max z = 70 \text{ cm}$$
$$\Sigma z^2 = 70^2 + 61^2 + 52,5^2 + 43,5^2 = 13270 \text{ cm}^2$$
$$M_D = 8240 + 80 \cdot 70 = 13840 \text{ kNcm}$$

Nach Gl. (66.2) max $Z = 13840 \cdot \dfrac{70}{13270} = 73$ kN $<$ zul $Z = 2 \cdot 38,8 = 77,6$ kN

Nach Gl. (66.3) $\quad D = 73 \cdot \dfrac{227}{70} - 80 = 157$ kN

Mit D sind die Schub- und Vergleichsspannung in der Stütze sowie die Anschlüsse der Steg- und Eckaussteifungen nachzuweisen.
Scherbeanspruchung der Schrauben

$$Q_{a1} = 40/14 = 2{,}86 \text{ kN} < \text{zul } Q_{SL} = 50{,}6 \text{ kN} \qquad \text{(Taf. } \mathbf{46}.1)$$

3.2 Schweißverbindungen

Die weitaus größte Zahl der in der Werkstatt hergestellten Verbindungen wird heute geschweißt. Auf der Baustelle wird das Schweißen hingegen meist nur für gering beanspruchte Heftverbindungen eingesetzt. Für die Herstellung tragender Schweißverbindungen auf der Baustelle wirken sich nachteilig aus die erschwerte Zugänglichkeit der Schweißnähte, die oft unvermeidbare Notwendigkeit des Schweißens in Zwangslage sowie erhöhte Kosten für Rüstungen, für den Schutz der Schweißstelle gegen Witterungseinflüsse und für die Kontrolle der Schweißnahtgüte.

3.2.1 Schweißverfahren, Zusatzwerkstoffe und Schweißvorgang

Preßschweißen
Die Werkstücke werden an der Schweißstelle bis zum teigigen Zustand erwärmt und unter Druck ohne Zusatzstoffe miteinander verschweißt.
Feuerschweißen. Nach Erhitzen im Schmiedefeuer erfolgt das Verschweißen durch Druck oder Schlag. Feuerschweißungen sind selten fehlerfrei und im Stahlbau nicht zugelassen.
Gas-Preßschweißen. Wärmequelle ist die Gas-Sauerstoffflamme.
Lichtbogen- und Widerstands-Preßschweißen. Die Nahtstelle wird durch elektrischen Strom erwärmt und bei Erreichen der Schmelztemperatur schlagartig (maschinell) gestaucht. Die Verfahren eignen sich für Stumpfstöße von Rund- und Formstählen. Eine besondere Art ist die
Punktnaht-Schweißung. Sie ist für dünne Bleche geeignet und im Stahlleichtbau zugelassen. Versuche zur Punktschweißung dickerer Bleche für statisch höhere Beanspruchungen sind noch nicht abgeschlossen.
Das aluminothermische Gieß-Preßschweißen wird für Profilstahl, im besonderen für Schienen verwendet.

Schmelz-Schweißverfahren
Die Schweißflächen werden angeschmolzen und im flüssigen Zustand unter Beigabe von Zusatzwerkstoffen, den Schweißdrähten, miteinander verschweißt.
Gasschweißen (Autogenschweißen). Die Nahtstelle wird mit einer Azetylen-Sauerstoffflamme bis zum Schmelzfluß erwärmt, und mit gleichartigen Werkstoffen, den blanken Schweißdrähten oder -stäben, wird die Schweißfuge gefüllt. Die große Wärmezufuhr führt zu großen Verformungen, so daß das Verfahren nur selten (im Leichtbau und Rohrleitungsbau) anwendbar ist.

Offenes Lichtbogenschweißen ist das im Stahlbau am häufigsten angewendete Verfahren (**70.**1). Der elektrische Lichtbogen brennt sichtbar in der Atmosphäre zwischen der Elektrode und dem Werkstück, dessen Ränder örtlich bis auf ≈ 4000°C erhitzt und angeschmolzen werden. Gleichzeitig schmilzt die Elektrode am Ende, so daß dieses Schweißgut auf das Werkstück tropft, sich mit den angeschmolzenen Rändern vereinigt und die Schweißfuge ausfüllt. Dadurch, daß der Lichtbogen das Schweißgut zum Werkstück mitreißt, können auch Überkopfnähte, d.h. gegen die Schwerkraft nach oben gerichtete Nähte, geschweißt werden.

Beim Handschweißen können alle Stoß- und Nahtarten in allen Schweißpositionen bei sachgemäßer Wahl der Elektroden und bei geeigneten Schweißbedingungen ausgeführt werden.

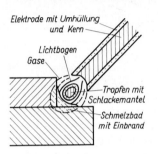

70.1
Werkstoffübergang bei der elektrischen Lichtbogenschweißung

Beim Humboldt-Meller-Verfahren werden 2 Elektroden gleichzeitig abgebrannt, wobei die eine automatisch und die andere von Hand geführt wird. Der wesentliche Vorteil besteht darin, daß durch die beiden Elektroden viel Schweißgut gleichzeitig aufgetragen wird, jedoch können nur verhältnismäßig kurze und nur waagrechte Nähte ausgeführt werden.

Verdecktes Lichtbogenschweißen. Der Lichtbogen brennt unter einem besonderen Schutz.

Beim Unter-Schiene-Schweißen (Elin-Hafergut-Verfahren) werden 1,0···1,5 m lange umhüllte Elektroden in die Schweißfuge eingelegt sowie mit Papierstreifen und profilierten Kupferschienen abgedeckt (**70.**2). Nach Zündung des Lichtbogens an einem Ende brennt die Elektrode selbsttätig und rasch ab. Die Naht wird gleichmäßig, muß allerdings an den Enden und den Stoßstellen der Elektroden von Hand nachgeschweißt werden. Es sind nur waagrechte Nähte möglich.

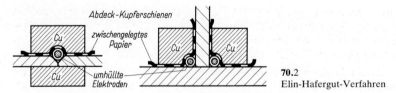

70.2
Elin-Hafergut-Verfahren

Beim Unterpulver-Schweißen (z.B. Ellira-Verfahren; **71.**1) wird durch ein Rohr vollautomatisch Schweißpulver in die mit einer Kupferschiene unterlegte Schweißfuge eingefüllt und durch seitliche Leitbleche gehalten. Der nackte Schweißdraht wird ebenfalls automatisch bis in das Schweißpulver nachgeführt. Nach Einstellen der Vorschubgeschwindigkeit wird der Lichtbogen gezündet, so daß nunmehr das Schweißpulver zu schützender Schlacke schmilzt, die Werkstücksränder anschmelzen und die unter dem Pulver anschmelzende Elektrode die Fuge füllt.

Das Verfahren eignet sich bei hoher Abschmelzleistung besonders für Dickblech-schweißung in Wannenlage.

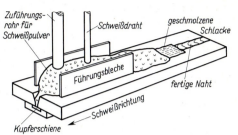

71.1
Ellira-Verfahren

Schutzgas-Lichtbogenschweißen. Der Lichtbogen wird von einem durch eine Düse zugeführten Schutzgas umhüllt und das Schweißbad dadurch von der Luft abgeschlossen. Im Stahlbau kommt als Schutzgas besonders Kohlendioxid (CO_2) in Frage (Metallaktivgasschweißen). Der mit Mn und Si legierte Zusatzdraht wird von Drahttransportrollen vorgeschoben; man verwendet nackten Draht oder Falzdraht. Vorteile des Verfahrens sind die hohe Abschmelzleistung bei hoher Stromdichte, porenfreie Schweißung, die Möglichkeit, tiefen Einbrand zu erzielen sowie eine unbeschränkte Schweißbarkeit aller Baustahlsorten. Durch Randkerben (Einbrandkerben) wird allerdings eine erhebliche Verminderung der Dauerfestigkeit verursacht, die nur durch lohnintensives Schleifen der Nahtränder beseitigt werden kann; dadurch ist die Anwendung von CO_2 als Schutzgas bei nicht vorwiegend ruhend belasteten Bauteilen eingeschränkt.

Für die elektrische Lichtbogenschweißung im Stahlbau wird Gleich- oder Wechselstrom mit einer Leerlaufspannung von 50 (42) V bis 80 V bei $15 \cdots 20$ A/mm² Kerndrahtquerschnitt der Elektrode verwendet. Spannung und Stromstärke richten sich nach dem Verfahren und vor allem nach den Elektroden, dem Werkstoff und der Lage und Dicke der Naht. Wechselstrom führt sich immer mehr ein, verlangt aber ausschließlich ummantelte Elektroden. Die Spannungen werden einem Schweißumformer, auch Schweißmaschine genannt, entnommen; seine Anschlußspannung beträgt 380 oder 500 V.

Zusatzwerkstoffe — Elektroden

Bei der Lichtbogenschweißung müssen die Fugen zwischen den zu verbindenden Teilen mit einem Zusatzwerkstoff, dem Schweißgut, ausgefüllt werden. Das Schweißgut soll sich einwandfrei mit dem Werkstoff verbinden und nach dem Erkalten möglichst die gleichen Festigkeitseigenschaften haben.

Nackte Elektroden liefern nicht für jeden Zweck ausreichende Gütewerte, da das ungeschützte Schweißgut Sauerstoff und Stickstoff aus der Luft aufnehmen kann und deshalb nur gering verformbar ist. Sie sind für untergeordnete Nähte bei ruhender Beanspruchung geeignet.

Seelenelektroden sind im allg. nackt und enthalten als eingewalzte Füllung lichtbogenstabilisierende mineralische Füllstoffe. Der Einfluß der Atmosphäre ist geringer als bei nackten Elektroden.

Umhüllte Elektroden (Stabelektroden) haben eine durch Tauchen oder Pressen aufgebrachte Umhüllung aus lichtbogenstabilisierenden, schlackenbildenden und auflegierenden Stoffen in 3 Dickenabstufungen: Dünn-, mitteldick- und dickumhüllt. Umhüllungstypen sind z.B.: Sauerumhüllt, rutil-, zellulose- und basischumhüllt, sowie Kombinationen daraus. Je nach Dicke und Typ der Umhüllung werden die Elektroden nach DIN 1913 Teil 1 in die Klassen 2 bis 12 eingeteilt. Jede Klasse hat kennzeichnende Merkmale hinsichtlich der erreichbaren mechanischen Werte des Schweißguts, der Schweißposition und der Schweißeigenschaften.

Die beim Schweißen abschmelzende Umhüllung bildet eine auf dem Schweißbad schwimmende Schlackendecke, die das Schweißgut gegen die Einwirkung des Sauerstoffs und Stickstoffs der Luft abschirmt und außerdem zu rasches Abkühlen verhindert, wodurch unerwünschte Aufhärtung und Zusatzspannungen in der Schweißnaht verringert werden.

Sondertypen sind z.B. Tiefeinbrandelektroden, Unterwasserschweißelektroden.

Fülldrahtelektroden liegen vor in Form von Rohren, die aus Metallband geformt werden, oder als Falzdrähte, die durch mehrmaliges Falzen von Metallband in Längsrichtung entstanden sind. Die Hohlräume sind mit lichtbogenstabilisierenden, schlackebildenden, auflegierenden und als Flußmittel wirkenden Stoffen gefüllt. Sie werden fast ausschließlich unter Schutzgas CO_2 verschweißt.

Netzmantel-Elektroden bestehen aus einem Kerndraht, der zweilagig gegenläufig mit dünnen Drähten netzartig umwickelt ist. In die Zwischenräume ist die Umhüllungsmasse gepreßt. Die Stromzuführung erfolgt in der Nähe des Lichtbogens über die Netzdrähte (Fusarc-Verfahren).

Sonderarten der Elektroden, die nicht zum Schmelzschweißen genutzt werden, sind z.B. Schmelzschneideelektroden, Sauerstoffschneideelektroden, Anwärmeelektroden.

Schweißvorgang

Bei der Lichtbogen-Handschweißung werden die genau abgelängten, gerichteten und der Naht entsprechend bearbeiteten Werkstücke von Rost, Schlacke, Zunder und Farbe gereinigt und mit Klemmbügeln, Spannschrauben, Zwingen usw. auf festen Unterlagen spannungsfrei zusammengebaut. Der Nahtform, -dicke und -lage entsprechend werden Elektroden und Stromstärke gewählt. Die Spannung wird mit dem + Pol an das Werkstück und dem − Pol über die Schweißzange an die Elektrode angelegt. Zum Schutz vor Metallspritzern und der Ultraviolett- und Ultrarot-Strahlung des Lichtbogens dienen Schutzmasken mit Dunkelgläsern, Lederhandschuhe und Lederschürzen.

Durch gleichmäßige Zickzackbewegung der Elektrode wird die Naht gelegt. Nahtdicken ≤ 6 mm können in einem Arbeitsgang, dickere Nähte müssen in mehreren Lagen (**72.**1) geschweißt werden. Vor dem Schweißen einer weiteren Lage muß, wie bei Unterbrechungen des Schweißens, die fertige, erkaltete Naht peinlichst von Schlacke oder Zunder mit Pickhammer und Drahtbürste gesäubert werden.

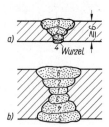

72.1
Lagenweiser Aufbau einer Schweißnaht

Die Naht soll nicht zu rasch und vor allem nicht ungleichmäßig abgekühlt werden, da sie sonst spröde wird. Daher darf auch bei Temperaturen < 0°C nicht mehr geschweißt werden, es sei denn, das Werkstück wird im Bereich der Schweißzonen vorgewärmt. Außerdem ist die Schweißstelle vor Wind (Ausblasen des Lichtbogens) sowie vor Regen zu schützen. Während des Schweißens und Erkaltens der Schweißnaht müssen Erschütterungen und Schwingungen vom Werkstück ferngehalten werden.

Die Werkstücke sollen in besonderen Vorrichtungen jeweils so gedreht werden können, daß sich die Nähte möglichst in waagrechter Lage schweißen lassen. Stehende Nähte sind schwieriger und Überkopfnähte nur von besten Schweißern auszuführen.

Da das Wenden der Bauteile auf der Baustelle i. allg. unmöglich ist und weil man Schweißen in Zwangslage zu vermeiden sucht, beschränkt man die Montageschweißung tragender Nähte auf solche Stöße, die konstruktiv mit bequem schweißbaren Verbindungen gestaltet werden können.

Das beim Erkalten der Naht auftretende Schrumpfen in Längs- und Querrichtung verursacht Eigenspannungen und Verformungen (73.1). Können sich die Verformungen im Zuge des Zusammenbaus durch den Zusammenhang mit anderen Bauteilen nicht frei ausbilden, treten weitere Zwängungsspannungen auf, die sich den Spannungen aus Gebrauchslast überlagern; der Zusammenbau und die Montage können behindert werden. Diese unerwünschten Erscheinungen kann man nicht vermeiden, aber vermindern durch zweckmäßige Reihenfolge beim Schweißen (Schweißplan), durch Schweißen langer Nähte von der Mitte nach den Enden hin und ggf. durch Schweißen im Pilgerschritt, durch Vorwärmen der Bauteile und durch Vorkrümmen der Einzelteile entgegen der zu erwartenden Verformung. Durch autogenes Entspannen können die Größtwerte der Schweißrestspannungen abgebaut werden, und durch Spannungsfreiglühen mit anschließendem langsamem Auskühlen kann man bei kleinen Bauteilen die Eigenspannungen völlig beseitigen.

Wichtig für die Güte der Schweißnähte ist das Können des Schweißers, dessen Eignung regelmäßig überprüft werden muß.

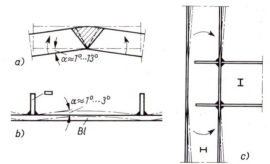

73.1
Durch Schrumpfen der Schweißnähte
verursachte Werkstückverformungen

3.2.2 Form und Abmessungen der Schweißnähte

Stumpfnähte (Taf. **74**.1)
Sie dienen zur Verbindung von Teilen, die in der gleichen Ebene liegen. Die für voll durchgeschweißte Nahtformen notwendigen Fugenformen sowie Erfahrungswerte für ihre Abmessungen sind für die verschiedenen Schweißverfahren in DIN 8551 angegeben.

I-Nähte ohne Bearbeitung der Stirnflächen können nur bei beschränkten Blechdicken, bei CO_2-Schweißung bis $t = 10$ mm, ausgeführt werden. Bei beidseitiger Schweißung muß wie bei allen Stumpfnähten die Wurzel ausgearbeitet und nachgeschweißt werden.

V-Nähte können, abgesehen vom Ausarbeiten und Nachschweißen der Wurzel, von einer Seite hergestellt werden, weisen aber wegen der Unsymmetrie des Nahtquerschnitts besonders große Schrumpfwinkel auf (**73.**1a). Bei größeren Blechdicken sind sie unwirtschaftlich, da sie zu viel Schweißgut (Elektroden) und Arbeitszeit zum Füllen der großen Nut erfordern.

Y-Nähte erhalten eine V-förmige Nut, die bis ⅔ der Blechdicke reicht; für voll durchgeschweißte Querschnitte ist jedoch eine Fugenform gemäß Tafel **74.**1 auszuführen.

Tafel **74.**1   Fugenformen von Stumpfnähten beim Lichtbogen-Handschweißen (Auswahl aus DIN 8551, T. 1); Maße in mm

Benennung	I-Naht	V-Naht	Y-Naht	Steilflankennaht	DV-Naht (X-Naht)	U-Naht
Fugenform						
Werkstückdicke t	$\leqq 4$ einseitig $\leqq 8$ beidseitig	$3\cdots 40$	> 10	> 16	> 10	> 12

Steilflankennähte werden anstelle von V-Nähten ausgeführt, wenn die Naht von der Rückseite nicht zugänglich ist, so daß die Wurzel nicht nachgeschweißt werden kann. Zum Schweißen ist eine Beilage zur Badsicherung notwendig.

D(oppel)-V-Nähte (X-Nähte) brauchen bei größeren Blechdicken weniger Elektroden als V-Nähte; sie werden wechselseitig geschweißt. Wegen der symmetrischen Nahtform und dadurch bedingter symmetrischer Temperaturverteilung wird die bei V-Nähten auftretende Winkelschrumpfung nahezu vermieden.

U-Nähte können bis auf das Nachschweißen der Wurzel von einer Seite geschweißt werden, ohne daß die Vorteile der X-Naht verloren gehen. Bei $t > 30$ mm können durch eine D(oppel)-U-Naht oder unsymmetrische V-U-Naht weitere Einsparungen an Schweißgut und Arbeitszeit erzielt werden.

Nicht nur zum Verschweißen an Stirnkanten, sondern auch zur Verbindung von rechtwinklig aneinanderstoßenden Teilen dienen die D(oppel)-HV-Naht (K-Naht) mit Doppelkehlnaht (Wurzel durchgeschweißt), die D(oppel)-HY-Naht (K-Stegnaht) mit Doppelkehlnaht und die HV-Naht (halbe V-Naht) mit Kehlnaht (Kapplage gegengeschweißt) (Taf. **76.**1, Zeilen 2 bis 4). Wegen ihrer Querschnittsform und Wirkungsweise werden diese Nähte bei der Berechnung den Stumpfnähten gleichgestellt.

Die Fugenflanken werden durch Brennschnitte oder Hobeln bearbeitet. Bei Stumpfnähten und Nähten nach Tafel **76.**1, Zeilen 2 bis 4 muß einwandfreies Durchschweißen der Wurzel gewährleistet sein; hierzu soll die Wurzel durch Auskreuzen mit dem Nutenmeißel oder durch Ausbrennen mit dem Fugenhobel ausgeräumt und gegengeschweißt werden. Legt man gerillte Kupferschienen unter, so kann von einer Seite aus durchgeschweißt werden. Bild **75.**1 zeigt ein bewährtes Verfahren, eine einwandfreie Nahtwurzel maschinell von oben zu schweißen. Die Nahtenden sind durch Verwendung von Auslaufblechen oder anderen Maßnahmen kraterfrei auszuführen (**75.**2).

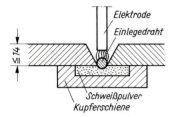

75.1 Herstellung einer fehlerfreien Wurzellage bei einer V-Naht, wenn Gegenschweißen der Kapplage nicht möglich ist

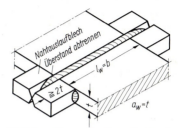

75.2 Herstellung einer Stumpfnaht mit Auslaufblechen

Die rechnerische Nahtdicke a_w ist gleich der (kleineren) Werkstückdicke t_l (Taf. **76.**1, Z. 1); sofern die durchschnittliche Nahtdicke der rechnerischen entspricht, sind örtliche Abweichungen von $+25\%$ bzw. -5% zulässig. Beim Wechsel von einer kleineren zur größeren Blechdicke muß die konstruktive Durchbildung einen möglichst stetigen Kraftfluß ermöglichen (**75.**3).

Die rechnerische Nahtlänge l_w ist gleich der Breite b des zu schweißenden Bauteils. Voraussetzung: Ausführung gemäß Bild **75.**2.

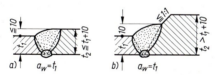

75.3 Stumpfnähte am Dickenwechsel von Blechen

Auf Zeichnungen werden Schweißnähte mit Sinnbildern nach DIN 1912, Teil 5 gekennzeichnet und nach Bedarf mit Zusatzzeichen versehen. Beispiele s. Tafel **78.**1. Nach DIN 1912, Teil 6 können Angaben über Nahtlänge, Schweißverfahren und -position, Bewertungsgruppe nach DIN 8563 sowie verwendete Elektrode angefügt werden. Nähte, für die keine Sinnbilder festgelegt sind, muß man auf der Zeichnung besonders darstellen und bemaßen.

Bei den Nahtabmessungen a_w und l_w kann der Index w (= Schweißen, vom engl. „welding") entfallen, wenn Verwechslungen nicht zu erwarten sind.

Tafel **76.1** Rechnerische Schweißnahtdicken a

	1	2	3	4
	Nahtart	Bild	Rechnerische Nahtdicke a	Bemerkung zur Ausführung
1	Stumpfnaht	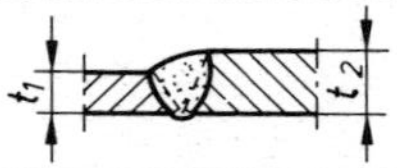	$a = t_1$ wenn $t_1 \leqq t_2$	Ausführung nach DIN 18800 Teil 7 Ausgabe Mai 1983 Abschnitt 3.4.3.1
2	D(oppel)-HV-Naht (K-Naht)	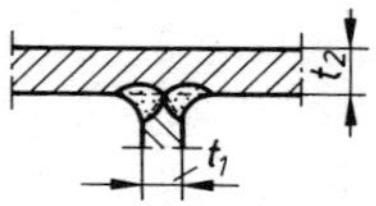	$a = t_1$	
3	HV-Naht — Kapplage gegengeschweißt		$a = t_1$	
4	HV-Naht — Wurzel durchgeschweißt		$a = t_1$	
5	D(oppel)-HY-Naht (K-Stegnaht)		$a = t_1$ $\quad c \begin{cases} \leqq \frac{1}{5} t_1 \\ \leqq 3 \text{ mm} \end{cases}$	
6	HY-Naht			Wenn Bedingung für c nicht eingehalten wird, ist Nahtdicke a nach Zeile 7 zu bestimmen
7	Kehlnaht	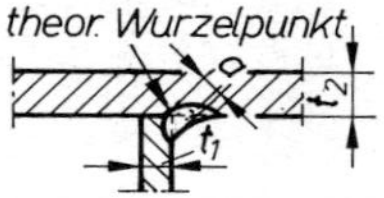	Nahtdicke a ist gleich der bis zum theoretischen Wurzelpunkt ge-	

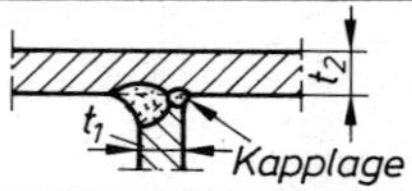

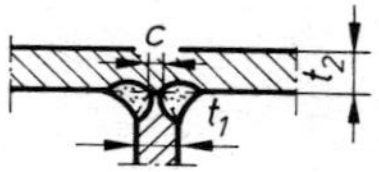

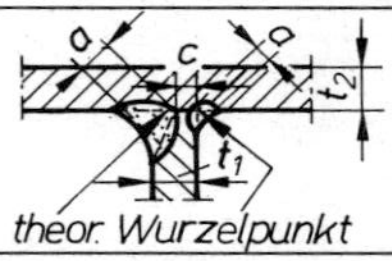

Linke Gruppierung: Durch- oder gegengeschweißte Nähte (Zeilen 1–4); Stegnähte (Zeilen 5–7)

Tafel **76**.1 Fortsetzung

Nr.	Nahtart		Bedingung	Maße	Ausführung
8	Kehlnähte	Doppelkehlnaht	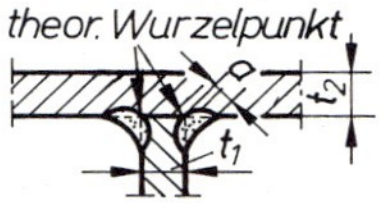 theor. Wurzelpunkt	messenen Höhe des einschreibbaren gleichschenkligen Dreiecks	$\min a$ $\geqq 2$ mm $\geqq \sqrt{\max t} - 0{,}5$	Ausführung nach DIN 18800 Teil 7, Ausgabe Mai 1983. Abschnitt 3.4.3.2
9		Kehlnaht mit tiefem Einbrand	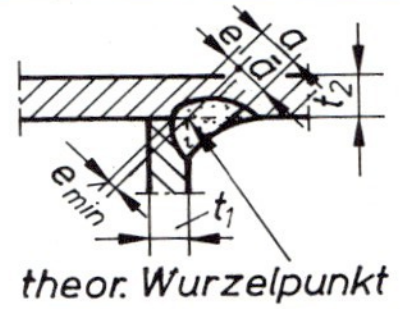	$a = \bar{a} + \dfrac{\min e}{2}$ $\bar{a}$: entspricht Nahtdicke a nach Zeile 7 u. 8 $\min e$: aus Verfahrensprüfung (s. Din 18800 Teil 7 (S. 83) Abschnitt 3.4.3.2a)	$\max a$ $\leqq 0{,}7 \min t$	
10		Doppelkehlnaht mit tiefem Einbrand	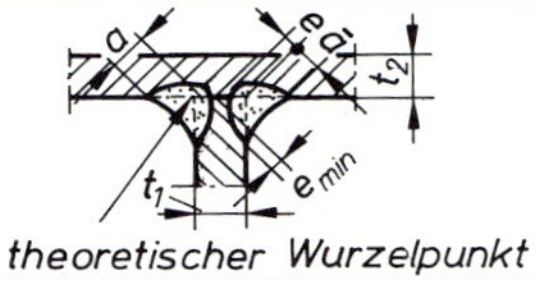 theoretischer Wurzelpunkt			
11		Kehlnaht versenkt	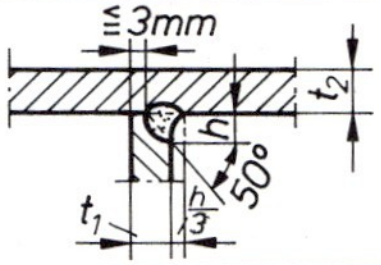	$t_1 \geqq 10$ mm $a = t_1$	a und t in mm	
12		Doppelkehlnaht versenkt	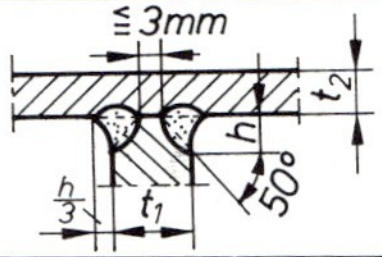	$t_1 \geqq 20$ mm $\Sigma a = t_1$		
13		Dreiblechnaht	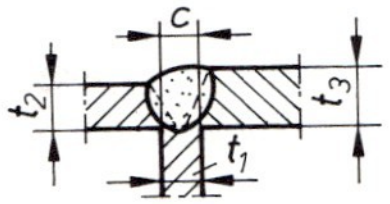	Kraftübertragung von t_2 nach t_3	$a = t_2$ für $t_2 < t_3$	
14				t_1 nach t_2 und t_3	$a = c$	

Tafel 78.1   **Zeichnerische Darstellung Schweißen, Löten**
Beispiele nach DIN 1912 (6.76), Teil 5 und Teil 6

Benennung	Darstellung	
	erläuternd	symbolhaft
V-Naht mit Gegenlage Nahtlänge = Stoßlänge 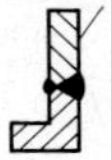 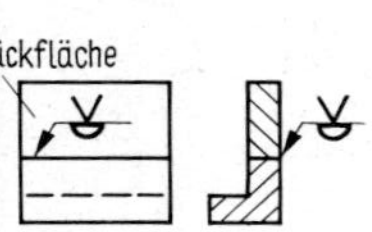  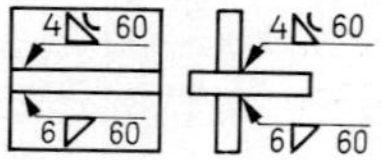	Obere Werkstückfläche	
Doppel-V-Naht (X-Naht) Gewölbte Oberfläche, Nahtlänge = Stoßlänge; hergestellt durch Lichtbogenhandschweißen (Kennzahl 111) – geforderte Bewertungsgruppe BS nach DIN 8563, Teil 3 – Wannenposition w – verwendete Stabelektrode E 5122 RR6 DIN 1913		111–BS DIN 8563–w– E 5122 RR6 DIN 1913
HV-Naht mit Gegenlage und beidseitig ebener Oberfläche, Nahtlänge = 800 mm ≠ Stoßlänge		800
Bem.: Die Pfeillinie weist gegen die schräge Fugenflanke		

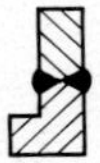

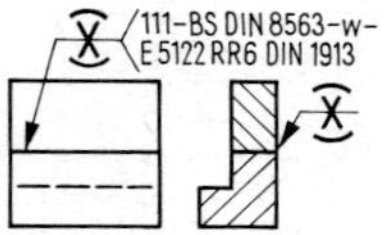

Benennung	Darstellung	
	erläuternd	symbolhaft
Kehlnähte einseitig, auf der Bezugsseite mit hohler Oberfläche $a_w = 4$ mm, auf der Gegenseite $a_w = 6$ mm Nahtlänge 60 mm	6	4 60 / 6 60
Doppel-Kehlnaht mit verschiedenen Nahtdicken, $a_1 = 8$ mm, $a_2 = 5$ mm, Montagenähte; hergestellt durch Lichtbogenhandschweißen (Kennzahl 111) – geforderte Bewertungsgruppe CK nach DIN 8563, Teil 3 – Horizontalposition h nach DIN 1912, Teil 2	5	111– CK DIN 8563–h 8 / 5
 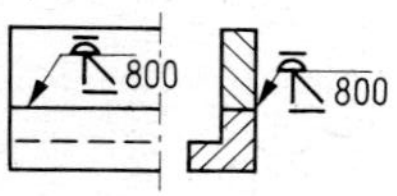 **Doppel-Kehlnaht** unterbrochen, gegenüberliegend; $n = 3$ Nähte, Nahtdicke $a_w = 4$ mm, Nahtlänge je 70 mm, Zwischenraum $e = 50$ mm	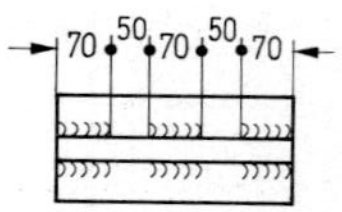 70 · 50 · 70 · 50 · 70	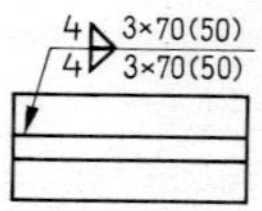 4 3×70(50) / 4 3×70(50)

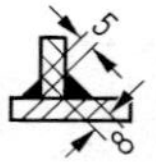

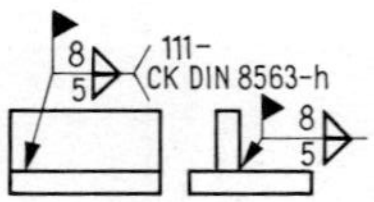

Tafel **78.1** (Fortsetzung)

Bezeichnung	Darstellung	Symbol / Ansicht
Doppel-HV-Naht (K-Naht) Montagenaht, Nahtlänge = Stoßlänge		
Bem.: Die Pfeillinie weist gegen die schräge Fugenflanke		
U-Naht mit ebener Oberfläche auf der oberen Werkstückfläche; Nahtlänge = Stoßlänge		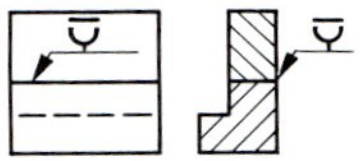
Y-Naht Nahtdicke $s = 6$ mm, Nahtlänge = Stoßlänge	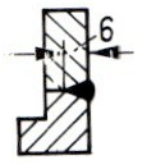	
I-Naht Von der oberen Werkstückfläche gefertigt		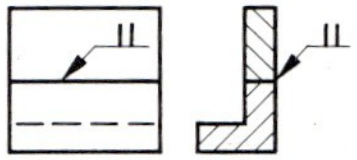
Steilflanken-Naht		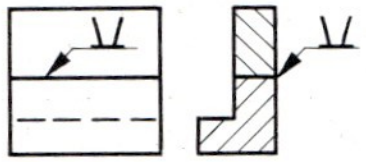
Doppel-Kehlnaht unterbrochen, versetzt mit Vormaß $v = 50$ mm, $a_w = 4$ mm	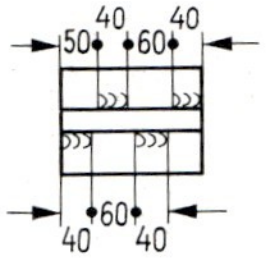	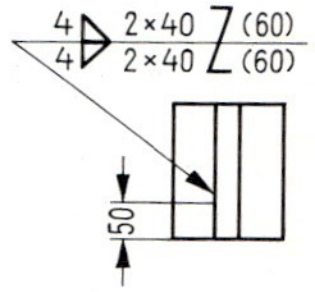
Kehlnaht ringsum-verlaufend $a_w = 5$ mm	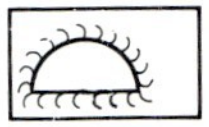	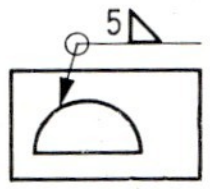

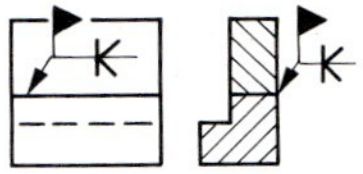

Die Stellung des Symbols zur Bezugslinie gibt die Lage der Naht am Stoß an. Die Seite der Stoßes, auf die die Pfeillinie weist, ist die Bezugsseite, die andere Seite ist die Gegenseite. Die Pfeillinie soll bevorzugt auf die „Obere Werkstückfläche" weisen.

Die Nahtlänge braucht nur dann angegeben zu werden, wenn die Naht nicht über die gesamte Stoßlänge zu verbinden ist. Die Nahtdicke ist bei Kehlnähten immer, bei Stumpfnähten nur dann anzugeben, wenn der Querschnitt nicht voll durchgeschweißt wird (z. B. Y-Naht). Die Spitze des Symbols für die Kehlnaht zeigt nach rechts.

Kehlnähte

Sie werden als Flach-, Wölb- oder Hohlnähte ausgeführt (**80.**1; Taf. **76.**1, Z. 7 bis 12). Flachnähte erfordern bei gleicher Tragfähigkeit die wenigsten Elektroden und stellen die meist übliche Nahtform dar. Hohlnähte sind schwieriger herzustellen, haben aber den besten Einbrand und damit die beste Verbindung mit dem Werkstück und außerdem den besten Kraftfluß. Wölbnähte sind am leichtesten auszuführen. Ist der Kehlwinkel < 60°, kann der Wurzelpunkt nicht sicher erreicht werden und man darf die Naht beim Festigkeitsnachweis nicht in Rechnung stellen.

Sinnbilder für Kehlnähte sowie Beispiele für Maß- und Fertigungsangaben siehe Taf. **78.**1.

80.1
Querschnittsformen der Kehlnähte
a) Wölbnaht
b) Flachnaht
c) Hohlnaht; Mindestgröße des Kehlwinkels
d) empfohlene größte Nahtdicke an gerundeten Profilkanten

Die Nahtdicke a_w ist gleich der Höhe des einschreibbaren, gleichschenkligen Dreiecks und ist für Kehlnähte und Stegnähte nach Taf. **76.**1, Z. 7 bis 12 anzunehmen. An gerundeten Profilkanten ist die maximale Nahtdicke aus geometrischen Gründen etwas kleiner anzusetzen (**80.**1d). Wird durch das angewendete Schweißverfahren ein über den theoretischen Wurzelpunkt hinausgehender Einbrand e_w gewährleistet, darf die Nahtdicke größer angenommen werden.

Kehlnähte sollen nicht dicker ausgeführt werden als es die statische Berechnung erfordert, damit die Wärmezufuhr und hiermit Verformungen und innere Spannungen klein gehalten werden. Sofern die durchschnittliche Nahtdicke der rechnerischen entspricht, sind örtliche Abweichungen von + 25% bzw. − 10% zulässig. Die Naht soll bis dicht an den theoretischen Wurzelpunkt reichen und muß ihn sicher erfassen, wenn die Kehlnaht quer zur Nahtrichtung beansprucht wird.

Die rechnerische Nahtlänge l_w ist gleich der Gesamtlänge der Naht, jedoch zählen nach DIN 1912 Krater und Nahtanfänge bzw. -enden, die die verlangte Nahtdicke nicht erreichen, nicht zur Nahtlänge. Bei Nähten, die ohne Unterbrechung um einen Querschnitt laufen, ist l_w dem Umfang des Querschnitts gleichzusetzen. Abweichend hiervon wird die Länge der verdeckten, schräg liegenden Naht in Bild **81.**1 nur mit ihrer Projektion senkrecht zur Stabachse in Rechnung gestellt. Für einzelne Flankenkehlnähte (das sind die zur Kraftrichtung parallelen Nähte) in Stab- und Laschenanschlüssen ist die rechnerische Nahtlänge nach unten und oben begrenzt auf

$$15\,a_w \leqq l_w \leqq 100\,a_w \tag{80.1}$$

Die Mindestlänge darf auf $l_w \geqq 10\,a_w$ verkürzt werden, wenn die Nähte ohne Endkrater in Stirnkehlnähte übergehen (**81.**1); solche unsymmetrischen Anschlüsse sind nur zulässig, wenn die längere Flankenkehlnaht näher zur Stabschwerachse liegt. Werden Anschlußnähte länger ausgeführt als mit dem Größtmaß, z.B. zum Rostschutz, darf man sie doch nur mit $100\,a_w$ in Rechnung stellen, da darüber hinaus die Spannungsverteilung nicht mehr genügend genau gleichmäßig angenommen werden darf (**81.**2).

Bei langen, gering beanspruchten Verbindungsnähten kann die Kehlnaht unterbrochen werden, wobei die Einzelnähte mit je $l_w \geqq 15\,a_w$ entweder einander gegenüber liegen oder versetzt sind (Taf. **78**.1). Im Freien oder bei besonderer Korrosionsgefährdung müssen die Nähte jedoch entweder durchgezogen oder als umlaufende Nähte ausgeführt werden (**81**.3).

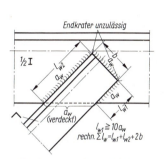

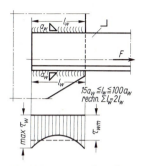

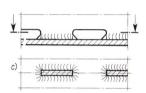

81.1 Rechnerische Nahtlängen beim Stabanschluß mit umlaufenden Kehlnähten

81.2 Untere und obere Grenze der Länge von Flankenkehlnähten; Schubspannungsverteilung in den Nähten

81.3 Unterbrochene Kehlnaht mit umlaufenden, geschlossenen Kehlnähten

Der Kraftfluß ist bei Kehlnähten nicht geradlinig wie bei Stumpfnähten, sondern wird je Seite 2mal umgelenkt (**81**.4). Diesem ungünstigen Umstand wird durch kleinere zulässige Spannungen der Kehlnähte Rechnung getragen.

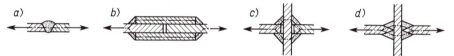

81.4 Kraftfluß in Schweißverbindungen
a) Stumpfnaht; b) Laschenstoß; c) Kreuzstoß mit Kehlnähten und d) mit K-Nähten

3.2.3 Werkstoff und Konstruktion

Als Werkstoffe sind die im Abschn. 2.2 aufgeführten Baustähle zugelassen. Die verwendeten Stahlsorten müssen durch Werkbescheinigungen belegt sein, die bei Bestellungen ab 1 t kostenlos abgegeben werden.

Die Sicherheit einer geschweißten Konstruktion wird nicht allein durch die richtige, wirklichkeitsnahe Festigkeitsberechnung gewährleistet, sondern hängt auch von der einwandfreien Herstellung der Schweißnähte ab und setzt die richtige Wahl des Schweißverfahrens, schweißgerechte bauliche Durchbildung und sachverständige Werkstoffwahl voraus (s. Abschn. 1.1.2.2). Nur die Gesamtheit dieser Maßnahmen kann der Gefahr von Sprödbrüchen, die ohne Vorankündigung eintreten, begegnen. Die Sprödbruchgefahr ist vornehmlich abhängig vom Spannungszustand, von der Bedeutung des Bauteils, von der Temperatur, der Werkstoffdicke und der Kaltverformung. Mit diesen Einflußgrößen können die Stahlsorten nach den „Empfehlungen zur Wahl der Stahlgütegruppen für geschweißte Stahlbauten" [11] ausgewählt werden. Die Stahlgütegruppe erhält man aus der Tafel **82.** 1 als Funktion der Dicke des Bauteils im Bereich der Schweißnaht und der Klassifizierungsstufe, die in Tafel **82.**2 bestimmt wurde.

Die so gewählte Stahlgütegruppe muß noch an Hand der Tafel **83.**2 überprüft werden, wenn im Schweißnahtbereich eine K a l t v e r f o r m u n g mit der Dehnung ε stattgefunden hat (**83.**3). Bei großen Dehnungen ist darüber hinaus ggf. die Verwendung von Stahl in Abkantgüte zu erwägen.

Tafel **82.**1   Bestimmung der Stahlgütegruppe

Klassifizierungsstufen (s. Taf. **82.**2)	im Bereich der Schweißnaht zulässige Materialdicke zul t in mm bis einschließlich
	10 20 30 40

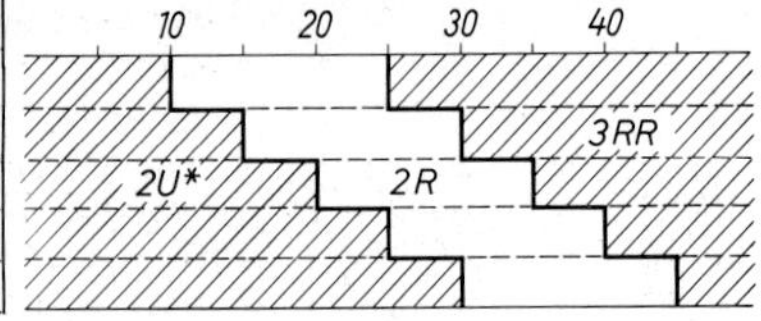

*) Wenn Gefahr besteht, daß Seigerungszonen angeschnitten werden, ist die Güte 2R der Güte 2U vorzuziehen.

Wenn im Bereich kaltverformter Zonen geschweißt werden soll, ist die gewählte Stahlgütegruppe nach Taf. **83.**2 zu überprüfen.

Tafel **82.**2   Bestimmung der Klassifizierungsstufen

Spannungszustand (s. Taf. **83.**1)	Bedeutung des Bauteils	Beanspruchung bei Gebrauchslast			
		Druck		Zug	
		angenommene tiefste Temperatur			
		bis −10°C	von −10°C bis −30°C	bis −10°C	von −10°C bis −30°C
hoch	1. Ordnung	IV	III	II	I
	2. Ordnung	V	IV	III	II
mittel	1. Ordnung	V	IV	III	II
	2. Ordnung	V	V	IV	III
niedrig	1. Ordnung	V	V	IV	III
	2. Ordnung	V	V	V	IV

Um aus Tafel **82.**2 die Klassifizierungsstufe richtig ablesen zu können, werden folgende Angaben benötigt:

Der S p a n n u n g s z u s t a n d berücksichtigt neben der Spannung aus den Gebrauchslasten auch die Spannungskonzentration aus der konstruktiven Gestaltung und den Fertigungsbedingungen beim Schweißen; er kann für typische Fälle der Tafel **83.**1 entnommen werden.

In der B e d e u t u n g d e s B a u t e i l s erfaßt man auch das Schadensrisiko beim Versagen infolge eines Sprödbruchs. Ein Bauteil wird in die 1. Ordnung eingestuft, wenn von seiner Funktionsfähigkeit der Bestand des Gesamtbauwerks oder seiner wichtigsten Teile abhängt; ebenso gehören zur 1. Ordnung alle Bauteile, bei denen die zulässige Spannung durch langzeitige, ständige Beanspruchungen zu mehr als 70% ausgenutzt wird. Die übrigen Bauteile, deren Versagen nur örtliche Schäden verursacht, sind von 2. Ordnung.

Die Sprödbruchneigung nimmt mit fallender Temperatur zu. Der Temperaturbereich bis − 10 °C gilt für geschlossene Hallen, − 30 °C ist die angenommene tiefste Außentemperatur. Für tiefere Temperaturen sind sinngemäß verschärfte Anforderungen an die Stahlgüte zu stellen.

Tafel **83.**1   Beispiele für die Klassifizierung der Bauteile nach ihrem Spannungszustand

Spannungszustand	Bauteile	ferner:
niedrig		Aussteifungen, Schotte, Verbände; spannungsarm geglühte Bauteile des Spannungszustandes „mittel"
mittel	*orthotrope Platte*	Knotenbleche an Zuggurten; spannungsarm geglühte Bauteile des Spannungszustandes „hoch"
hoch		Bauteile im Bereich von schroffen Querschnittsübergängen, Spannungsspitzen, konzentrierten Krafteinleitungen, räumlichen Zugspannungszuständen

Die zu klassifizierenden Bauteile sind durch Schwärzung oder Schraffur gekennzeichnet. Gleichwertige Fälle sind sinngemäß einzuordnen.

Tafel **83.**2   Bedingungen für das Schweißen in kaltgeformten Bereichen

r/t (s. Bild **83.**3)	ε %	max t mm
≧ 10	< 5	alle
≧ 3,0	≦ 14	≦ 24
≧ 2	≦ 20	≦ 12
≧ 1,5	≦ 25	≦ 8
≧ 1,0	≦ 33	≦ 4

Sofern kaltverformte Teile vor dem Schweißen normalgeglüht werden, brauchen die Grenzwerte der Spalten 1 und 2 nicht eingehalten zu werden.

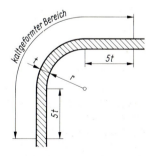

83.3 Anzunehmende   Breite des   kaltgeformten   Bereichs

Für zugbeanspruchte Bleche und Breitflachstähle mit $t > 30$ mm bei St 37 und $t > 25$ mm bei St 52 muß die Sprödbruchunempfindlichkeit durch den Aufschweißbiegeversuch nachgewiesen werden (s. Abschn. 1.1.3).

Läßt sich eine Konstruktion nur so ausführen, daß durch die Schweißung Seigerungszonen angeschnitten werden (**2.**1), so ist beruhigt vergossener Stahl der entsprechenden Gütegruppe zu verwenden, z.B. auch für Trägergurte aus getrennten ⊥-Profilen. In Hohlkehlen von Walzstählen soll wegen der besonders ungünstigen Walzeigenspannung möglichst nicht geschweißt werden. Sind Längsnähte in der Ausrundung nicht zu vermeiden, muß beruhigt vergossener Stahl eingesetzt werden.

Beim Walzen bilden sich in den Walzerzeugnissen parallel zur Oberfläche plättchenförmige Einschlüsse aus Sulfiden, Silikaten und Oxiden in schichtweiser Anordnung. Diese Einschlüsse, die mit zerstörungsfreien Prüfverfahren nicht feststellbar sind, können bei Zugbeanspruchung in Dickenrichtung Brüche verursachen, die wegen ihres typischen Aussehens Terrassenbrüche genannt werden. Durch werkstoffliche und konstruktive Maßnahmen kann dieser Gefahr begegnet werden.

Die DASt-Richtlinie 014 [15] gibt eine Anleitung, wie in der Form einer Punktbewertung, welche Nahtdicke und -form, Blechdicke, Steifigkeit der Konstruktion und ggfs. Vorwärmen beim Schweißen berücksichtigt, ein Werkstoff mit ausreichender gewährleisteter Brucheinschnürung auszuwählen ist. Die konstruktiven Maßnahmen zielen darauf ab, die Zugspannung in der Mittelebene des querbeanspruchten Blechs durch symmetrische, voll durchgeschweißte Nähte mit möglichst großer Anschlußbreite zu vermindern. In diesem Sinne ist z.B. der breite Kehlnahtanschluß nach Bild **81.**4c günstiger als die schmale Stumpfnaht nach d; noch besser wäre eine K-Naht mit beiderseitigen Kehlnähten.

Neben der richtigen Werkstoffwahl sind auch ausführungstechnische und konstruktive Gesichtspunkte zu beachten. Anhäufungen von Schweißnähten an einzelnen Stellen und Nahtkreuzungen sind zu vermeiden, um Eigenspannungen und räumliche Spannungszustände niedrig zu halten. Die Schweißnähte sollen kraterfreie Enden haben, sollen frei von Rissen, Binde- und Wurzelfehlern und möglichst frei von Kerben sein. Um die Nahtoberfläche kerbfrei zu halten, verschweißt man für die Naht oder für die Decklage einen geeigneten Elektrodentyp; bei dynamisch beanspruchten Konstruktionen ist vorgeschrieben, die Übergänge von der Raupe zum Blech und die Nahtenden kerbfrei zu bearbeiten und Stumpfnähte in Sondergüte blecheben abzuschleifen. Kerbwirkungen, die durch Kraftumlenkung entstehen, können durch möglichst schlanke Übergänge (**75.**3) und durch Ausrunden einspringender Ecken (**84.**1) gemildert werden. Dickwandige Bauteile müssen beim Schweißen unter Umständen auf 80°C bis 150°C vorgewärmt werden.

In der Regel müssen sämtliche Schweißnähte nicht nur während der Ausführung, sondern dauernd gut zugänglich sein, um sie beobachten und ggf. instandhalten zu können.

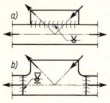

84.1
Knotenblechanschluß an einem Gurtstab
a) Ungünstige Kerbwirkung am Beginn der Stumpfnaht
b) Verminderung der Kerbwirkung durch Ausrunden der Querschnittsübergänge

3.2.4   Sicherung der Güte von Schweißarbeiten

Zur Prüfung der Schweißnähte stehen zerstörende und zerstörungsfreie Prüfverfahren zur Verfügung, die weitgehend genormt sind.

Zerstörende Verfahren. Sie erstrecken sich auf Zug-, Falt-, Kerbschlagbiegeversuche usw. und sind nur an Prüfstücken, also nicht an der Konstruktion, möglich. Sie dienen vornehmlich zur Prüfung der Schweißer und der Werkstoffe (s. Abschn. 1.1.3).

Zerstörungsfreie Prüfung. Am fertigen Bauteil wird das Aussehen der Schweißnahtoberfläche mit der Lupe geprüft; daher dürfen die Nähte vor der Prüfung höchstens farblose Anstriche erhalten. Oberflächenrisse können durch dünnflüssige farbige oder fluoreszierende Eindringmittel sichtbar gemacht werden.

Bei der magnetischen Durchflutung häufen sich in Öl leicht bewegliche Eisenspäne im magnetischen Kraftfeld über Fehlerstellen an.

Die Prüfung mit Röntgen- oder Gammastrahlen (DIN 54111) liefert die einzige einwandfreie Beurteilung. Nahtfehler absorbieren die Röntgenstrahlen weniger stark als der fehlerfreie Grundwerkstoff und bilden sich auf dem Aufnahmefilm ab. Dazu sind kostspielige Geräte erforderlich, und die Anwendung auf der Baustelle ist besonders schwierig.

Beim Ultraschall-Echo-Impuls-Prüfverfahren (DIN 54119) sendet ein Schallkopf Ultraschallimpulse in das Werkstück. Auf einem Leuchtschirm wird das Echo der von der Rückwand reflektierten Schallwelle angezeigt. Fehler erzeugen zusätzliche Echoanzeigen. Die Lage der Fehlerstelle kann festgestellt werden, aber nicht ihre Größe und Art; diese müssen durch nachfolgende Röntgenaufnahmen nachgewiesen werden.

Die zulässigen Schweißnahtspannungen sind folgerichtig nicht nur vom Werkstoff und der Art und Lage der Nähte, sondern auch vom Ausmaß der Prüfung abhängig (Taf. **86**.1).

Die Sicherung der Güte von Schweißarbeiten ist in DIN 8563 geregelt. Danach muß der Betrieb in erforderlichem Umfang über geeignete Werkstätten, Maschinen, Vorrichtungen, Einrichtungen (z.B. Lager, Einrichtungen zur Wärmebehandlung sowie zum Prüfen und Messen) verfügen. Durch die personelle Ausstattung muß sichergestellt sein, daß die Bauteile fachgerecht konstruiert, vorbereitet und gefertigt sowie in angemessenem Umfang geprüft werden. Nach DIN 18800 Teil 7 kann ein Betrieb, der geschweißte Stahlbauten mit vorwiegend ruhender Belastung herstellen will, auf Grund einer Betriebsprüfung, die von einer anerkannten Stelle durchgeführt wird, den großen oder den kleinen Eignungsnachweis erbringen.

Im Rahmen des kleinen Eignungsnachweises dürfen folgende Bauteile aus St 37 gefertigt werden: Vollwand- und Fachwerkträger bis 16 m Stützweite; Maste und Stützen bis 16 m Länge; Silos bis 8 mm Wanddicke; Gärfutterbehälter n. DIN 11622 T. 4; Treppen über 5 m Lauflinienlänge; Geländer mit Horizontallast $\geqq 0{,}5$ kN/m; andere Bauteile vergleichbarer Art und Größe. Dabei gelten folgende Begrenzungen: Verkehrslast $\leqq 5$ kN/m²; Einzeldicke tragender Querschnitte $\leqq 16$ mm, jedoch Fuß- und Kopfplatten $\leqq 30$ mm. U.U. kann der Anwendungsbereich erweitert werden auf Bauteile aus Hohlprofilen, Bolzenschweißverbindungen bis 16 mm Durchmesser und auf Bauteile aus St 52 in dem für St 37 genehmigten Rahmen, sofern keine Beanspruchung auf Zug oder Biegezug vorliegt mit der Dickenbegrenzung für Kopf- und Fußplatten auf 25 mm. Stumpfstöße in Formstählen dürfen jedoch nicht

Tafel **86.1**   Zulässige Spannungen für Schweißnähte in N/mm²

1		2	3		Lastfall							
Nahtart	Bild nach Tafel **76.1** Spalte 2	Nahtgüte (siehe Tafel **76.1** Spalte 4)	Spannungsart		St 37		St 52		StE 460		StE 690	
					4	5	6	7	8	9	10	11
					H	HZ	H	HZ	H	HZ	H	HZ
1 Stumpfnaht D(oppel)-HV-Naht (K-Naht)	Zeile 1 / Zeile 2	alle Nahtgüten	Druck und Biegedruck	zul σ_D	160	180	240	270	310	350	410	460
2 HV-Naht D(oppel)-HY-Naht[2] (K-Stegnaht)	Zeilen 3 u. 4 / Zeile 5	Nahtgüte nachgewiesen[1]	Zug und Biegezug	zul σ_Z	160	180	240	270	310	350	410	460
3 HY-Naht[2] Dreiblechnaht	Zeile 6 / Zeile 13	Nahtgüte nicht nachgewiesen	Zug und Biegezug	zul σ_Z	135	150	170	190	220	250	240	270
4 Kehlnähte[3]	Zeile 7 bis 12	alle Nahtgüten	Druck und Biegedruck	zul σ_D	135	150	170	190	220	250	240	270
5 Dreiblechnaht	Zeile 14		Zug und Biegedruck	zul σ_Z	135	150	170	190	220	250	240	270
6 alle Nähte	Zeile 1 bis 14	alle Nahtgüten	Schub in Nahtrichtung	zul τ	135	150	170	190	220	250	240	270
7 HY-Naht Kehlnähte	Zeile 6 / Zeile 7 bis 12		Vergleichswert	zul σ_V	135	150	170	190	220	250	240	270

Spalte 3 (Zeilen 1 bis 5): Spannungen senkrecht zur Nahtrichtung

[1] Freiheit von Rissen, Binde- und Wurzelfehlern und Einschlüssen, ausgenommen vereinzelte und unbedeutende Schlackeneinschlüsse und Poren, ist mit Durchstrahlungs- oder Ultraschalluntersuchung nachzuweisen. Dieser Nachweis gilt als erbracht, wenn beim Durchstrahlen von mindestens 10% der Nähte, wobei die Arbeit aller beteiligten Schweißer gleichmäßig zu erfassen ist, ein einwandfreier Befund (d.h. mindestens Nahtgüte „blau" nach IIW-Katalog) festgestellt wird.

[2] Wegen des vorhandenen Wurzelspaltes kommen für Zug und Biegezug (bei StE 460 und StE 690 auch für Druck und Biegedruck) nur die Werte der Zeile 3 in Betracht.

[3] Für zul σ_D oder zul σ_Z in symmetrischen Stirnkehlnähten nach Taf. **76.1**, Zeile 8 an Bauteilen aus St 37 dürfen die Werte nach Zeile 1 und 2 angesetzt werden.

hergestellt werden. Der Betrieb muß die vorgeschriebenen Einrichtungen aufweisen und einen anerkannten Schweißfachmann und geprüfte Schweißer haben.

Der große Nachweis für alle übrigen Schweißarbeiten gilt für Betriebe mit einem Schweißfachingenieur, geprüften Schweißern und vorschriftsmäßigen schweißtechnischen Anlagen sowie eigenen Prüfanlagen.

Der Schweißfachingenieur und der Schweißfachmann müssen über volle Fachkenntnisse verfügen und sind für alle das Schweißen betreffenden Fragen (Werkstoff, Elektroden, Geräte, Schweißfolge) sowie für die Schweißer und deren Überwachung und Prüfung verantwortlich.

Schweißer werden jährlich bzw. dann überprüft, wenn sie ihre Schweißtätigkeit für mehr als 3 Monate unterbrochen haben. Die Überprüfung, derzufolge sie im Stahlhoch- und -brückenbau in die Gruppe B I oder B II eingereiht werden, erstreckt sich auf Schweißproben nach DIN 8560 T. 1.

3.2.5   Berechnung und Ausführung von Schweißverbindungen

3.2.5.1   Berechnungs- und Ausführungsvorschriften

Die zulässigen Spannungen für Schweißnähte sind in DIN 18800 Teil 1, für die Feinkornbaustähle StE 460 und StE 690 in der DASt-Richtlinie 011 [12] festgelegt (Tafel **86**.1). Die höheren Stumpfnahtspannungen der Zeile 2 dürfen nur in Anspruch genommen werden, wenn die Nähte frei von Rissen, Binde- und Wurzelfehlern sind. Hierzu müssen die Nähte voll durchstrahlt und ggf. ausgebessert werden. Stichprobenweises Durchstrahlen von $\geq 10\%$ der Nahtlänge genügt, sofern zusätzliche Bedingungen erfüllt sind.

Abgesehen von den Nähten, die bei vorwiegend ruhender Belastung gemäß Tafel **87**.1 nicht berechnet werden müssen, sind alle übrigen Schweißverbindungen nachzuweisen. Außerdem ist für die Bauteile selbst der allgemeine Spannungsnachweis zu erbringen, z.B. auch neben den Schweißnähten.

Tafel **87**.1   Nicht zu berechnende Schweißnähte nach DIN 18801

Schweißnähte	Nahtart n. Taf. **76**.1, Zeile			
	1	2, 3, 4	5, 6	13
in Stößen von Stegblechen	●			
als Halsnähte in Biegeträgern		●	●	
bei Druckbeanspruchung	●	●	●	●
bei Zugbeanspruchung mit nachgewiesener Nahtgüte	●[1])	●		●

[1]) ausgenommen zugbeanspruchte Stumpfnähte in Form- und Stabstählen

Querschnittswerte der Schweißnähte

Die rechnerische Schweißnahtfläche ist

$$A_w = \Sigma (a_w \cdot l_w) \tag{87.1}$$

$\Sigma (a_w \cdot l_w)$ umfaßt bei Längskraftübertragung alle gleichartig wirkenden Nähte der Schweißverbindung, bei Querkraftübertragung nur diejenigen Nähte, die auf Grund ihrer Lage vorzugsweise imstande sind, Querkräfte zu übertragen, wie z.B. bei I, IPB und U-Stählen nur die Stegnähte (s. Beisp. 11).

Zur Berechnung des Flächenmoments 2. Grades der Schweißnaht I_w sind bei Kehlnähten die Schweißnahtflächen-Schwerachsen an den theoretischen Wurzelpunkten anzusetzen. Der Schwerpunkt der Schweißnaht-Anschlußfläche soll möglichst in der Schwerlinie des zu verbindenden Bauteils liegen (**88.**1); sonst ist die Kraftumlenkung im Anschlußbereich nachzuweisen. Lediglich beim Anschluß von Winkelstählen darf die Exzentrizität unberücksichtigt bleiben, falls der Schwerpunkt der Schweißnähte nicht auf der Stabachse liegt (Beispiel 5).

Berechnung bei einfacher Beanspruchung

Bei Stumpf- und Kehlnähten mit Beanspruchung durch Längskraft oder Querkraft je für sich allein sind nachzuweisen

$$\left.\begin{array}{c} \sigma_\perp \\ \tau_\perp \\ \tau_\| \end{array}\right\} = \frac{F}{A_w} \leqq \begin{cases} \text{zul } \sigma_w \\ \text{zul } \tau_w \end{cases} \tag{88.1}$$

Bei Kehlnähten beziehen sich diese Spannungen auf die idealisierte Längsschnittfläche in Bild **89.**1. Die Normalspannung $\sigma_\|$ in der Längsrichtung der Naht bleibt hier wie in allen anderen Nachweisen unberücksichtigt.

Bei Beanspruchung durch ein Biegemoment M allein ist die Normalspannung

$$\sigma_\perp = \frac{M}{I_w} z \tag{88.2}$$

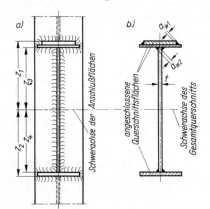

z ist der Abstand der Naht von der Schwerachse der Anschlußflächen (**88.**1a).

Für eine in einem Biegeträger durch eine Querkraft Q beanspruchte Längsnaht (z.B. Halsnaht a_{w2}) ist die Schubspannung (**88.**1b)

$$\tau_\| = \frac{Q \cdot S}{I \cdot \Sigma a_w} \tag{88.3}$$

88.1
Biegesteifer Trägeranschluß
a) Kehlnähte am Anschluß
b) Trägerquerschnitt mit Längsnähten

und bei unterbrochenen Längsnähten

$$\tau_\| = \frac{Q \cdot S}{I \cdot \Sigma a} \cdot \frac{e + l}{l} \tag{88.3a}$$

Hierin ist I das Flächenmoment 2. Grades für den Gesamtquerschnitt, S das Flächenmoment 1. Grades der angeschlossenen Querschnittsflächen und Σa_w die Summe der jeweils für die angeschlossenen Querschnittsflächen anzusetzenden Schweißnahtdicken. e ist die nahtfreie Länge und l die Nahtlänge bei unterbrochenen Nähten.

Zusammengesetzte Beanspruchung

Wirken in Kehlnähten oder HY-Nähten (K-Stegnähte) gemäß Tafel **76**.1, Zeilen 5 bis 12 gleichzeitig mehr als eine der Spannungen nach Bild **89**.1, so ist der Vergleichswert σ_V zu ermitteln und der zulässigen Spannung nach Tafel **86**.1, Zeile 7 gegenüberzustellen:

$$\sigma_V = \sqrt{\sigma_\perp^2 + \tau_\perp^2 + \tau_\parallel^2} \tag{89.1}$$

σ_V ist z. B. nachzuweisen für stumpf an Gurtstäbe von Fachwerken angeschlossene Knotenbleche und für den biegefesten Trägeranschluß nach Bild **88**.1 a.

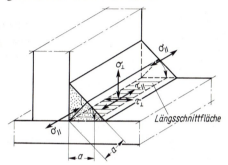

89.1
Mögliche Spannungsrichtungen in der Kehlnaht

Dabei ist jeweils der Maximalwert einer Spannung mit den zugehörigen Werten der übrigen Spannungen einzusetzen. Beim biegesteifen Anschluß braucht σ_V nicht nachgewiesen zu werden, wenn bei Einhaltung von zul σ in den Flanschen das Biegemoment M und eine ggfs. vorhandene Normalkraft N ausschließlich den Nähten zum Anschluß der Flansche und die Querkraft Q den Stegnähten zugewiesen werden.

Stumpfstöße von Form- und Stabstählen

Auf Zug oder Biegezug beanspruchte Stöße von Form- und Stabstählen sollen möglichst vermieden werden. Führt man sie ausnahmsweise aus, so darf unberuhigter Stahl der Gütegruppe 2 nur dann verwendet werden, wenn die Profildicke $t \leqq 16$ mm ist; andernfalls ist beruhigter Stahl der Gütegruppe 2 oder 3 zu verwenden. Für die Zugspannungen in den Schweißnähten sind die Werte aus Tafel **86**.1 Zeile 5 zulässig.

Sind die genannten Bedingungen hinsichtlich der Werkstoffgüte nicht erfüllt, sind für die Zugspannungen in den Schweißnähten nur die halben Werte aus Tafel **86**.1 Zeile 2 zulässig.

Zusammenwirken verschiedener Verbindungsmittel

Bei Verwendung verschiedener Verbindungsmittel ist auf die Verträglichkeit der Formänderungen zu achten. Gemeinsame Kraftübertragung darf bei vorw. ruhender Belastung angenommen werden bei gleichzeitiger Anwendung von

– GV- und GVP-Verbindungen und Schweißnähten
– Schweißnähten in einem Gurt und Nieten, Paßschrauben oder gleitfesten Verbindungen in allen übrigen Querschnittsteilen bei vorwiegend auf Biegung beanspruchten Baustellenstößen.

Die zulässige übertragbare Gesamtkraft ergibt sich durch Addition der zulässigen übertragbaren Kräfte der einzelnen Verbindungsmittel.

SL-Verbindungen dürfen mit Schweißnähten ebenso wie mit SLP-, GV- und GVP-Verbindungen **nicht** zur gemeinsamen Kraftübertragung herangezogen werden.

3.2.5.2 Beispiele

Beispiel 1 (90.1): Geschweißter Baustellenstoß einer Stütze aus Breitflanschträgern.

Um für die Baustellenschweißung eine günstige Schweißposition zu schaffen, ist die Stumpfnaht als DV-Naht (K-Naht) mit Kehlnähten und durchgeschweißter Wurzel ausgebildet. Die Nahtenden werden mit Flachstahl- und Winkelstücken aus dem Querschnitt herausgeführt und nach Fertigstellung entfernt. Die miteinander verschraubten Winkel dienen zur Montage und Sicherung der Lage der Profile beim Schweißen. Sie werden anschließend ebenfalls abgetrennt.

Ein Nachweis der Schweißnaht ist nicht erforderlich, auch wenn sie nicht durchstrahlt wird. Die Schweißverbindung kann zusätzlich zur Druckkraft ein Biegemoment aufnehmen. Treten in der Naht durch die Wirkung des Momentes größere Zugspannungen auf, sind die Angaben über Werkstoffgüte und zulässige Spannung zu beachten (s. oben).

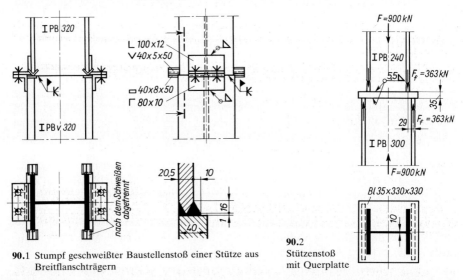

90.1 Stumpf geschweißter Baustellenstoß einer Stütze aus Breitflanschträgern

90.2 Stützenstoß mit Querplatte

Beispiel 2 (90.2): Stützenstoß mit Querplatte. Profilwechsel von IPB 240 auf IPB 300, Werkstoff St 37; die Stützendruckkraft von F = 900 kN im Lastfall H soll voll angeschlossen werden.

Die bei der 35 mm dicken Stoßquerplatte aus schweißtechnischen Gründen empfohlene Mindestdicke der Kehlnähte ist $a_w = \sqrt{35} - 0{,}5 \approx 5{,}5$ mm; diese Dicke wird auf dem gesamten Querschnittsumfang ausgeführt. Nach der Fußnote 3 zur Taf. **86.**1 ist die zulässige Druckspannung in den symmetrischen Kehlnähten $\sigma_\perp = 16$ kN/cm².

Anteilige Druckkraft im Steg:

$$F_s = F \cdot \frac{A_s}{A} = 900 \cdot \frac{20{,}6 \cdot 1{,}0}{106} = 175 \text{ kN}$$

Fläche der Kehlnähte am Steg: $A_w = 2 \cdot 0,55 \cdot 20,6 = 22,7 \text{ cm}^2$

$$\sigma_\perp = 175/22,7 = 7,7 < 16 \text{ kN/cm}^2$$

Anteilige Druckkraft im Flansch: $F_f = 0,5\,(900-175) = 363 \text{ kN}$

Die Schweißnahtlänge der Flansche ergibt sich aus dem Profilumfang abzüglich der Länge der Stegnähte:

$$l_w = 0,5\,(138,4 - 2 \cdot 20,6) = 48,6 \text{ cm} \qquad A_w = 0,55 \cdot 48,6 = 26,7 \text{ cm}^2$$

$$\sigma_\perp = 363/26,7 = 13,6 < 16 \text{ kN/cm}^2$$

Die Kehlnähte werden ohne Unterbrechung um den gesamten Profilumfang gezogen.

Die Querplatte wird durch die Flanschkräfte als Balken auf 2 Stützen auf Biegung beansprucht, wenn man näherungsweise, auf der sicheren Seite liegend, von ihrer Lagerung am Stützensteg absieht. Dann werden Biegemoment und Spannung in der Platte

$$M = 363 \cdot 2,9 = 1053 \text{ kNcm} \qquad W = 33 \cdot \frac{3,5^2}{6} = 67,4 \text{ cm}^3$$

$$\sigma = 1053/67,4 = 15,6 < 16,0 \text{ kN/cm}^2 \text{ (Taf. } \mathbf{30}.2 \text{ Zeile 2)}$$

Beispiel 3: Ein 15 mm dicker Flachstahl aus RSt 37−2 ist bei einer Zugkraft von $Z_H = 480 \text{ kN}$ stumpf zu stoßen. Durch Auslaufbleche wird vorschriftsmäßig dafür gesorgt, daß die Naht auf der ganzen Länge vollwertig ist.

a) Ausführung der Naht durch Lichtbogenschweißen ohne Nachweis fehlerfreier Ausführung durch waagerechtes Schweißen (Wannenposition) (**91**.1)

$$\text{zul } \sigma_w = 13,5 \text{ kN/cm}^2 \text{ (Taf. } \mathbf{86}.1 \text{ Z. 3)}$$

gewählt: $\square\ 15 \times 240$

$$A_w = A = 1,5 \cdot 24 = 36,0 \text{ cm}^2 \qquad \sigma_w = \frac{48}{36} = 13,3 < 13,5 \text{ kN/cm}^2$$

91.1
Stumpfstoß eines Breitflachstahls mit DV-Naht, hergestellt durch Lichtbogen-Handschweißen (Kennzahl 111), Bewertungsgruppe B, Wannenposition w

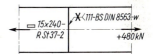

b) Nahtausführung wie unter a), jedoch mit Nachweis der Freiheit von Fehlern mittels Durchstrahlung

$$\text{zul } \sigma_w = \text{zul } \sigma = 16 \text{ kN/cm}^2 \text{ (Taf. } \mathbf{86}.1 \text{ Z. 2)}$$

gewählt: $\square\ 15 \times 200 \qquad A = A_w = 30 \text{ cm}^2$

Für die Stumpfnaht ist ein Nachweis nicht erforderlich; es genügt der Spannungsnachweis des Stabes.

$$\sigma = 480/30 = 16 \text{ kN/cm}^2 = \text{zul } \sigma$$

Der Stabquerschnitt ist 16,7% kleiner als ohne Durchstrahlungsprüfung, aber nur bei langen Stäben wird der Wert des dadurch eingesparten Materials die zusätzlichen Kosten für die Röntgenaufnahme überwiegen.

Beispiel 4: Es ist die zulässige Zugkraft eines IPB 240 für den Lastfall HZ zu berechnen. Im Stab ist ein stumpf geschweißter Stoß unvermeidbar.

a) Stahlsorte RSt 37−2 oder St 37−3

$$A_w = A = 106 \text{ cm}^2 \qquad \text{zul } \sigma_w = 15 \text{ kN/cm}^2 \quad (\text{Taf. } \mathbf{86}.1 \text{ Z. } 3)$$

$$\text{zul } Z = A_w \cdot \text{zul } \sigma_w = 106 \cdot 15 = 1590 \text{ kN}$$

b) Stahlsorte USt 37−2

Damit die Schweißnähte nicht die Seigerungszonen im Ausrundungsbereich anschneiden, sind die Hohlkehlen bei unberuhigtem Stahl zweckmäßig auszunehmen (**92**.1).

$$A_w = A - \Delta A = 106 - 8 = 98 \text{ cm}^2$$

92.1
Stumpfstoß eines Breitflanschträgers aus unberuhigt vergossenem Stahl

Da die Flanschdicke mit $t = 17$ mm größer als 16 mm ist, sind für die Schweißnahtspannung nur die halben Werte aus Tafel **86**.1 Z. 2 zulässig:

$$\text{zul } \sigma_w = 0,5 \cdot 18,0 = 9,0 \text{ kN/cm}^2 \qquad \text{zul } Z = 98 \cdot 9,0 = 882 \text{ kN}$$

Bei schlecht geeignetem Werkstoff setzt die Stumpfnaht die Tragfähigkeit des Zugstabes erheblich herab. Die Wirkung einer deshalb ins Auge gefaßten zusätzlichen Laschenverstärkung des Stoßquerschnitts ist jedoch fragwürdig und als nicht schweißgerecht abzulehnen.

Beispiel 5: Knotenblechanschluß eines Fachwerkstabes ⌐L 130 × 65 × 10 DIN 1029-St 37 mit Kehlnähten; $Z_H = + 570$ kN; zul $\tau_{||} = 13,5$ kN/cm^2 (Taf. **86**.1 Z. 6)

a) Anschluß mit Flankenkehlnähten (**92**.2)

$$\text{erf } A_w = \frac{Z}{\text{zul } \tau_{||}} = \frac{570}{13,5} = 42,2 \text{ cm}^2$$

$$a_w \leqq 0,7 \cdot \min t = 0,7 \cdot 10 = 7 \text{ mm} \qquad a_w \geqq \sqrt{\max t} - 0,5 = \sqrt{14} - 0,5 = 3,24 \text{ mm}$$

gewählt mit Rücksicht auf die gerundete Profilkante: $a_w = 5$ mm $= 0,5 \cdot s$ (**80**.1 d)

$$\text{erf } \Sigma l_w = \frac{\text{erf } A_w}{a_w} = \frac{42,2}{0,5} = 84,4 \text{ cm}$$

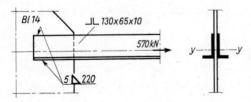

92.2
Knotenblechanschluß eines Doppelwinkels mit beiderseits gleichen Flankenkehlnähten

Ausgeführt werden $2 \cdot 2 = 4$ Nähte mit je

$$l_w = 22 \text{ cm} \begin{cases} < 100 \ a_w = 50 \text{ cm} \\ > 15 \ a_w = 7,5 \text{ cm} \end{cases} \qquad \tau_{||} = \frac{570}{4 \cdot 0,5 \cdot 22} = 13,0 < 13,5 \text{ kN/cm}^2$$

Obwohl die Stabkraft nicht mittig zwischen den beiden Flankenkehlnähten ankommt, dürfen die Nahtabmessungen beim Anschluß von Winkelstählen ausnahmsweise gleich sein. Anzustreben ist, daß der Nahtschwerpunkt auf der Stabachse liegt.

b) Anschluß mit Stirn- und Flankenkehlnähten (**93.**1 b)

Die Berechnung erfolgt wie unter a; Σl_w ist auf die Stirn- und Flankenkehlnähte aufzuteilen. Die Flankenkehlnähte gehen ohne Endkrater in die Stirnkehlnaht über.

Wird gefordert (z.B. bei nicht vorwiegend ruhend beanspruchten Konstruktionen), daß der Schweißnahtschwerpunkt auf der Stabschwerlinie liegen soll, zerlegt man die Stabkraft nach dem Hebelgesetz in die Schweißnahtkräfte F_1, F_2 und F_3 (**93.**1 a) und bemißt jede Naht für die auf sie entfallende Kraft:

$$\text{zul } F_3 = a_{w3} \cdot l_{w3} \cdot \text{zul } \tau_w = 2 \cdot 0,7 \cdot 13 \cdot 13,5 = 246 \text{ kN}$$

$$F_2 = Z \cdot \frac{e}{b} - \frac{F_3}{2} = 570 \cdot \frac{4,65}{13,0} - \frac{246}{2} = 81 \text{ kN}$$

$$F_1 = Z - F_2 - F_3 = 570 - 81 - 246 = 243 \text{ kN}$$

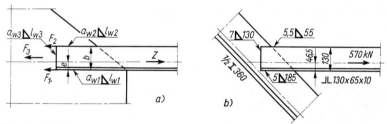

93.1 Anschluß eines Doppelwinkels mit Stirn- und Flankenkehlnähten; Nahtschwerpunkt auf der Stabachse

Um den Anschluß kurz zu halten, erhält die Naht F_2 die Mindestlänge $l_{w2} \geqq 10 \, a_w$.

$$F_2 = 2 \, a_{w2} \cdot l_{w2} \cdot \tau = 20 \, a_{w2}^2 \cdot \tau \qquad a_{w2} \geqq \sqrt{\frac{F_2}{20 \, \tau}} = \sqrt{\frac{81}{20 \cdot 13,5}} = 0,55 \text{ cm}$$

Die geringe Überschreitung der empfohlenen Nahtdicke an der gerundeten Winkelkante (**80.**1 d) wird die Ausführung der Naht nicht erschweren.

$$\tau_2 = \frac{81}{2 \cdot 0,55 \cdot 5,5} = 13,4 < 13,5 \text{ kN/cm}^2$$

$$a_{w1} = 0,5 \text{ cm} \qquad l_{w1} = 18,5 \text{ cm} \qquad \tau_1 = \frac{243}{2 \cdot 0,5 \cdot 18,5} = 13,1 < 13,5 \text{ kN/cm}^2$$

Beispiel 6 (**94.**1): Anschluß eines IPE 360 DIN 1025-St 52−3 mit Stumpf- und Kehlnähten; $Z_H = + 1,25$ MN

Das Knotenblech soll möglichst dick sein, damit die Kehlnähte des Flanschanschlusses nicht zu nahe am Ausrundungsbereich liegen.

Spannungsnachweis des Zugstabes im Schnitt A−B:

$$A_n = A_s + 2 \, A_f = 0,8 \cdot 26,0 + 2 \cdot 1,27 \, (17,0 - 1,4) = 20,8 + 2 \cdot 19,8 = 60,4 \text{ cm}^2$$

$$\sigma_Z = 1250/60,4 = 20,7 < 24,0 \text{ kN/cm}^2$$

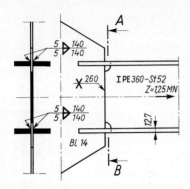

Der Nachweis der Schweißnähte erfolgt getrennt für die anteiligen Steg- und Flanschkräfte mit den jeweils maßgebenden zulässigen Spannungen.

94.1
Knotenblechanschluß eines IPE-Profils aus St 52 mit Stumpf- und Kehlnähten

Spannung in der Stumpfnaht: $\sigma_w = \sigma_Z = 20{,}7 < 24$ kN/cm², aber > 17 kN/cm² (Taf. **86**.1, Z. 3); d.h. die Stumpfnaht muß durchstrahlt werden.

Anschlußkraft für einen Flansch: $F_f = \sigma_Z \cdot A_f = 20{,}7 \cdot 19{,}8 = 410$ kN

Spannung in den Kehlnähten: $\tau_{\parallel} = \dfrac{410}{4 \cdot 0{,}5 \cdot 14{,}0} = 14{,}6 < 17{,}0$ kN/cm²

Schubspannung im Trägerflansch neben den Kehlnähten:

$$\tau = \frac{410}{2 \cdot 1{,}27 \cdot 14{,}0} = 11{,}5 < 13{,}9 \text{ kN/cm}^2 \quad (\text{Taf. } \mathbf{30}.2, \text{ Z. 3})$$

Beispiel 7 (94.2): Es ist zu berechnen, an welcher Stelle x eines frei aufliegenden, gleichmäßig belasteten Trägers IPB 240 aus St 37 ein Stumpfstoß liegen darf; Lastfall H. Der Träger ist gegen Kippen gesichert.

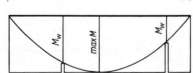

a) Stahlsorte RSt 37−2 oder St 37−3

$$W_w = W = 938 \text{ cm}^3$$

$$\text{zul } \sigma_w = 13{,}5 \text{ kN/cm}^2$$

94.2
Grenzlage des Stumpfstoßes in einem Biegeträger IPB 240 aus der Stahlsorte
a) R St 37-2   b) U St 37-2

Tragmoment des Trägers: zul $M = W \cdot$ zul $\sigma = 938 \cdot 16 = 15010$ kNcm

Tragmoment des Stumpfstoßes: $M_w = W_w \cdot$ zul $\sigma_w = 938 \cdot 13{,}5 = 12660$ kNcm

$$\frac{x}{l} = \frac{1}{2}\left(1 - \sqrt{1 - \frac{M_w}{\max M}}\right) = \frac{1}{2}\left(1 - \sqrt{1 - \frac{12660}{15010}}\right) = 0{,}30 \qquad x_a = 0{,}30\,l$$

b) Stahlsorte USt 37−2 (**92**.1)

$$I_w = 1 \cdot \frac{16{,}4^3}{12} + 2 \cdot 24 \cdot 1{,}7 \cdot 11{,}15^2 = 10510 \text{ cm}^4$$

$$W_w = \frac{10510}{12} = 876 \text{ cm}^3 \qquad \text{zul } \sigma_w = 0{,}5 \cdot 16{,}0 = 8{,}0 \text{ kN/cm}^2$$

Tragmoment des Stumpfstoßes: $M_w = 876 \cdot 8{,}0 = 7010$ kNcm

$$\frac{x}{l} = \frac{1}{2}\left(1 - \sqrt{1 - \frac{7010}{15010}}\right) = 0{,}135 \qquad x_b = 0{,}135\,l$$

Der Stumpfstoß ist rechtwinklig zur Trägerachse anzuordnen und darf nicht weiter als x_a bzw. x_b vom Auflager entfernt liegen. Die in der Zugzone liegenden Stumpfnähte werden zweckmäßig durchstrahlt.

Beispiel 8 (95.1): Der Stützenstoß von Beisp. 2 ist mit bündiger Außenkante der Stützenprofile auszuführen.

Die Berechnung der Kehlnahtanschlüsse der Stützenprofile erfolgt wie in Beisp. 2. Die Aussteifungen unter dem Stützenflansch werden durch $F_f = 363$ kN belastet. Ihr Kehlnahtanschluß am Stützensteg wird durch F_f auf Abscheren beansprucht und erhält zusätzlich noch das Biegemoment

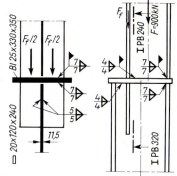

$$M = \frac{363}{2} \cdot \frac{24 - 1{,}15}{4} = 1040 \text{ kNcm}$$

95.1
Stützenstoß mit Querplatte und Krafteinleitungsrippe

Nachweis der Kehlnähte 5−240:

$$A_w = 2 \cdot 0{,}5 \cdot 24 = 24 \text{ cm}^2 \qquad \tau_\parallel = \frac{363}{2 \cdot 24} = 7{,}56 \text{ kN/cm}^2$$

$$W_w = 2 \cdot 0{,}5 \cdot 24^2/6 = 96 \text{ cm}^3 \qquad \sigma_\perp = 1040/96 = 10{,}83 \text{ kN/cm}^2$$

Vergleichswert: $\sigma_V = \sqrt{10{,}83^2 + 7{,}56^2} = 13{,}2 < 13{,}5$ kN/cm^2

Die Einleitung der Flanschdruckkraft F_f in den unteren Stützenschuß verursacht im Steg des IPB 320 neben den Anschlußnähten der Aussteifungen die Schubspannung:

$$\tau = \frac{363}{2 \cdot 24 \cdot 1{,}15} = 6{,}58 < 9{,}2 \text{ kN/cm}^2 \qquad \text{Taf. } \mathbf{30}.2, \text{ Z. 3)}$$

Beispiel 9 (95.2): Anschluß eines Fachwerkstabes ∟ 80×8 DIN 1028-RSt 37 mit Flankenkehlnähten; $D_H = -72$ kN

Der Anschluß ist ausmittig, so daß die Kehlnähte ein Zusatzmoment aufnehmen müssen:

$$M = 72 \cdot 2{,}0 = 144 \text{ kNcm}$$

Nachweis der Kehlnähte 5−100:

$$A_w = 2 \cdot 0{,}5 \cdot 10 = 10 \text{ cm}^2$$

$$W_w = 2 \cdot 0{,}5 \cdot \frac{10^2}{6} = 16{,}6 \text{ cm}^3$$

$$\tau_\parallel = 72/10 = 7{,}2 \text{ kN/cm}^2$$

$$\tau_\perp = 144/16{,}6 = 8{,}67 \text{ kN/cm}^2$$

$$\sigma_V = \sqrt{7{,}2^2 + 8{,}67^2} = 11{,}3 < 13{,}5 \text{ kN/cm}^2$$

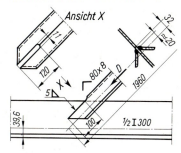

95.2 Kehlnahtanschluß eines Einzelwinkels

Beispiel 10: Für den Vollwandträger aus Abschn. 3.1.4.2, Beisp. 1 ist der Nachweis für die Halsnaht des Obergurts am Trägerstoß zu führen. $Q = 220$ kN

$$I = 233\,200 \text{ cm}^4 \qquad S = 70,4 \cdot 36,5 = 2570 \text{ cm}^3 \qquad a_\text{w} = 4 \text{ mm}$$

Nach Gl. (88.3): $\tau_\| = \dfrac{220 \cdot 2570}{233\,200 \cdot 2 \cdot 0,4} = 3,03 < 13,5$ kN/cm^2

Die vom Biegemoment verursachte Spannung $\sigma_\|$ in Längsrichtung der Naht bleibt unberücksichtigt, jedoch muß für das Stegblech erforderlichenfalls der Nachweis der Vergleichsspannung geführt werden.

Beispiel 11 (96.1**):** Der biegefeste Anschluß eines Trägers IPE 300-St 37 mit Kehlnähten an einer Stütze aus IPB 300 ist nachzuweisen für die Anschlußgrößen $M = 60$ kNm, $N = -70$ kN, $C = 95$ kN. Kehlnahtdicken am Flansch $a_\text{w} = 6$ mm und am Steg $a_\text{w} = 4$ mm.

Die Zugbeanspruchung des Stützenflansches quer zur Werkstoffdicke ist wegen des Riegelanschlusses mit Kehlnähten unbedenklich (s. Abschn. 3.2.3).

Schweißnahtfläche:

Steg $2 \cdot 0,4 \cdot 24,5$	$= 19,6$ cm^2
Für einen Flansch $0,6\,(15,0 + 2 \cdot 5,5)$	$= 15,6$ cm^2
Gesamte Schweißnahtfläche $A_\text{w} = 19,6 + 2 \cdot 15,6 = 50,8$ cm^2	

Flächenmoment 2. Grades für die Schweißnähte:

$$I_\text{w} = 2 \cdot 0,4 \cdot \frac{24,5^3}{12} + 2 \cdot 0,6 \cdot 15 \cdot 15^2 + 4 \cdot 0,6 \cdot 5,5 \cdot 13,93^2 = 7592 \text{ cm}^4$$

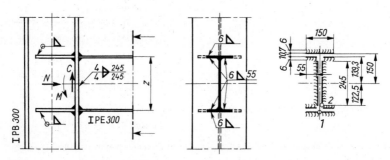

96.1 Biegefester Trägeranschluß mit Kehlnähten

a) Genauer Nachweis der Schweißnähte

im Punkt 1: $\sigma_{\perp 1} = \dfrac{N}{A_\text{w}} + \dfrac{M \cdot z}{I_\text{w}} = \dfrac{70}{50,8} + \dfrac{6000 \cdot 15}{7592} = 13,23 < 16$ kN/cm^2 (Taf. **86.**1, Fußn. 3)

im Punkt 2: $\sigma_{\perp 2} = \dfrac{70}{50,8} + \dfrac{6000 \cdot 12,25}{7592} = 11,06$ kN/cm^2

$\qquad\tau_\| \quad = \dfrac{Q}{A_\text{w Steg}} = \dfrac{95}{19,6} = 4,85$ kN/cm^2

Vergleichswert: $\sigma_\text{V} = \sqrt{11,06^2 + 4,85^2} = 12,08 < 13,5$ kN/cm^2

b) Vereinfachter Nachweis

Die Längskraft max N und das Biegemoment max M werden nur den Flanschnähten und die Querkraft max Q den Stegnähten zugewiesen. Der Vergleichswert σ_V braucht nicht ermittelt zu werden, jedoch ist der allgemeine Spannungsnachweis für die Flansche zu führen.

Anschlußkraft für einen Flansch:

$$F_f = N/2 + M/z = 70/2 + 6000/(30-1{,}07) = 242 \text{ kN}$$

Schweißnahtspannung: $\sigma_\perp = 242/15{,}6 = 15{,}51 < 16 \text{ kN/cm}^2$ (Taf. **86**.1, Fußn. 3)

Spannung im Flansch: $\sigma = \dfrac{242}{1{,}07 \cdot 15} = 15{,}08 < 16 \text{ kN/cm}^2$

Nähte am Steg: $\tau_\| = 95/19{,}6 = 4{,}85 < 13{,}5 \text{ kN/cm}^2$

Wegen des geringeren Rechenaufwandes wird man den Nachweis für einen biegefesten Anschluß zunächst in vereinfachter Form führen. Erst wenn sich hierbei rechnerisch Spannungsüberschreitungen ergeben, wird man die Schweißnahtspannungen genauer ermitteln.

Beispiel 12 (**97**.1): Der Trägeranschluß von Beisp. 11 wird mit DHV-Nähten mit durchgeschweißter Wurzel (Taf. **76**.1, Z. 2) ausgeführt. Wird für die Nähte im Zugbereich oberhalb der Trägerachse der Nachweis der Freiheit von Rissen, Binde- und Wurzelfehlern geführt, brauchen die Anschlußnähte nicht berechnet zu werden.

Allerdings sind die K-Nähte für die Durchstrahlungsprüfung ungünstig gelegen, und es kommt hinzu, daß die Querbeanspruchung des Stützenflansches wegen der Stumpfnähte besonders groß ist und eingehende Werkstoffprüfungen notwendig macht (s. Abschn. 3.2.3). Der Kehlnahtanschluß ist vorzuziehen (**96**.1).

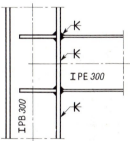

97.1
Biegefester Trägeranschluß mit DHV-Nähten; Nähte im Zugbereich durchstrahlt

Beispiel 13 (**98**.1): Ein Riegel IPE 400-St 37 ist an der Rahmenecke biegesteif mit Zuglasche an den Stiel IPB 280 anzuschließen. $M = -150$ kNm, $Q = 120$ kN; Lastfall H

Der Anschlußquerschnitt besteht aus den Kehlnähten des Steges und des Unterflansches sowie aus der Zuglasche auf dem Oberflansch; sein Flächenmoment 2. Grades, auf Trägermitte bezogen, wird tabellarisch berechnet (Taf. **98**.2).

Mit den Zahlen aus der letzten Zeile erhält man die Schwerachsenverschiebung des Anschlußquerschnitts gegenüber der Trägerachse zu

$$z_s = \Sigma(A \cdot z)/\Sigma A = 58/82{,}5 = +0{,}7 \text{ cm}$$

Wegen ihrer geringen Größe sind nur kleine, zu vernachlässigende Kraftumlagerungen zu erwarten.

Auf die Schwerachse des Anschlußquerschnitts bezogen wird das Flächenmoment 2. Grades für den Anschluß

$$I_w = 19924 + 2995 - 82{,}5 \cdot 0{,}7^2 = 22880 \text{ cm}^4$$

Spannung in der Kehlnaht am Unterflansch:

$$\sigma_\perp = \frac{15\,000 \cdot 19,3}{22\,880} = 12,6 < 16\ \text{kN/cm}^2\ (\text{Taf. } \mathbf{86}.1,\ \text{Fußn. 3})$$

Spannungen in der Stegnaht:

$$\sigma_\perp = \frac{15\,000 \cdot 17,2}{22\,880} = 11,28\ \text{kN/cm}^2 \qquad \tau_\| = \frac{120}{33,0} = 3,64\ \text{kN/cm}^2$$

$$\sigma_V = \sqrt{11,28^2 + 3,64^2} = 11,9 < 13,5\ \text{kN/cm}^2$$

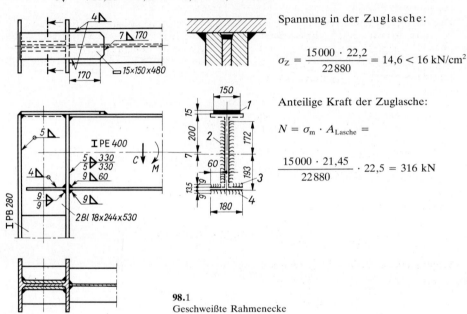

Spannung in der Zuglasche:

$$\sigma_Z = \frac{15\,000 \cdot 22,2}{22\,880} = 14,6 < 16\ \text{kN/cm}^2$$

Anteilige Kraft der Zuglasche:

$$N = \sigma_m \cdot A_{\text{Lasche}} =$$

$$\frac{15\,000 \cdot 21,45}{22\,880} \cdot 22,5 = 316\ \text{kN}$$

98.1
Geschweißte Rahmenecke

Tafel **98.**2   Fläche und Flächenmoment 2. Grades
für den Anschlußquerschnitt

Teil	A cm^2	z cm	$A \cdot z$ cm^3	$A \cdot z^2$ cm^4	I_1 cm^4
1	22,5	− 20,75	− 467	9688	0
2	33,0	0	0	0	2995
3	10,8	+ 18,65	+ 201	3756	0
4	16,2	+ 20,00	+ 324	6480	0
Σ	82,5	−	+ 58	19924	2995

Anschluß der Lasche am Trägerflansch: Für die Länge der Stirnkehlnaht wird ohne Rücksicht auf die Eckabschrägung die Laschenbreite eingesetzt.

$$A_w = 0,7 \cdot 15 + 2 \cdot 0,4 \cdot 17 = 24,1\ \text{cm}^2 \qquad \tau_\| = 316/24,1 = 13,1 < 13,5\ \text{kN/cm}^2$$

Anschluß der Lasche am Steg des Stieles: Die Nähte am Stützenflansch sind wirkungslos und bleiben außer Ansatz.

$$A_w = 2 \cdot 0,5 \cdot 24 = 24 \text{ cm}^2 \qquad \tau_{\parallel} = \frac{316}{24,0} = 13,2 < 13,5 \text{ kN/cm}^2$$

Die größte (horizontale) Querkraft des Stieles im Bereich der Rahmenecke ergibt sich als Summe aus der Laschenzugkraft und der Zugkraft der Stegnähte oberhalb der Nullinie:

$$\max Q = 316 + 11,28 \cdot 2 \cdot 0,5 \cdot \frac{17,2}{2} = 413 \text{ kN}$$

Der Stützensteg allein kann diese Querkraft nicht aufnehmen; er wird durch 2 Steglaschen verstärkt. Als wirksame Dicke der Laschen wird die Dicke der Anschlußnähte mit $a_w = 5$ mm in Rechnung gestellt. Die Bleche selbst werden dicker ausgeführt, damit sie in die Ausrundung eingepaßt und außerhalb der Hohlkehle am Flansch angeschweißt werden können. Stützenquerschnitt in der Rahmenecke:

$$A = 131 + 2 \cdot 0,5 \cdot 24,4 = 155,4 \text{ cm}^2$$

$$I_y = 19\,270 + 2 \cdot 0,5 \cdot \frac{24,4^3}{12} = 20\,480 \text{ cm}^4$$

Biegemoment in der Stützenachse: $M = 150 + 120 \cdot 0,14 = 167$ kNm $N = 120$ kN

Flächenmoment 1. Grades für den Stützenflansch: $S = 767 - 1,05 \cdot \frac{9,80^2}{2} = 717 \text{ cm}^3$

Normalspannung an der Flanschinnenkante:

$$\sigma = \frac{120}{155,4} + \frac{16\,700 \cdot 12,2}{20\,480} = 10,72 < 16 \text{ kN/cm}^2$$

Schubspannung im Steg und in den Schweißnähten:

$$\tau = \frac{Q \cdot S}{I \cdot \Sigma t} = \frac{413 \cdot 717}{20\,480 \cdot 2,05} = 7,05 < 9,2 \text{ kN/cm}^2$$

Vergleichsspannung in der Steglasche am Kehlnahtanschluß (Flanschinnenkante) nach Gl. (31.4):

$$\sigma_V = \sqrt{10,72^2 + 3 \cdot 7,05^2} = 16,3 < 1,1 \cdot 16 = 17,6 \text{ kN/cm}^2$$

Am oberen Stützende werden die Steglaschen durch eine Stirnfugennaht mit dem Steg verbunden, damit die an ihnen mit Kehlnähten angeschlossene Kraft der Zuglasche anteilig in den Steg abfließen kann.

3.3 Bolzengelenke

Gelenke sollen die freie Drehbarkeit eines Bauteils ermöglichen und dadurch verhindern, daß sich Biegemomente auf ein anschließendes Konstruktionsglied übertragen. Tatsächlich findet eine Drehung um den Gelenkbolzen jedoch erst dann statt, wenn die Reibungskraft des Bolzens an der Lochwand $R = \mu \cdot N$ überwunden ist. Die Gelenkwirkung ist daher nur unvollkommen und es entsteht das Moment (**100.**1)

$$M = R \cdot d/2 = \mu \cdot N \cdot d/2,$$

welches beim Spannungsnachweis des Stabes zu berücksichtigen ist.

Bolzengelenke finden im Hochbau hauptsächlich bei Gelenkträgern, Zugbändern und Ankern Verwendung und sind zweischnittig auszuführen. Als G e l e n k b o l z e n dienen Bolzen mit Gewindezapfen nach DIN 1438 (**100.**2) oder die billigeren Bolzen mit Splint nach DIN 1436. Der Bolzen ist wie eine Schraube auf Abscheren und mit zul σ_l aus Taf. **31.**1, Z. 5 auf Lochleibungsdruck nachzuweisen; Biegebeanspruchung wird nur für sehr lange Bolzen maßgebend.

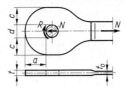

100.1 Augenstab

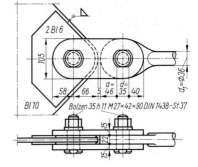

100.2
Gelenklaschenverbindung eines Zugbandes mit Bolzen mit Gewindezapfen

Das A u g e erhält in der Regel ovale Form (**100.**1) mit den Maßen

$$a \geqq \frac{N}{2t \cdot \text{zul } \sigma} + 2d/3 \qquad\qquad (100.1)$$

$$c \geqq a - d/3 \qquad\qquad (100.2)$$

Erfahrungsgemäß macht man die Augendicke bei

Flachstahl (**100.**1) $t = 1{,}0 \cdots 1{,}1\, t_o$ \qquad\qquad (100.3)

Rundstahl (**100.**2) $t = 0{,}5 \cdots 1{,}0\, d_1$ \qquad\qquad (100.4)

Bei Stäben aus Rund- oder Flachstahl wird das Auge unmittelbar aus dem Stab geschmiedet oder ein geschmiedetes Auge wird angeschweißt; bei zusammengesetzten Stäben besteht es aus einem besonderen, mit dem Stab verschweißten Stück (**100.**3). Die Übergänge zwischen Auge und Stab sind gut auszurunden; alle Ecken und scharfen Einschnitte sind zu vermeiden, damit ein möglichst kerbfreier Kraftfluß stattfinden kann. Man setzt das Auge entweder zwischen zwei Anschlußbleche oder schließt es mit zwei Laschen an (**100.**2).

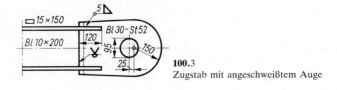

100.3
Zugstab mit angeschweißtem Auge

Bei Gelenkträgern (Gerberträgern) werden an das eine Trägerende 2 Gelenklaschen biegesteif angeschlossen, das andere anschließende Trägerende erhält analog zum Auge einfach eine Bohrung. Als Gelenkbolzen dient eine Paßschraube (**101.**1, **216.**1 a).

Die eingangs erwähnte unerwünschte Momentenbeanspruchung infolge Bolzenreibung läßt sich vermindern, wenn die Kraft in die gelenkig anzuschließende Zugstange über schmale, in einer Nut geführte Nocken einer Kippscheibe eingeleitet wird (**101.**2). Die bei Winkeldrehungen der Zugstange entstehende Exzentrizität wird durch die geringe Nockenbreite begrenzt und ist kleiner als bei Bolzengelenken. Diese Konstruktion hat sich bei Spundwandverankerungen bewährt.

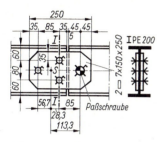

101.1 Pfettengelenk

101.2 Gelenkiger Ankeranschluß mit Kippscheibe

Beispiel: Nachweis für das Gelenk nach Bild **101.**1 bei einer Gelenkkraft $C = 28$ kN; Lastfall H; Träger IPE 200 DIN 1025-St 37

Nachweis der Laschen im gefährdeten Querschnitt I-I

$$M_I = 28 \cdot 8,5 = 238 \text{ kNcm} \qquad W_{yn} = 40,0 \text{ cm}^3$$

$$\sigma = 238/40 = 5,95 < 16,0 \text{ kN/cm}^2$$

Anschluß der Laschen mit 3 SL M 20 − 4.6 mit $\Delta d = 1$ mm (zweischnittig).

Moment um den Schraubenschwerpunkt S $M_s = 28 \cdot 11,33 = 317$ kNcm

$$\Sigma r^2 = 2 \cdot 4,0^2 + 2 \cdot 2,83^2 + 1 \cdot 5,67^2 = 80,17 \text{ cm}^2$$

Schraubenkräfte nach Gl. (58.2 bis 4)

$$Q_{1h} = 0 \qquad Q_{1v} = \frac{317 \cdot 5,67}{80,17} - \frac{28}{3} = 13,1 \text{ kN} = Q_1$$

$$Q_{2h} = Q_{3h} = \frac{317 \cdot 4,0}{80,17} = 15,8 \text{ kN} \qquad Q_{2v} = Q_{3v} = \frac{317 \cdot 2,83}{80,17} + \frac{28}{3} = 20,5 \text{ kN}$$

$$\max Q_2 = \max Q_3 = \sqrt{15,8^2 + 20,5^2} = 25,9 \text{ kN}$$

$$\sigma_l = \frac{25,9}{2,0 \cdot 0,56} = 23,1 < 30 \text{ kN/cm}^2 \qquad \tau_{a2} = \frac{25,9}{2 \cdot 3,14} = 4,12 < 11,2 \text{ kN/cm}^2$$

Gelenkbolzen (Paßschraube M 24): $\sigma_l = \dfrac{28,0}{2,5 \cdot 0,56} = 20,0 < 21 \text{ kN/cm}^2$ (Taf. **31.**1)

3.4   Keilverbindungen und Spannschlösser

Keilverbindungen (**102.**1) gehören zu den verstellbaren Verbindungen; sie lassen sich nachspannen und werden manchmal bei Zug- und Ankerstangen aus Rund- und Vierkantstahl angewendet. Für den Anzug des Keiles gilt

$$\frac{1}{n} = \frac{h_2 - h_1}{l} \leqq \frac{1}{30} \cdots \frac{1}{20} \tag{102.1}$$

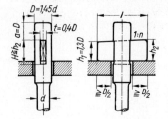

102.1
Mindestabmessungen von Keilverbindungen

Nur wenn ein Verschieben des Keiles durch besondere Maßnahmen verhindert wird, kann der Anzug größer sein (bis $\frac{1}{10}$). Das Stangenende ist durch Stauchen verdickt; die Abmessungen nach Bild **102.**1 erlauben die volle Ausnutzung der Zugstangenkraft. Die Keillänge ist $l > 2D +$ Eintreibweg.

Splintverbindungen (**102.**2) lassen sich nicht nachspannen, weil der Splint parallele Längsseiten hat.

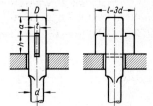

102.2
Anker mit Splint

Spannschlösser aus Rohr nach DIN 1478 mit Gewinde von M 6 bis M 80 × 6 oder geschmiedet in offener Form (**102.**3) nach DIN 1480 für M 6 bis M 56 dienen zum Anspannen oder Stoßen von Zugstangen. Das Ende der einen Stange erhält Rechts-, das der anderen Linksgewinde. Durch Drehen der Spannschloßmutter werden beide Stäbe gleichzeitig angezogen, wobei die Nachstellbarkeit in Abhängigkeit vom Gewindedurchmesser von 80 bis ca. 210 mm reicht. Lange Zugstangen werden zweckmäßig mit Vorspannung eingebaut.

Die Enden der Stäbe werden entweder aufgestaucht, so daß der Kerndurchmesser des Gewindes gleich dem Durchmesser d des Stabes wird, oder sie werden durch Widerstandsstumpfschweißung mit kurzen, dickeren Gewindestücken verbunden (Anschweißenden nach DIN 1480).

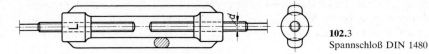

102.3
Spannschloß DIN 1480

4 Zugstäbe

Zugstäbe sind oft Bauglieder in Fachwerkbindern und Verbänden, und sie kommen vor als Zuglaschen, Zuganker usw. Für die Tragfähigkeit ist neben dem Werkstoff allein die nutzbare Querschnittsfläche, für die Gestaltung der Anschlüsse jedoch auch die Form des Querschnitts ausschlaggebend.

4.1 Querschnittswahl

Für Zugstäbe ist jeder Querschnitt geeignet, der sich konstruktiv in das Tragwerk eingliedern und gut anschließen läßt. Für kleine und mittlere Zugkräfte, die im Hochbau vorherrschen, werden $\top$-, ½ I-, ½ IPB-, Winkelstähle und Hohlprofile besonders häufig verwendet. Rohre, $\top$-Stähle und halbierte Profile kommen ausschließlich für S c h w e i ß k o n s t r u k t i o n e n in Betracht, desgleichen der übereck gestellte Einzelwinkel (**103.**1a und **95.**2). Doppelwinkel (**103.**1b bis e) sind weniger schweißgerecht; sie sind zusammen mit f übliche Querschnitte für Konstruktionen mit g e s c h r a u b t e n Anschlüssen, wobei wegen des kleineren Querschnittsverlustes Winkel mit dünnen Schenkeln wirtschaftlich sind. Wegen allseits guter Zugänglichkeit ist der Querschnitt **103.**1e bei erhöhter Korrosionsgefahr zu bevorzugen.

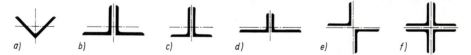

a)   b)   c)   d)   e)   f)

103.1 Querschnittsformen von Zugstäben aus Winkelstählen

Rund-, Quadrat- und Flachstähle (**91.**1) werden für Zuglaschen und -anker gebraucht; in Fachwerken werden sie nur in Sonderfällen verwendet, da ihre S t e i f i g k e i t für Transport und Montage zu gering ist, so daß Beschädigungen zu befürchten sind. Im Hochbau müssen gering beanspruchte Zugstäbe, die rechnerisch nur kleine Zugkräfte erhalten, als Druckstäbe durchgebildet und für eine angemessene Druckkraft bemessen werden, wenn bei einer kleinen Änderung der vorgeschriebenen Lasten im Stab Druckkräfte auftreten könnten; der Schlankheitsgrad des Stabes muß dann $\lambda \leq 250$ sein.

Bei g r o ß e n Zugkräften verwendet man U-, I-, IPE- und IPB-Profile einzeln (**94.**1) oder doppelt, durch Flachstähle verstärkt oder miteinander kombiniert in ähnlichen Querschnitten, wie sie in Abschn. 5 und 6 bei Druckstäben und Stützen gezeigt werden, sowie aus Breitflachstählen zusammengesetzte Profile in verschiedenen Querschnittsformen.

4.2   Bemessung und Spannungsnachweis

Mittige Zugkraft

Der allgemeine Spannungsnachweis wird mit Gl. (32.2) und der zulässigen Spannung nach Tafel **30.**2, Z. 2 für die Lastfälle H bzw. HZ geführt. $A_n = A - \Delta A$ ist der kleinste Nutzquerschnitt des Stabes an seiner schwächsten Stelle, die in der Regel im Anschluß oder Stoß liegt.

Der Querschnittsverlust ΔA ist die Summe der Flächen aller Bohrungen oder sonstigen Querschnittsschwächungen in der ungünstigsten Rißlinie des Stabes. Sind mehrere Lochreihen vorhanden, z. B. im Flansch und Steg, kann es sein, daß die maßgebende Rißlinie nicht senkrecht, sondern teilweise auch schräg zur Stabachse verläuft (**106.**1). Die zu ΔA jeweils zugehörige Querschnittsfläche A wird dann entlang den schrägen Rißlinien berechnet; weil meistens nicht ohne weiteres erkennbar ist, welche Rißlinie die kleinste Nettoquerschnittsfläche A_n ergibt, sind oft mehrere Rißlinien zu untersuchen (Beispiel 2). Um den Querschnittsverlust klein zu halten, wird man die Schrauben in den verschiedenen Reihen innerhalb des Anschlusses oder Stoßes so weit gegeneinander versetzen, daß der Riß möglichst wenige Löcher trifft. Während das hierfür notwendige Versetzungsmaß e_2 bzw. e_3 für Winkelstähle in DIN 999 bzw. DIN 998 angegeben ist (**111.**1), muß es für andere Profilformen durch Proberechnungen gefunden werden (**112.**1). Es sei daran erinnert, daß bei Verwendung von HV-Schrauben in GV- oder GVP-Verbindung die Auswirkung der Querschnittsschwächung ΔA auf den erforderlichen Stabquerschnitt geringer wird (s. Abschn. 3.1.4.1, Beisp. 1e und f).

Wenn ein geschweißter Stabanschluß so gestaltet wird, daß keine Querschnittsschwächungen ΔA auftreten, kann der Querschnitt mit $A_n = A$ voll ausgenutzt werden (**92.**2). Das ergibt für Zugglieder gegenüber geschraubten Konstruktionen eine Werkstoffersparnis von $10 \cdots 20\%$. Es ist jedoch zu beachten, daß auch bei geschweißten Anschlüssen die Tragfähigkeit von Zugstäben dann nicht voll ausgeschöpft werden kann, wenn die Profile im Anschluß geschlitzt werden (**94.**1, **95.**2), oder wenn Stumpfnähte nicht durchstrahlt sind (Abschn. 3.2.5.2, Beisp. 3).

Planmäßig ausmittig beanspruchte Zugstäbe

Wird die Zugkraft ausmittig in den Stab eingeleitet oder erhält der Stab Biegemomente infolge von Querbelastungen, so sind die Spannungen σ_N infolge der Zugkraft wie für mittige Kraftwirkung und σ_M infolge des Biegemoments M nach Gl. (29.3 und 4) einzeln zu berechnen und dann für die Eckpunkte des Querschnitts unter Berücksichtigung des Vorzeichens gemäß Gl. (29.5) zu summieren. Die Widerstandsmomente für den Biegedruckrand W_D bzw. den Biegezugrand W_Z werden nach Tafel **30.**1 ermittelt, wobei sich ΔI nur auf die Querschnittsschwächungen der ungünstigsten Rißlinie in der Biegezugzone erstreckt (Abschn. 4.4, Beispiel 3b).

Biegemomente dürfen vernachlässigt werden bei Ausmittigkeiten, die entstehen, wenn
– Schwerachsen von Gurten gemittelt werden,
– die Anschlußebene eines Verbandes nicht in der Ebene der gemittelten Gurtschwerachse liegt,
– die Schwerachsen der einzelnen Stäbe von Verbänden nicht erheblich aus der Anschlußebene herausfallen.

Desgleichen brauchen bei einzelnen Zugstäben in Fachwerken solche Biegemomente nicht berücksichtigt zu werden, die durch Wind auf die Stabflächen oder durch Eigengewicht der Stäbe entstehen.

Besondere Regelungen gibt es für Zugstäbe mit einem Winkelquerschnitt, wenn die Zugkraft durch unmittelbaren Anschluß eines Winkelschenkels eingeleitet wird (**108**.1). Falls der Stab mit mindestens 2 in Kraftrichtung hintereinanderliegenden Schrauben oder mit Flankenkehlnähten, deren Länge mindestens der Schenkelbreite entspricht, angeschlossen wird, darf die Biegespannung σ_M unberücksichtigt bleiben, wenn die aus der mittig gedachten Normalkraft stammende Zugspannung

$$\sigma_N \leqq 0{,}8 \,\text{zul}\, \sigma \qquad\qquad (105.1)$$

ist. Für die tatsächlich vorhandene Wirkung des Biegemoments bleibt somit ausreichende Reserve.

Besteht der Anschluß des Winkels jedoch nur aus einer einzigen Schraube (**108**.2), können keine Biegemomente in den Stab eingeleitet werden und der wirksame Stabquerschnitt muß zwangsläufig symmetrisch zur Schraubenachse angenommen werden (**105**.1); der Spannungsnachweis lautet dann

$$\sigma = N/2\,A_1 \qquad\qquad (105.2)$$

wobei A_1 der schwächere Teil des Nettoquerschnitts ist.

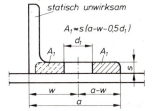

105.1
Bei einem Stabanschluß mit nur einer Schraube anzunehmende, zur Lochmitte symmetrische Netto-Querschnittsfläche

4.3 Anschlüsse

Anschlüsse müssen die vorhandenen Stabkräfte übertragen. Sie sollen nach Möglichkeit so ausgebildet werden, daß

1. der Schwerpunkt der Verbindungsmittel auf der Stabschwerachse liegt, damit der Anschluß momentenfrei bleibt und nach Abschn. 3.1.4.1 berechnet werden kann

2. die einzelnen Querschnittsteile je für sich gemäß ihrer anteiligen Kraft angeschlossen werden.

Mittiger Anschluß nach Punkt 1 ist bei doppelt symmetrischen Querschnitten immer möglich (**94**.1, **106**.1); bei einfach symmetrischen Profilen kann die Bedingung beim Schweißanschluß durch richtige Bemessung der Nahtlänge und -dicke, bei geschraubtem Anschluß durch Beiwinkel erfüllt werden (**93**.1, **55**.2). Ist der ausmittige Anschluß der Stabkraft konstruktiv nicht vermeidbar, muß das entstehende Moment beim Nachweis der Verbindungsmittel berücksichtigt werden (**95**.2); lediglich bei Winkelstählen unter vorwiegend ruhender Belastung darf man darauf verzichten (**64**.1, **92**.2).

Beim Anschluß der einzelnen Querschnittsteile wird die gesamte Stabkraft im Verhältnis der Teilflächen aufgeteilt und bei Schweißkonstruktionen direkt mit Stumpf-

und Kehlnähten angeschlossen (**94**.1); bei Schraubverbindungen müssen die abstehenden Querschnittsteile meist besonders durch Beiwinkel erfaßt werden (folgendes Beisp. 1).

Beispiel 1 (106.1): Nachweise für den Anschluß des Zugstabes aus 2 U 200 — St 37 mit der Stabkraft $Z = 780$ kN im Lastfall H.

Auf 1 U 200 entfällt die Kraft $Z = 780/2 = 390$ kN

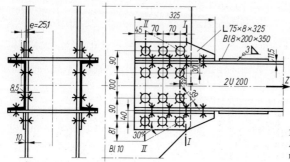

106.1
Anschluß eines zweiteiligen Zugstabes
mit Beiwinkeln und rohen Schrauben

Spannungsnachweis des Stabes im maßgebenden Schnitt I—I bei Vernachlässigung der entlastenden Kraftwirkung der vor dem Schnitt liegenden Schraube im Flansch:

$$A_n = 32,2 + 2 \cdot 0,85 \,(3,9 - 3,0) - 2 \cdot 2,1 \,(1,15 + 0,85) = 25,3 \text{ cm}^2$$

$$\sigma_Z = 390/25,3 = 15,4 < 16 \text{ kN/cm}^2$$

Spannungsnachweis des 10 mm dicken Knotenblechs:

Es wird von der ersten außenliegenden Schraube ab eine Kraftausbreitung im Knotenblech unter einem Winkel von $\approx 30°$ symmetrisch zur Stabachse bis zur letzten Schraubenreihe angenommen. Im Schnitt II—II ist dann

$$A_n = [10,0 + 2\,(9,0 + 8,1) - 4 \cdot 2,1] \; 1,0 = 35,8 \text{ cm}^2$$

$$\sigma_Z = 390/35,8 = 10,9 < 16 \text{ kN/cm}^2$$

Für die Berechnung des Anschlusses wird die Stabkraft im Verhältnis der Flächen anteilmäßig auf den Steg und die Flansche aufgeteilt.

Stegfläche:	$A_s = 20 \cdot 0,85 = 17,0 \text{ cm}^2$
Anteilige Kraft im Steg:	$F_s = 390 \cdot 17,0/32,2 = 206$ kN
Anschluß mit 6 rohen Schrauben M 20:	zul $Q_{a1} = 6 \cdot 35,2 = 211 > 206$ kN
Anteilige Kraft für einen Flansch:	$F_f = (390 - 206)/2 = 92$ kN

Diese Kraft wird über einen Beiwinkel am Knotenblech mit 3 M 20 angeschlossen:

$$\text{zul } Q_{a1} = 3 \cdot 35,2 = 105,6 > 92 \text{ kN}$$

In dem anderen, am Flansch des U 200 anliegenden Winkelschenkel ist der Anschluß für die 1,5fache Kraft nachzuweisen; hier sind 4 M 20 vorhanden:

$$\text{zul } Q_{a1} = 4 \cdot 35,2 = 141 \text{ kN} > 1,5 \cdot 92 = 138 \text{ kN}$$

Der Schwerpunkt der U-Profile hat von der Mitte der Knotenbleche den Abstand $e = 2,01 + 1,0/2 = 2,51$ cm. Für das daraus resultierende Moment $M = Z \cdot e/2 = 390 \cdot 2,51 = 979$ kNcm müssen die Anschlüsse der Bindebleche, die die beiden U-Profile miteinander verbinden, berechnet werden.

Beispiel 2 (107.1**):** Anschluß eines Hohlkastenquerschnitts an Knotenbleche. Stabkraft $Z_H = + 1,93$ MN; Werkstoff St $52-3$. Die Kraft wird mit hochfesten Schrauben M 20 DIN 6914 in SL-Verbindung angeschlossen; zul übertragbare Kräfte s. Taf. **46.**1 und **47.**1.

Gurtquerschnitt: $A_g = 2 \cdot 22,0 \cdot 1,0 = 44,0 \text{ cm}^2$

Stegquerschnitt: $A_s = 2 \cdot 23,0 \cdot 1,0 = 46,0 \text{ cm}^2$

$$\overline{A = 90,0 \text{ cm}^2}$$

Schnitt durch die beiden ersten Schrauben: $A_{n1} = 90,0 - 2 \cdot 2 \cdot 2,1 \cdot 1,0 = 81,6 \text{ cm}^2$

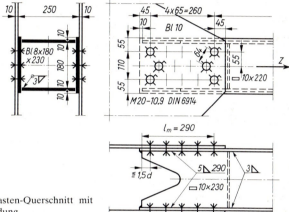

107.1
Anschluß eines Stabes mit Hohlkasten-Querschnitt mit hochfesten Schrauben in SL-Verbindung

Schnitt durch die 3 ersten Schrauben:

$$A_{n2} = 81,6 + 4 \ (6,4 - 5,5) \ 1,0 - 2 \cdot 2,1 \cdot 1,0 = 81,0 \text{ cm}^2 \ (\text{maßgebend})$$

$$\sigma_Z = 1930/81,0 = 23,8 < 24,0 \text{ kN/cm}^2$$

28 M 20 − 10.9 DIN 6914   zul $Q_{a1} = 28 \cdot 75,5 = 2114 > 1930$ kN

$$\text{zul } Q_l = 28 \cdot 84,0 \cdot 1,0 = 2352 \text{ kN}$$

Die Stege sind nicht unmittelbar mit dem Knotenblech verbunden; sie müssen ihre anteilige Kraft innerhalb der Anschlußlänge $l_m = 26,0 + 1,5 \cdot 2,0 = 29,0$ cm, die von der ersten Schraubenreihe bis 1,5 d hinter die letzte Schraube reicht, an die kraftübertragenden Gurtbleche BrFl 10 × 220 abgeben. Auf jede der 4 Anschlußkehlnähte mit $a = 5$ mm entfällt die Kraft

$$F_w = \frac{1}{4} \cdot 1930 \cdot \frac{46,0}{90,0} = 247 \text{ kN} \qquad A_w = 0,5 \cdot 29,0 = 14,5 \text{ cm}^2$$

$$\tau_{\|} = 247/14,5 = 17,0 \text{ kN/cm}^2 = \text{zul } \tau_w \quad (\text{nach Taf. } \textbf{86.}1)$$

Beispiel 3: Anschluß eines Windverbandswinkels an das Knotenblech. Stabkraft $Z = 50$ kN. Zulässige übertragbare Kräfte der rohen Schrauben s. Taf. **46.**1 und **47.**1.

Weil der Stab nur durch eine Zusatzlast (Wind) beansprucht wird, gilt diese als Hauptlast. Die Zugkraft wird mit dem Hebelarm e zwischen Knotenblechmitte und Stabschwerachse ausmittig in den Stab eingeleitet.

a) (**108**.1): Der Spannungsnachweis des Stabes aus L 60 × 6 erfolgt mit Gl. (105.1).

$$A_n = 6{,}91 - 1{,}7 \cdot 0{,}6 = 5{,}89 \text{ cm}^2$$

$$\sigma_Z = 50/5{,}89 = 8{,}49 \text{ kN/cm}^2 < 0{,}8 \cdot \text{zul } \sigma = 0{,}8 \cdot 16 = 12{,}8 \text{ kN/cm}^2$$

Für den Anschluß mit 3 M 16−4.6 ergibt sich

$$\left.\begin{array}{lll} \text{zul } Q_{a1} = 3 \cdot 22{,}5 & = 67{,}5 \text{ kN} \\ \text{zul } Q_1 \;\;= 3 \cdot 0{,}6 \cdot 44{,}8 & = 80{,}6 \text{ kN} \end{array}\right\} > Z = 50 \text{ kN}$$

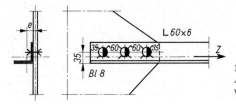

108.1
Anschluß eines Verbandsstabes aus einem Einzelwinkel mit rohen Schrauben

b) Der Anschluß wird mit nur einer Schraube M 24−4.6 mit 2 mm Lochspiel ausgeführt
(**108**.2). Der Spannungsnachweis des Stabes erfolgt nach Gl. (105.2) und Bild **105**.1:

$$A_1 = 0{,}8 \,(9{,}0 - 5{,}0 - 0{,}5 \cdot 2{,}6) = 2{,}16 \text{ cm}^2$$

$$\sigma_Z = 50/(2 \cdot 2{,}16) = 11{,}6 \text{ kN/cm}^2 < 16 \text{ kN/cm}^2$$

Für die Schraube M 24 ist

$$\left.\begin{array}{lll} \text{zul } Q_{a1} & = 50{,}6 \text{ kN} \\ \text{zul } Q_1 \;\;= 0{,}8 \cdot 67{,}2 & = 53{,}8 \text{ kN} \end{array}\right\} > Z = 50 \text{ kN}$$

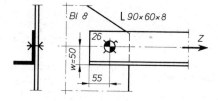

108.2
Anschluß eines Winkelstahls mit einer Schraube. Die
Wirkungslinie der Zugkraft geht durch die Schraube

4.4 Stöße

Auf der Baustelle werden die in der Werkstatt vorgefertigten Konstruktionsteile
durch Stoßverbindungen zum Gesamtbauwerk zusammengefügt. Werkstattstöße
einzelner Stäbe sind relativ selten, da die lieferbaren Profillängen fast immer für die
Fertigung der Bauteile ausreichen. Die Stoßverbindung ist für die vorhandene Stabkraft zu bemessen; jede Teilfläche des Querschnitts muß für sich für ihren Anteil an
der Gesamtkraft gestoßen werden, um Überbeanspruchungen des Stabes im Stoßbereich zu vermeiden.

Geschweißte Stöße kommen vornehmlich für Werkstattstöße in Betracht; sie
werden in der Regel mit Stumpfnähten ausgeführt (**91**.1). Bei Form- und Stabstählen ist die zulässige Stumpfnahtspannung immer kleiner als die zulässige Werk-

stoffspannung (**92.**1), so daß der Stoß nicht die volle statische Ausnutzung des Profils erlaubt. Statt mit Stumpfnähten kann der Stoß auch durch Anschweißen der Profilenden mit Kehlnähten an eine S t o ß q u e r p l a t t e ausgeführt werden, wodurch die Tragfähigkeit des Zugstabes in der Regel voll ausgenutzt werden kann (Beisp. 1). Hinsichtlich des Werkstoffs der Querplatte s. Abschn. 3.2.3.

Auf der Baustelle führt man meist g e s c h r a u b t e Stöße aus. Beim L a s c h e n s t o ß wird die Stabkraft durch Stoßlaschen über die Stoßstelle geleitet, wobei jeder Querschnittsteil seine eigenen Stoßlaschen mit den zum Anschluß der anteiligen Kraft erforderlichen Verbindungsmitteln erhält. Die Laschen werden nach Möglichkeit unmittelbar auf die zu deckenden Teile aufgelegt; so läßt sich am einfachsten die Forderung erfüllen, daß der S c h w e r p u n k t d e r S t o ß d e c k u n g s t e i l e mit dem Stabschwerpunkt zusammenfallen muß, um zusätzliche Biegespannungen im Stab oder in den Laschen auszuschalten. Statt die Laschenkräfte über die Kraftanteile der einzelnen Querschnittsflächen zu berechnen, kann man bei nur 2 Teilflächen des Stabes die Stabkraft auch nach dem Hebelgesetz auf die Laschen aufteilen (Beisp. 3). Mit ihrem Nettoquerschnitt ist für die Laschen der Spannungsnachweis zu führen. Bei Verwendung von HV-Schrauben in GV- oder GVP-Verbindung kann dabei von den Erleichterungen nach Abschn. 3.1.3.2 Gebrauch gemacht werden.

Beispiele für die Stoßdeckung von Winkeln s. Bild **109.**1. Nicht bei allen diesen Ausführungen fällt der Schwerpunkt der Laschen genau genug mit dem Stabschwerpunkt zusammen. Die Eckkante der eingepaßten Stoßwinkel muß abgehobelt werden; den dadurch entstehenden Querschnittsverlust berücksichtigt man meist nicht. Da die Schenkel der Winkellaschen möglichst nicht über die der Hauptwinkel vorstehen sollen (Rostgefahr) und trotzdem ihr Nettoquerschnitt gleich groß sein soll, wählt man Stoßwinkel mit kleinerer Schenkelbreite und größerer Dicke (**111.**1).

109.1
Beispiele für die Anordnung von Stoßdeckungslaschen bei Winkelstählen

Von der Forderung nach mittiger Anordnung der Stoßdeckungslaschen und nach gesonderter Deckung aller Querschnittsteile weicht man zwecks konstruktiver Vereinfachung lediglich bei Verbandsstäben mit kleinen Stabkräften ab (**109.**2); hier wird das Knotenblech zur Stoßdeckung herangezogen, eine konstruktive Lösung, für die der Spannungsnachweis des Knotenblechs verlangt wird und die man nur in untergeordneten Fällen ausführen sollte.

109.2
Kreuzung von Windverbands-Stäben; Stoßdeckung durch das Knotenblech

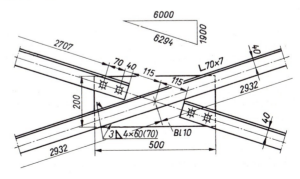

Wie bei Stabanschlüssen ist der Querschnittsverlust ΔA auch bei Stößen durch Versetzen der Bohrungen in den verschiedenen Lochreihen so klein wie möglich zu halten (Beisp. 3).

Rautenförmige Schraubenbilder (**110.**1 b) verringern den Lochabzug gegenüber rechteckigen (**110.**1 a) beträchtlich; denn bevor im Schnitt III der volle Lochabzug wirksam wird, ist bereits die Hälfte der Stabkraft in die Laschen übergegangen. Maßgebend ist in diesem Beispiel der Spannungsnachweis des Stabes im Schnitt I mit voller Stabkraft bei Abzug lediglich einer Bohrung. Für die Laschen ist Schnitt III maßgebend. Da jedoch bei rautenförmigen Schraubenbildern eine Überlastung der ersten Schraubenreihe infolge unregelmäßiger Stabdehnungen auftritt, soll man der rechteckigen Anordnung trotz ihres scheinbaren Nachteils (größerer Stabquerschnitt) den Vorzug geben.

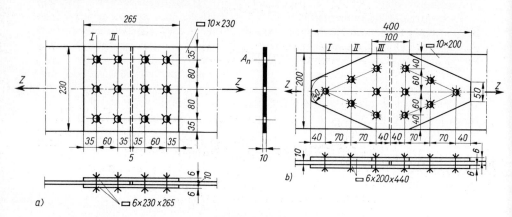

110.1 Stoß eines Breitflachstahls für eine Zugkraft $Z = 320$ kN mit
a) rechteckiger   b) rautenförmiger Anordnung der Schrauben (vermeiden)

Wenn hochfeste Schrauben verwendet werden, ist anstelle des Laschenstoßes auch der Querplattenstoß möglich. Die an den beiden Stabenden angeschweißten Querplatten werden mit HV-Schrauben miteinander verschraubt (**65.**1). Dadurch, daß die Schraubenkräfte gegenüber den in den Profilwandungen wirkenden Zugkräften versetzt sind, treten in den Querplatten Biegemomente auf, für die die Plattendicke zu bemessen ist.

Beispiel 1 (**110.**2): Ein Zugstab IPB 240–St 37 ist für seine im Lastfall H zulässige Zugkraft mit Stoßquerplatte zu stoßen.

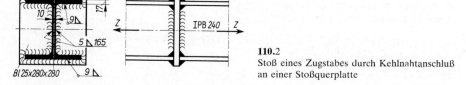

110.2
Stoß eines Zugstabes durch Kehlnahtanschluß an einer Stoßquerplatte

Die Kehlnähte liegen symmetrisch zu den einzelnen Querschnittsteilen. Nach Fußnote 3 zu Tafel **86.**1 ist für die Kehlnähte die gleiche Spannung zulässig wie für das Bauteil. Demgemäß genügt als Nahtdicke etwa die halbe Dicke der anzuschließenden Bauteile.

Zulässige Stabkraft: $Z = A \cdot$ zul $\sigma = 106 \cdot 16 = 1696$ kN
Stegfläche: $A_s = 1,0 \cdot 16,5 = 16,5$ cm^2
Kraftanteil des Steges: $Z_s = 1696 \cdot 16,5/106 = 264$ kN
Schweißnaht des Steges: $A_w = 2 \cdot 16,5 \cdot 0,5 = 16,5$ cm^2

$$\sigma_\perp = 264/16,5 = 16 \text{ kN/cm}^2 = \text{zul } \sigma$$

Kraftanteil des Flanschs: $Z_f = (1696 - 264)/2 = 716$ kN

Die Nahtlänge für einen Flansch wird aus dem Profilumfang $U = 138$ cm abzüglich der Nahtlänge des Steges berechnet:

$$l_w = (138 - 2 \cdot 16,5)/2 = 52,5 \text{ cm}$$

$$\sigma_\perp = 716/(52,5 \cdot 0,9) = 15,15 < 16 \text{ kN/cm}^2$$

Beispiel 2 (111.1): Für den Fachwerkgurt aus $\rfloor\llcorner$ 75 × 7 – St 37 mit einer Zugkraft $Z_H = 260$ kN ist der mit rohen Schrauben M 20 ausgeführte Laschenstoß nachzuweisen. Das Knotenblech soll nicht zur Stoßdeckung herangezogen werden.

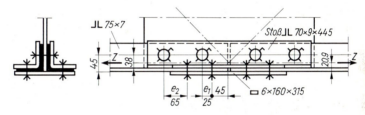

111.1 Laschenstoß eines Zugstabes aus Doppelwinkeln

Spannungsnachweis des Stabes

Die äußeren Bohrungen in den Winkelschenkeln werden mindestens um das Maß $e_2 = 62$ mm versetzt; dadurch braucht in jedem Winkel nur 1 Loch abgezogen zu werden. – In den Stoßwinkeln beträgt der gegenseitige Schraubenabstand in der maßgebenden Rißlinie jedoch nur $e_1 \geqq 24$ mm, so daß 2 Bohrungen je Winkel berücksichtigt werden müssen.

$$\rfloor\llcorner \; 75 \times 7 \qquad A = 2 \cdot 10,1 \qquad = 20,20 \text{ cm}^2$$
$$\Delta A = 2 \cdot 2,1 \cdot 0,7 \qquad = 2,94 \text{ cm}^2$$
$$\overline{A_n = 17,26 \text{ cm}^2}$$
$$\sigma_Z = 260/17,26 = 15,06 < 16 \text{ kN/cm}^2$$

Stoß

Auf einen Winkel entfällt die Kraft $Z = 260/2 = 130$ kN.
Anschluß mit $2 \times 2 = 4$ M 20 in jedem Winkel:

$$\left.\begin{array}{l} \text{zul } Q_{al} = 4 \cdot 35,2 = 140,8 \text{ kN} \quad \text{(s. Taf. } \mathbf{46}.1 \text{ und } \mathbf{47}.1) \\ \text{zul } Q_l = 4 \cdot 0,7 \cdot 56,0 = 156,8 \text{ kN} \end{array}\right\} > 130 \text{ kN}$$

Stoßwinkel L 70 × 9

$$A_n \geqq 11,9 - 2 \cdot 2,1 \cdot 0,9 = 8,12 \text{ cm}^2 \qquad \sigma_Z = 130/8,12 = 16 \text{ kN/cm}^2 = \text{zul } \sigma$$

Wenn auch rechnerisch der L 70 × 9 zur Stoßdeckung ausreicht, wird zusätzlich eine 6 mm dicke Flachstahllasche beigelegt, um den Schwerpunkt der Stoßlaschen in die Stabachse zu rücken. Die dafür notwendige Fläche A_{la} ergibt sich aus der Bedingung für die Schwerpunktlage, bezogen auf die Winkelunterkante:

$$z_s = \frac{2 \cdot 11,9 \,(0,7 + 2,05) - A_{la} \cdot 0,3}{2 \cdot 11,9 + A_{la}} = 2,09 \text{ cm}$$

$$\text{erf } A_{la} = 6,57 \text{ cm}^2 < \text{vorh } A_{la} = 0,6 \cdot 16 = 9,6 \text{ cm}^2$$

Beispiel 3 (112.1): Stoß eines Zugstabes aus 1/2 IPE 330−St 37.

a) Für die in der Stabschwerachse mittig wirkende Zugkraft $Z_H = + 400$ kN sind der allg. Spannungsnachweis des Stabes und der Nachweis ausreichender Stoßdeckung zu führen.

Schnitt 1−1: $A = 62,6/2$ $= 31,3 \text{ cm}^2$

$\Delta A = 2 \cdot 2,5 \cdot 1,15$ $= 5,8 \text{ cm}^2$

$A_{1n} = 25,5 \text{ cm}^2$

112.1 Stoßdeckung eines Zugstabes aus 1/2 IPE-Profil durch Laschen mit rohen Schrauben; mögliche Rißlinien des Stabes

Schnitt 2−2: Das notwendige Maß der Versetzung der äußeren Flansch- und Stegbohrungen kann nicht wie bei Winkeln aus Tafeln entnommen, sondern muß jedesmal durch Proberechnungen gefunden werden und wurde hier auf 75 mm festgelegt. Die Fläche in diesem Schnitt wird zum Minimum, wenn Punkt A durch Probieren so gelegt wird, daß die Bedingung $\sin \beta / \sin \alpha = s/2t$ erfüllt ist:

$$\frac{\sin \beta}{\sin \alpha} = \frac{11/44}{64/83,4} = 0,326 \qquad \frac{s}{2t} = \frac{0,75}{2 \cdot 1,15} = 0,326$$

Praktisch genügt i. allg. die Festlegung des Punktes A nach Augenmaß.

$$A_{2n} = 25,5 - 2 \cdot 1,7 \cdot 0,75 + (8,34 - 5,35)\,0,75 + 2 \cdot 1,15 \,(4,40 - 4,25)$$

$$A_{2n} = 25,54 \text{ cm}^2 \approx A_{1n} \qquad \sigma_Z = 400/25,5 = 15,7 < 16 \text{ kN/cm}^2$$

Steglaschen 2 □ 8 × 130; Laschenkraft nach dem Hebelgesetz:

$$F_s = 400 \cdot \frac{3,65 + 0,60}{0,6 + 16,5 - 6,5} = 160,4 \text{ kN} \qquad A_{n,la} = 2 \cdot 0,8 \,(13,0 - 2 \cdot 1,7) = 15,4 \text{ cm}^2$$

$$\sigma_Z = 160,4/15,4 = 10,4 < 16 \text{ kN/cm}^2$$

Tragfähigkeit der 6 M 16:   zul $Q_l = 6 \cdot 0,75 \cdot 44,8 = 201,6 > 160,4$ kN   (s. Taf. **47**.1)

Flanschlasche $\square$ 12 × 180

$$F_f = 400 - 160,4 \approx 240 \text{ kN} \qquad A_{n,la} = 1,2 \, (18,0 - 2 \cdot 2,5) = 15,6 \text{ cm}^2$$

$$\sigma_Z = 240/15,6 = 15,4 < 16 \text{ kN/cm}^2$$

Auf jede der 6 Schrauben M 24 entfällt eine Anschlußkraft von

$$Q_{a1} = 240/6 = 40 \text{ kN} < \text{zul } Q_{SL} = 50,6 \text{ kN}$$

Schnitt 3−3: Bei Vernachlässigung der schrägen Schnittführung ist

$$A_{3n} \approx 25,5 - 2 \cdot 1,7 \cdot 0,75 = 23,0 \text{ cm}^2$$

Die Stabkraft in diesem Schnitt ist um die Anschlußkraft der 2 M 24 im Flansch vermindert

$$Z_3 = 400 - 2 \cdot 40 = 320 \text{ kN} \qquad \sigma_{3Z} = 320/23,0 = 13,91 < 16 \text{ kN/cm}^2$$

b) An der Stoßstelle des Stabes (**112**.1) wirken gleichzeitig eine Zugkraft $Z = +300$ kN und das Moment $M = +7,5$ kNm. Für den Stab soll der allg. Spannungsnachweis geführt werden.

Maßgebende Querschnittswerte (Taf. **30**.1):

$$A - \Delta A = 25,5 \text{ cm}^2 \quad \text{(wie unter a)}$$

Widerstandsmoment für den oberen (Druck-)Rand:

$$W_D = I/z_D = 717/(16,5 - 3,65) = 55,8 \text{ cm}^3$$

Für die Berechnung des Widerstandsmoments für den unteren (Zug-)Rand sind beim Flächenmoment 2. Grades die Löcher im Biegezugbereich, das sind hier nur die Löcher im Flansch, abzuziehen:

$$I = 717 \text{ cm}^4$$
$$\Delta I = 2 \cdot 2,5 \cdot 1,15 \left(3,65 - \frac{1,15}{2}\right)^2 = 54 \text{ cm}^4$$
$$I - \Delta I = 663 \text{ cm}^4$$

$$W_Z = 663/3,65 = 181,6 \text{ cm}^3$$

Randspannungen nach Gl. (29.5) für den

oberen Rand: $\sigma_D = \dfrac{300}{25,5} - \dfrac{750}{55,8} = 11,76 - 13,44 = -1,68 \text{ kN/cm}^2$

unteren Rand: $\sigma_Z = \dfrac{300}{25,5} + \dfrac{750}{181,6} = 11,76 + 4,13 = 15,89 < 16 \text{ kN/cm}^2$

Beispiel 4 (**114**.1): Der Zugstab IPB 240−St 37 ist für seine Zugkraft $Z_{HZ} = 1760$ kN mit hochfesten Schrauben in GV-Verbindung mit 1 mm Lochspiel zu stoßen; die zulässigen übertragbaren Kräfte der Schrauben s. Taf. **46**.1 und **47**.1.

Spannungsnachweis des Stabes

Vollquerschnitt: $\sigma_Z = 1760/106 = 16,6 < 18 \text{ kN/cm}^2$

Nettoquerschnitt: 40% der zulässigen übertragbaren Kraft zul Q_{GV} der in diesem Schnitt sitzenden 4 HV M 24 dürfen von der Zugkraft abgezogen werden:

$$Z \qquad\qquad\qquad\qquad = 1760 \text{ kN}$$
$$0,4\, Q_{GV} = 0,4 \cdot 4 \cdot 100 \qquad = \underline{160 \text{ kN}}$$
$$Z_1 = \overline{1600 \text{ kN}}$$

$$\sigma_Z = \frac{1600}{106 - 4 \cdot 2,5 \cdot 1,7} = 17,98 < 18 \text{ kN/cm}^2$$

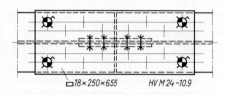

□18 × 250 × 655   HV M 24 −10.9

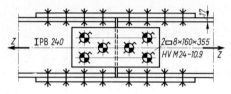

Z   IPB 240   2□8×160×355
HV M24−10.9   Z

114.1
Stoß eines Zugstabes aus IPB 240 mit Laschendek-
kung und HV-Schrauben in GV-Verbindung

Stoßdeckung des Steges

$A_s = 1,0 \,(24,0 - 2 \cdot 1,7) = 20,4 \text{ cm}^2$

Kraftanteil des Steges: $F_s = 1760 \cdot 20,4/106 = 342 \text{ kN}$

$$0,4\, Q_{GV} = 0,4 \cdot 2 \cdot 100 = \underline{80 \text{ kN}}$$

verminderte Zugkraft der Lasche $F_{la} = \overline{262 \text{ kN}}$

Laschen 2 BrFl 8 × 160: $A_{n,la} = 2 \cdot 0,8\,(16 - 2,5) = 21,6 \text{ cm}^2$
$\sigma_Z = 262/21,6 = 12,1 < 18 \text{ kN/cm}^2$ $\qquad \sigma_Z = 342/(2 \cdot 0,8 \cdot 16) = 13,36 < 18 \text{ kN/cm}^2$

Anschluß mit 3 M 24−10.9: $\left. \begin{array}{l} \text{zul } Q_{GV} = 3 \cdot 2 \cdot 100 = 600 \text{ kN} \\ \text{zul } Q_1 = 3 \cdot 1,0 \cdot 129,6 = 388,8 \text{ kN} \end{array} \right\} > 342 \text{ kN}$

Stoßdeckung eines Flansches

Kraftanteil: $F_f = (1760 - 342)/2 \qquad = 709 \text{ kN}$

$$0,4\, Q_{GV} = 0,4 \cdot 2 \cdot 100 \qquad = \underline{80 \text{ kN}}$$

verminderte Zugkraft der Lasche $F_{la} = \overline{629 \text{ kN}}$

Lasche BrFl 18 × 250 $A_{la} = 1,8 \cdot 25 \qquad = 45,0 \text{ cm}^2$

$$\Delta A = 1,8 \cdot 2 \cdot 2,5 \quad = \underline{9,0 \text{ cm}^2}$$
$$A_{n,la} = \overline{36,0 \text{ cm}^2}$$

$\sigma_Z = 629/36,0 = 17,5 < 18 \text{ kN/cm}^2$ $\qquad \sigma_Z = 709/45,0 = 15,8 < 18 \text{ kN/cm}^2$

Anschluß mit 8 M 24−10.9: $\left. \begin{array}{l} \text{zul } Q_{GV} = 8 \cdot 100 \qquad\quad = 800 \text{ kN} \\ \text{zul } Q_1 = 8 \cdot 1,7 \cdot 129,6 = 1762 \text{ kN} \end{array} \right\} > 709 \text{ kN}$

5 Druckstäbe

Wie die Zugstäbe treten auch die Druckstäbe als Bauglieder in Fachwerken und Verbänden auf. Sie sollen gerade sein und nur mittigen Druck erhalten. Querlasten bzw. Momente sollen Ausnahmen bleiben. Druckstäbe als selbständige Bauglieder sind z.B. Stützen; sie werden im Abschn. 6 behandelt.

Während zubeanspruchte Bauteile erst bei Überschreiten der Materialfestigkeit zerstört werden, versagen Druckglieder bereits bei sehr viel niedrigeren Spannungen durch seitliches Ausweichen des Stabes. Die bei Erreichen der Traglast plötzlich auftretende Instabilität nennt man Biegeknicken. Abhängig von Querschnittsform und Belastung kann allein oder auch zusammen mit der Verbiegung eine Verdrehung der Stabachse erfolgen; man spricht dann von Drillknickung oder Biegedrillknickung. Die genannten Instabilitätserscheinungen treten um so eher ein, je schlanker ein Stab ist und je dünner seiner Wanddicken sind.

5.1 Querschnitte der Druckstäbe

Für die Querschnittswahl der Druckstäbe ist neben einer ausreichenden Fläche auch die Form des Querschnitts von Bedeutung. Diese ist nicht nur wichtig für die Anschlußfähigkeit, sondern sie bestimmt auch weitgehend die Knicksicherheit des Druckstabes. Der für sie maßgebende Querschnittswert, der Trägheitsradius $i = \sqrt{I/A}$, wird besonders groß, wenn die Querschnittsflächen möglichst weit vom Schwerpunkt entfernt angeordnet sind. Diese Voraussetzung ist optimal beim dünnwandigen Rohr erfüllt, welches einen idealen Druckquerschnitt darstellt, aber nur schwierig mit anderen Profilformen zu verbinden ist. Statisch nahezu gleichwertig, konstruktiv jedoch bequemer einsetzbar, sind quadratische oder rechteckige Hohlprofile (**115**.1, **138**.1). Für den Fachwerkbau des Stahlhochbaus sind bei Schweißausführung ½ ⊥-, ⊤- und ∟-Stähle gut geeignet. Für geschraubte Konstruktionen sind Doppelwinkel am brauchbarsten, weil sie sich ausgezeichnet an die Knotenbleche anschließen lassen. Durch Bindebleche werden sie zu mehrteiligen Stäben mit günstigen statischen Eigenschaften verbunden.

Querschnitte mit wesentlich verschiedenen Trägheitshalbmessern eignen sich besonders für Druckstäbe mit unterschiedlichen Knicklängen in Richtung ihrer Hauptachsen.

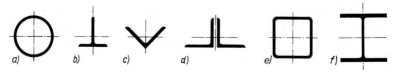

115.1 Bevorzugte leichte Druckstab-Querschnitte

In schweren Fachwerken, insbesondere im Kran- und Brückenbau, verwendet man Formstähle und Breitflanschträger, sowohl einzeln als auch zusammengesetzt und durch Lamellen verstärkt, weiterhin aus Breitflachstählen geschweißte Hohlquerschnitte (**115.**1 f; **122.**1).

5.2   Berechnung

5.2.1   Berechnungsgrundlagen

Unter idealisierenden Voraussetzungen hat L. Euler schon 1744 die ideale Knicklast eines Druckstabes zu $F_{Ki} = \pi^2\, EI/s_K^2$ gefunden. Weil diese Formel bei kleinen Knicklängen s_K unrealistisch große Knicklasten vortäuschen würde, muß man zur sicheren Erfassung der Traglast eines Knickstabes abweichend von Euler das wirkliche Spannungs-Dehnungsverhalten des Baustahls, baupraktisch unvermeidbare Ungenauigkeiten bei der Einleitung der Stabkraft, Vorkrümmungen der Stabachse, Walz- und Schweißeigenspannungen der Stäbe sowie ggf. Schiefstellung des Tragwerks berücksichtigen.

Die Berechnung der Druckstäbe erfolgt nach DIN 4114 Stabilitätsfälle (Knickung, Kippung, Beulung) T. 1 Vorschriften und T. 2 Richtlinien. Neben der Größe der Querschnittsfläche A ist der Schlankheitsgrad $\lambda = s_K/i$ maßgebend. Er ist für beide Querschnittshauptachsen zu berechnen. Bei mehrteiligen Stäben wird um die stofffreie Achse ein ideeller Schlankheitsgrad λ_i eingeführt, durch den die Nachgiebigkeit der Querverbindungen zwischen den Einzelstäben berücksichtigt wird.

Die Knicklänge s_K ist i. allg. gleich der Stablänge, wenn die Stabenden seitlich unverschieblich gehalten sind. Für Fachwerkstäbe gelten besondere Regeln (s. Teil 2). Bei eingespannten oder elastisch gehaltenen Stäben, z.B. Rahmenstielen, kann s_K erheblich größer als die Stablänge werden; nähere Angaben enthält DIN 4114.

Unter Berücksichtigung des Knicksicherheitsbeiwerts γ_K wurden in Abhängigkeit vom Schlankheitsgrad λ aus den Knick- und Traglastspannungen Knickzahlen ω getrennt für die Baustahlsorten St 37 und St 52 berechnet [35]. Da die Traglast, anders als bei Annahme idealisierender Voraussetzungen, auch von der Querschnittsform abhängt, gibt es im plastischen Knickbereich ($\lambda < \lambda_S$) zusätzliche ω-Tafeln für die günstigen Rohrquerschnitte. Beim Knicksicherheitsnachweis wird die Druckkraft N unter Gebrauchslasten zur Berücksichtigung der Knickgefahr mit dem Knickbeiwert ω multipliziert und die damit berechnete gedachte Spannung der zulässigen Druckspannung zul σ_D gegenübergestellt. Da die Tragfähigkeit von Druckstäben im elastischen Knickbereich für alle Baustahlsorten gleich groß ist, lohnt sich die Verwendung von St 52 erst bei $\lambda \lesssim 90$.

In Zukunft wird das Knicken von Stäben und Stabwerken in der nachfolgend beschriebenen Form zu behandeln sein:

Die Schnittgrößen sind unter Bemessungslasten zu ermitteln, wobei Bemessungslasten die mit dem Sicherheitsbeiwert γ multiplizierten Gebrauchslasten sind. Bei der Berechnung ist der Einfluß der Verformungen auf das Gleichgewicht zu beachten (Theorie II. Ordnung), wobei Vorkrümmungen der Stäbe und bei verschieblichen

Tragwerken auch Schiefstellungen berücksichtigt werden müssen. Die Größe dieser Imperfektionen ist für die verschiedenen Profilformen unterschiedlich vorgeschrieben.

Der Nachweis ausreichender Tragsicherheit darf wahlweise nach der Traglasttheorie, nach der Fließgelenktheorie oder nach der Elastizitätstheorie geführt werden. Wegen ihrer Schwierigkeit scheidet die Traglasttheorie für praktische Zwecke aus. Bei der Fließgelenktheorie wird wie beim Traglastverfahren (s. Abschn. 7.2.4.2) an der höchstbelasteten Stelle ein vollplastizierter Querschnitt mit der Wirkung eines Fließgelenks angenommen. Bei der Elastizitätstheorie wird ein linear-elastisches Werkstoffgesetz vorausgesetzt; es ist nachzuweisen, daß bei Berücksichtigung von Querschnittsschwächungen an keiner Stelle des Stabwerks die Streckgrenze β_S überschritten wird. Dieses Verfahren ist am einfachsten zu handhaben.

Für planmäßig mittig belastete, gerade, einteilige Stäbe wird ein spezielles, vereinfachtes Nachweisverfahren eingeführt: Die unter der Berechnungslast vorhandene Längskraft darf nicht größer sein als die mit dem Faktor $\varkappa$ abgeminderte plastische Längskraft N_{pl}. $\varkappa$ ist als Funktion des Schlankheitsgrades für 4, von der Profilform abhängige Knickspannungskurven angegeben. Um von der Baustahlsorte unabhängig zu werden und auf diese Weise die Zahl der Tafeln zu reduzieren, wird ein auf die Streckgrenze β_S bezogener Schlankheitsgrad $\bar{\lambda}$ eingeführt.

5.2.2 Einteilige Druckstäbe mit mittiger Belastung und unveränderlichem Querschnitt

Neben einfachen Walzprofilen gelten auch zusammengesetzte Querschnitte als einteilig, wenn ihre Einzelteile auf der ganzen Stablänge unmittelbar und durchlaufend miteinander verbunden sind (**137**.1c bis h).

Biegeknicken

Bei planmäßig gerader Stabachse gilt für einteilige, einfeldrige Druckstäbe mit unverschieblicher Lagerung der Endpunkte nach DIN 4114, T. 1 Abschn. 7.1 die Bedingung

$$\frac{\omega \cdot N}{A} \leqq \text{zul } \sigma_D \qquad (117.1)$$

Hierin bedeuten N die größte im Stab auftretende Druckkraft, A die ungeschwächte Querschnittsfläche, zul σ_D die zulässige Druckspannung nach Tafel **30**.2, Z. 1 und ω die von Stahlsorte und maßgebendem Schlankheitsgrad λ abhängige Knickzahl nach der entsprechenden ω-Tabelle [35].

In programmierten Berechnungen läßt sich ω, z. B. für St 37, näherungsweise folgendermaßen ansetzen:

$$\omega \approx 0,99 + \lambda/728 + (\lambda/153)^2 + (\lambda/143)^3 \qquad \text{für } 20 \leqq \lambda < 115$$
$$\omega \approx (\lambda/76,95)^2 \qquad \text{für } \lambda \geqq 115$$

Für St 52 und Rohrquerschnitte lassen sich ähnliche Formeln angeben.

Der maßgebende Schlankheitsgrad λ ($\leqq 250$!) ist der größere der beiden Werte

$$\lambda_z = \frac{s_{Kz}}{i_z} \quad \text{oder} \quad \lambda_y = \frac{s_{Ky}}{i_y} \qquad (117.2)$$

Für Stäbe mit $\lambda < 20$ ist $\omega = 1,0$, so daß die Knickuntersuchung entfällt.

Zur Bemessung benutzt man bei gängigen Querschnitten die in [33] enthaltenen Tragfähigkeitstafeln oder man schätzt ein Profil, führt den Nachweis nach Gl. (117.1) und verbessert ggf. die Profilgröße.

Stehen Tafeln nicht zur Verfügung, gelangt man bei St 37 zu einer groben Vorschätzung des Profils, wenn die Querschnittswerte die folgenden Kriterien erfüllen:

$$\text{erf}\, A \approx N/12 \cdots N/9 \tag{118.1}$$
$$\text{erf}\, I_\text{y} = 0,121\, N \cdot s_\text{Ky}^2$$
$$\text{erf}\, I_\text{z} = 0,121\, N \cdot s_\text{Kz}^2 \tag{118.2a,b}$$
mit A in cm², I in cm⁴, N in kN, s_K in m;

für St 52 ist erf $A \approx N/18 \cdots N/13$, erf I wie bei St 37.

Erscheint die Schätzung des Profils schwierig, wie etwa bei zusammengesetzten Querschnitten, wendet man das Stabkennzahl- oder kurz ζ-Verfahren nach DIN 4114 T. 2, 7.3 an. Nach vorläufiger Annahme einer bestimmten Querschnittsform und -größe für den zu bemessenden Stab kann dafür näherungsweise eine Querschnittszahl

$$Z = A/i^2 \quad \text{oder} \quad Z = A^2/I \tag{118.3}$$

berechnet bzw. Tafeln entnommen werden. Mit der Stabkennzahl ζ

$$\zeta = \sqrt{\frac{Z \cdot s_\text{K}^2 \cdot \text{zul}\, \sigma_\text{D}}{N}} \tag{118.4}$$

liest man aus einer Tafel [35] den zugehörigen ω-Wert ab und erhält

$$\text{erf}\, A \approx \omega \cdot N/\text{zul}\, \sigma_\text{D} \tag{118.5}$$

Abschließend ist stets der Nachweis nach Gl. (117.1) zu führen.

An Stellen mit großer Querschnittsschwächung muß neben dem Stabilitätsnachweis auch der allgemeine Spannungsnachweis erbracht werden (**171.**1).

Das in Abschn. 5.2.1 beschriebene zukünftige Nachweisverfahren für Druckstäbe sieht folgenden Rechnungsgang vor:

Mit dem Schlankheitsgrad λ nach Gl. (117.2) wird der bezogene Schlankheitsgrad

$$\bar\lambda = \lambda/\lambda_\text{S} \quad \text{mit} \quad 0,2 \le \bar\lambda \le 3,0 \tag{118.6}$$

berechnet. Der Bezugsschlankheitsgrad

$$\lambda_\text{S} = \pi \sqrt{E/\beta_\text{S}} \tag{118.7}$$

nimmt für St 37 den Wert $\lambda_\text{S} = 92,93$ und für St 52 den Wert $\lambda_\text{S} = 75,88$ an. In Abhängigkeit von $\bar\lambda$ und von der dem Querschnittstyp zugeordneten Knickspannungslinie a bis d entnimmt man einer Tafel der Vorschrift den Abminderungsfaktor $æ$. Der Nachweis ausreichender Tragfähigkeit des Druckstabes lautet damit

$$\gamma_\text{K} \cdot N \le æ \cdot N_\text{pl} = æ \cdot A \cdot \beta_\text{S} \tag{118.8}$$

Der Sicherheitsbeiwert γ_K ist für die Lastfälle H und HZ vorgeschrieben.

α hat etwa die Bedeutung einer reziproken ω-Zahl. Die Tabellenwerte lassen sich näherungsweise durch folgende Formeln erfassen:

$$\varkappa = \beta - \sqrt{\beta^2 - 1/\bar{\lambda}^2} \qquad (119.1)$$

mit $\quad \beta = \dfrac{1 + \alpha\,(\bar{\lambda} - 0,2) + \bar{\lambda}^2}{2\,\bar{\lambda}^2} \quad$ und

Knickspannungslinie	a	b	c	d
α	0,21	0,34	0,49	0,76

Biegedrillknicken

Bei dünnwandigen, offenen, einfachsymmetrischen Querschnitten wird, besonders bei kleinen Knicklängen, statt des Biegeknicknachweises der Biegedrillknicknachweis gemäß DIN 4114, Ri 7.5 maßgebend. Beim Ausknicken wird der Stab dabei nicht nur seitlich aus der Symmetrieebene verbogen, sondern zugleich auch verdrillt. Zum Nachweis dient wieder Gl. (117.1), doch wird ω jetzt einem ideellen Schlankheitsgrad λ_{Vi} zugeordnet; der Rechnungsgang wird im Beispiel 2 durchgeführt.

Ein Einzelwinkel (**115.**1c) ist auf Biegedrillknicken zu untersuchen, sofern $\lambda_\zeta = \dfrac{s_K}{i_\zeta} \lesssim 5,03 \cdot \dfrac{b}{t}$ ist; der ideelle Schlankheitsgrad kann näherungsweise mit b = Schenkelbreite, t = Schenkeldicke und s = Knicklänge in cm berechnet werden zu

$$\lambda_{Vi} \approx \frac{5,06\,b/t}{\sqrt{1 + 3,53\,(b/s)^2}} \qquad (119.2)$$

Die Größe von λ_{Vi} wird wesentlich von den Profilabmessungen beeinflußt, ist aber bei normalen Stablängen fast unabhängig von der Knicklänge s.

Dünnwandige Teile von Druckstäben

Ein Druckstab darf nicht durch Ausbeulen dünner Wandteile versagen, bevor seine Knicklast erreicht ist. Für unversteifte Teil- und Gesamtfelder in planmäßig mittig gedrückten Stäben sind in der DASt-Richtlinie 012 größte Breiten-Dicken-Verhältnisse max b/t angegeben [35]; werden sie überschritten, muß zusätzlich der Beulsicherheitsnachweis erbracht werden. Für Plattenstreifen mit gelenkig gelagerten Längsrändern, wie z. B. bei Trägerstegen (**119.**1a), ist

$$\text{max } b/t = 0,605\,(0,1\,\lambda + 0,68\,\lambda_S) \qquad (119.3)$$

und für Plattenstreifen mit einem gelenkig gelagerten und einem freien Längsrand, wie z. B. bei Trägerflanschen (**119.**1b), ist

$$\text{max } b/t = 0,198\,(0,1\,\lambda + 0,68\,\lambda_S). \qquad (119.4)$$

Hierin sind einzusetzen λ des Druckstabes n. Gl. (117.2) mit $\lambda \geqq 20$ und λ_S n. Gl. (118.7).

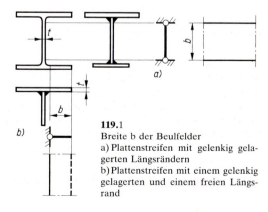

119.1
Breite b der Beulfelder
a) Plattenstreifen mit gelenkig gelagerten Längsrändern
b) Plattenstreifen mit einem gelenkig gelagerten und einem freien Längsrand

Eine elastische Einspannung der Längsränder darf in Rechnung gestellt werden (z.B. bei Kastenquerschnitten); in diesem Fall ist ein Beulsicherheitsnachweis unter Berücksichtigung der Gesamtstabilität der zusammenwirkenden Teile zu führen.

Während man bei den dünnwandigen Querschnitten des Stahlleichtbaus die erforderliche Beulsicherheit oft durch Umbördeln der Profilkanten herstellen muß (**11.**2), sind bei Walzprofilen die Mindestwanddicken in der Regel vorhanden. Lediglich bei halbierten Breitflanschträgern größerer Höhe und bei praktisch allen halbierten IPE-Profilen entspricht der frei abstehende Steg nicht immer der o.a. Vorschrift, so daß der Druckstab auf Knicken nicht voll ausgenutzt werden kann und ein Beulsicherheitsnachweis geführt werden muß.

Bei R u n d r o h r e n muß die Bedingung

$$\frac{t}{r_\mathrm{m}} \geqq \frac{25\,\beta_\mathrm{S}}{E} \quad \text{mit} \quad r_\mathrm{m} = \frac{r_\mathrm{a} + r_\mathrm{i}}{2} \tag{120.1}$$

erfüllt sein. Andernfalls muß der Beulsicherheitsnachweis nach DASt-Richtlinie 013 geführt werden.

Beispiel 1: Für die Druckdiagonale eines geschweißten Fachwerks mit $N_\mathrm{H} = -72$ kN und mit den Knicklängen $s_\mathrm{Kz} = 1,82$ m, $s_\mathrm{Ky} = 1,96$ m ist ein einfacher Winkel vorgesehen (**95.**2).

Vorschätzung des Querschnitts nach den Gl. (118.1 und 2):

$$\text{erf } A = 72/10 = 7,2 \text{ cm}^2 \qquad \text{erf } I_\zeta = 0,121 \cdot 72 \cdot 1,82^2 = 28,9 \text{ cm}^4$$

$$\text{erf } I_\eta = 0,121 \cdot 72 \cdot 1,96^2 = 33,5 \text{ cm}^4$$

Der gleichschenklige Winkel 80×8 erfüllt mit $A = 12,3$ cm^2, $I_\zeta = 29,6$ cm^4 und $I_\eta = 115$ cm^4 die drei obigen Bedingungen. $i_\zeta = 1,55$ cm, $i_\eta = 3,06$ cm.

Stabilitätsnachweis: $\lambda_\eta = 196/3,06 = 64 \qquad \lambda_\zeta = 182/1,55 = 117$ (maßgebend)

$$\omega \cdot N/A = 2,31 \cdot 72/12,3 = 13,5 < 14 \text{ kN/cm}^2$$

Biegedrillknicken ist nicht maßgebend, weil

$$\lambda_\zeta = 117 > 5,03 \cdot \frac{b}{t} = 5,03 \cdot \frac{80}{8} = 50,3$$

An dieser Stelle sei darauf hingewiesen, daß die Bemessung eines Querschnitts nicht in die statische Berechnung hineingehört, sondern nur der Nachweis, daß das gewählte Profil über ausreichende Tragfähigkeit verfügt.

Es soll noch der Nachweis ausreichender Tragfähigkeit nach den neuen Berechnungsvorschriften gezeigt werden. Mit dem bereits oben berechneten $\lambda = 117$ liefern die Gln. (118.6 und 7)

$$\bar{\lambda} = \lambda/\lambda_\mathrm{S} = 117/92,93 = 1,26.$$

Zu der für Einzelwinkel maßgebenden Knickspannungslinie c erhält man mit $\alpha = 0,49$ und

$$\beta = \frac{1 + 0,49\,(1,26 - 0,2) + 1,26^2}{2 \cdot 1,26^2} = 0,9785$$

aus Gl. (119.1): $\varkappa = 0,9785 - \sqrt{0,9785^2 - 1/1,26^2} = 0,406$

Tragsicherheitsnachweis n. Gl. (118.8) mit $\gamma_\mathrm{H} = 1,5$:

$$1,5 \cdot 72 \leqq 0,406 \cdot 12,3 \cdot 24 \qquad\qquad 108 \text{ kN} < 120 \text{ kN}$$

Beispiel 2 (121.1): Für den Obergut eines geschweißten Fachwerks aus $\frac{1}{2}$ I PEo 240 − St 37 ist für die Stabkraft $N_H = -240$ kN bei den Knicklängen $s_{Kz} = s_{Ky} = 1,40$ m der Stabilitätsnachweis zu führen. Profilkenngrößen s. [35].

Biegeknicknachweis

$$\lambda_z = \frac{140}{2,74} = 51 \qquad \omega = 1,22$$

$$\frac{\omega \cdot N}{A} = \frac{1,22 \cdot 240}{21,9} = 13,37 < 14 \text{ kN/cm}^2$$

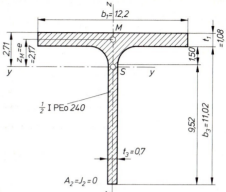

121.1
Druckstabquerschnitt zum Beispiel. Maße in cm

Nachweis auf Biegedrillknicken nach DIN 4114, Ri 7.5

Kennwert für Verwölbung $\quad \beta_0 = 1$
Einspannungswert für Biegung $\quad \beta = 1$ $\Bigg\}$ Gabellagerung; $s_0 = s = s_K = 140$ cm

Wölbwiderstand: $\qquad C_M = \dfrac{I_1 \cdot I_2 \cdot h_2}{I_1 + I_2} = 0$ (wegen $I_2 = 0$)

Torsionsflächenmoment 2. Grades:

$$I_T = \frac{1}{3} \Sigma b_i \cdot t_i^3 = \frac{1}{3}(12,2 \cdot 1,08^3 + 11,02 \cdot 0,7^3) = 6,38 \text{ cm}^4$$

bzw. genauer bei Berücksichtigung der Profilausrundungen nach [35]: $I_T = 8,60$ cm^4
Drehradius des Querschnittes

$$c = \sqrt{\frac{C_M (\beta \cdot s)^2/(\beta_0 \cdot s_0)^2 + 0,039 (\beta \cdot s)^2 \cdot I_T}{I_z}} \qquad c^2 = \frac{0,039 \cdot 140^2 \cdot 8,60}{164} = 40,1 \text{ cm}^2$$

Auf den Schwerpunkt S bezogene Ordinate des Schubmittelpunktes M

$$z_M = \frac{1}{I_z}[e \cdot I_1 - (h-e) I_2] \qquad z_M = e = 2,71 - \frac{1,08}{2} = 2,17 \text{ cm}$$

Polarer Trägheitsradius

$$i_p = \sqrt{i_y^2 + i_z^2} \text{ (auf den Schwerpunkt bezogen); } i_p^2 = 3,44^2 + 2,74^2 = 19,34 \text{ cm}^2$$

$$i_M = \sqrt{i_p^2 + z_M^2} \text{ (auf den Schubmittelpunkt bezogen); } i_M^2 = 19,34 + 2,17^2 = 24,05 \text{ cm}^2$$

$$\lambda_{Vi} = \frac{\beta \cdot s}{i_z} \sqrt{\frac{c^2 + i_M^2}{2 c^2} \left\{ 1 + \sqrt{1 - \frac{4 c^2[i_p^2 + 0,093 (\beta^2/\beta_0^2 - 1) z_M^2]}{(c^2 + i_M^2)^2}} \right\}}$$

$$\lambda_{Vi} = \frac{1 \cdot 140}{2,74} \sqrt{\frac{40,1 + 24,05}{2 \cdot 40,1} \left\{ 1 + \sqrt{1 - \frac{4 \cdot 40,1 \cdot 19,34}{(40,1 + 24,05)^2}} \right\}} = 55,9 > \lambda_z$$

$$\omega = 1,26 \qquad \frac{1,26 \cdot 240}{21,9} = 13,8 < 14 \text{ kN/cm}^2$$

Nachweis ausreichender Stegdicke nach Gl. (119.4):
$b/t = 9,52/0,7 = 13,60 < \max b/t = 0,198 \ (0,1 \cdot 55,9 + 0,68 \cdot 92,93) = 13,62$

5.2.3   Mehrteilige Druckstäbe mit mittiger Belastung und unveränderlichem Querschnitt

Bei mehrteiligen Stäben sind die Einzelteile des Querschnitts innerhalb der Stablänge nicht kontinuierlich, sondern nur an einzelnen Punkten durch Bindebleche oder Vergitterung miteinander verbunden.

5.2.3.1   Berechnung des Querschnitts

Zur Bemessung können die im Abschn. 5.2.2 beschriebenen Möglichkeiten herangezogen werden. Der Stabilitätsnachweis ist für die drei Stabgruppen, in die die Querschnittsformen nach DIN 4114 eingeteilt sind, unterschiedlich geregelt.

Stabgruppe I − Querschnitte mit mindestens einer Stoffachse (**122**.1 und 2)
Beim Ausknicken senkrecht zur Stoff-(y-)Achse erfolgt der Nachweis wie für einen einteiligen Stab:

$$\omega_y \cdot N/A \leqq \text{zul } \sigma_D \qquad\qquad (122.1)$$

Darin ist ω_y nach dem Schlankheitsgrad $\lambda_y = s_{Ky}/i_y$ der ω-Tabelle [35] zu entnehmen.

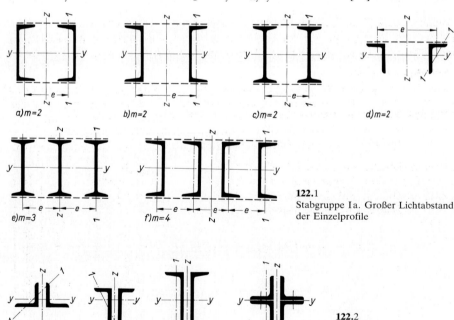

a)m=2   b)m=2   c)m=2   d)m=2

e)m=3   f)m=4

122.1
Stabgruppe Ia. Großer Lichtabstand der Einzelprofile

a)   b)   c)   d)

122.2
Stabgruppe Ib. Kleiner Lichtabstand der Einzelprofile

Beim Knicken senkrecht zur stofffreien z-Achse wird zur Erfassung der verminderten Schubsteifigkeit des Stabes der ideelle Schlankheitsgrad berechnet:

$$\lambda_{zi} = \sqrt{\lambda_z^2 + \frac{m}{2}\,\lambda_1^2} \tag{123.1}$$

Hierin ist $\lambda_z = s_{Kz}/i_z$ der Schlankheitsgrad des Gesamtstabes um die z-Achse und $m =$ Anzahl der Einzelstäbe. Für die Hilfsgröße λ_1 ist bei Rahmenstäben (**128.**1a) $\lambda_1 = s_1/i_1$ einzusetzen mit $s_1 \leqq s_{Kz}/3$ und $i_1 =$ kleinster Trägheitsradius des Einzelstabes. Bei Gitterstäben (**128.**1b) ist

$$\lambda_1 = \pi\sqrt{\frac{A \cdot d^3}{z \cdot A_D \cdot s_1 \cdot e^2}} \text{ mit } z = \text{Anzahl der parallelen Querverbände.}$$

Für λ_{zi} liefert die ω-Tafel ω_{zi}:

$$\omega_{zi} \cdot N/A \leqq \text{zul } \sigma_D \tag{123.2}$$

Gleichzeitig muß die Feldweite s_1 des Einzelstabes folgender Bedingung genügen: im Hochbau

$$\frac{s_1}{i_1} \leqq \frac{\lambda_y}{2}\left(4 - 3 \cdot \frac{\omega_{zi} \cdot N}{A \cdot \text{zul } \sigma_D}\right) \tag{123.3a}$$

bzw. im Brücken- und Kranbau

$$s_1/i_1 \leqq \lambda_y/2 \tag{123.3b}$$

Anstelle von $\lambda_y/2$ darf 50 geschrieben werden, wenn $\lambda_y/2 < 50$ ist.

Die Querschnitte **122.**2 und **123.**1 werden für leichtere Fachwerke, **122.**1a bis d für Fachwerke mit großen Stabkräften verwendet. Die Querschnitte nach Bild **122.**1 sind für Stützen üblich.

Stabgruppe II (123.1)

Zwei übereck gestellte Winkel brauchen nur auf Knickung um die Stoff-(y-) Achse nach Gl. (122.1) nachgewiesen zu werden. Dabei gilt allerdings für den Schlankheitsgrad des Einzelstabs abweichend von Gl. (123.3) die Forderung

$$s_1/i_1 \leqq 50 \tag{123.4}$$

Für ungleichschenklige Winkel (**123.**1b) können i_y und λ_y aus dem Trägheitshalbmesser i_0 des Gesamtquerschnitts, auf die zum langen Schenkel parallele Schwerachse $0-0$ bezogen, errechnet werden:

$$i_y \approx i_0/1{,}15 \qquad \lambda_y \approx 1{,}15\, s_K/i_0 \tag{123.5}$$

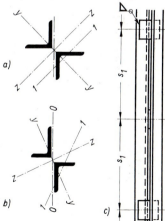

123.1
Stabgruppe II

Stabgruppe III – Querschnitte ohne Stoffachse (**124.**1)

Druckstäbe ohne Stoffachse werden um beide (y- und z-)Achsen wie die Stäbe der Gruppe I um die z-Achse nachgewiesen. Es gelten also

$$\lambda_{yi} = \sqrt{\lambda_y^2 + \frac{m'}{2}\lambda_{1y}^2} \qquad\qquad \lambda_{zi} = \sqrt{\lambda_z^2 + \frac{m}{2}\lambda_{1z}^2} \qquad (124.1)$$

$$\omega_{yi} \cdot N/A \leqq \text{zul } \sigma_D \qquad\qquad \omega_{zi} \cdot N/A \leqq \text{zul } \sigma_D \qquad (124.2)$$

Für die **Feldweite** s_1 der Einzelstäbe gilt im Hochbau

$$\frac{s_{1y}}{i_1} \leqq 50\left(4 - 3\,\frac{\omega_{yi} \cdot N}{A \cdot \text{zul } \sigma}\right) \quad\text{und}\quad \frac{s_{1z}}{i_1} \leqq 50\left(4 - 3\,\frac{\omega_{zi} \cdot N}{A \cdot \text{zul } \sigma}\right) \qquad (124.3)$$

bzw. im Brücken- und Kranbau

$$s_{1y}/i_1 \leqq 50 \quad\text{und}\quad s_{1z}/i_1 \leqq 50 \qquad\qquad\qquad\qquad (124.4)$$

Querschnitte der Gruppe III werden insbesondere für Gittermaste verwendet.

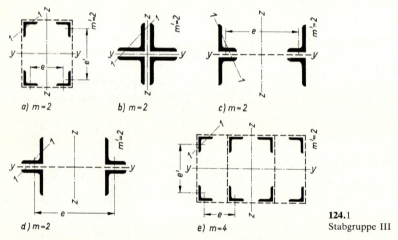

a) m=2   b) m=2   c) m=2

d) m=2   e) m=4

124.1
Stabgruppe III

Beispiel 1 (**124.**2): Ein Fachwerkstab mit der Druckkraft $N = -125$ kN, Lastfall H, ist aus 2 gleichschenkligen Winkeln (⌐⌐) in St 37 herzustellen; Knicklänge $s_K = 3,92$ m, Knotenblech 12 mm dick. Es werden 2 Bindebleche zwischen den Endbindeblechen angeordnet. Bemessung nach Gl. (118.1 und 2):

$$\text{erf } A \approx 125/9 = 13,9 \text{ cm}^2 \qquad \text{erf } I_y = \text{erf } I_z \approx 0,121 \cdot 125 \cdot 3,92^2 = 232 \text{ cm}^4$$

Gewählt: ⌐⌐ 90×9 mit $A = 31,0$ cm^2 $I_y = 2 \cdot 116 = 232$ cm^4
$$i_y = 2,74 \text{ cm} \quad i_1 = 1,76 \text{ cm}$$

124.2
Knickstab-Querschnitt zum Beispiel 1

Nachweis um die y-Achse

$$\lambda_y = \frac{392}{2,74} = 143 \qquad \omega_y = 3,45 \qquad \frac{\omega_y \cdot N}{A} = \frac{3,45 \cdot 125}{31,0} = 13,9 < 14 \text{ kN/cm}^2$$

Nachweis um die z-Achse

$$I_z = 2 \cdot 116 + 31,0 \, (2,54 + 1,2/2)^2 = 538 \text{ cm}^4 \qquad i_z = \sqrt{538/31,0} = 4,17 \text{ cm}$$

$$s_1 = \frac{s_K}{3} = 130,7 \text{ cm} \qquad \frac{s_1}{i_1} = \lambda_1 = \frac{130,7}{1,76} = 74,3$$

$$\lambda_{zi} = \sqrt{94,1^2 + \frac{2}{2} \cdot 74,3^2} = 120 \qquad \omega_{zi} = 2,43$$

$$\frac{\omega_{zi} \cdot N}{A} = \frac{2,43 \cdot 125}{31,0} = 9,8 < 14 \text{ kN/cm}^2$$

Es ist ersichtlich, daß sich bei gleichschenkligen Winkeln mit $s_{Ky} = s_{Kz}$ der Nachweis des Stabes um die z-Achse erübrigt, da immer die Knickung um die Stoffachse maßgebend ist.
Bedingung für den Bindeblechabstand s_1:

$$\frac{s_1}{i_1} = 74,3 < \frac{143}{2} \left(4 - 3 \cdot \frac{2,43 \cdot 125}{31,0 \cdot 14} \right) = 136 \qquad \text{[s. Gl. (123.3)]}$$

Die Bedingung für den Hochbau ist erfüllt, nicht jedoch mit $s_1/i_1 = 74,3 > \lambda_y/2 = 71,5$ (!) für den Kran- und Brückenbau; hier müßten mindestens 3 Bindebleche vorgesehen werden.

Beispiel 2 (125.1 und 2): Für die Gitterstütze aus St 37 sind für die Druckkraft $N = 900$ kN im Lastfall H die zweckmäßigen Abmessungen zu wählen und die Stabilitätsnachweise zu führen.

Wahl der Abmessungen: $\qquad e \approx s_K/25 = 1500/25 = 60 \text{ cm}$

$$A \approx N/11 = 900/11 = 81,8 \text{ cm}^2$$

Für die Eckwinkel gewählt L 110 × 10: $A_g = 21,2 \text{ cm}^2$

$$I_y = 239 \text{ cm}^4 \qquad i_\xi = 2,16 \text{ cm} \qquad A = 4 \cdot 21,2 = 84,8 \text{ cm}^2$$

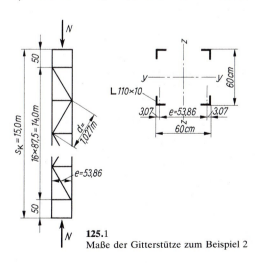

125.1
Maße der Gitterstütze zum Beispiel 2

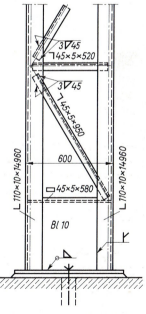

125.2 Gitterstütze aus 4 Winkelstählen

Mit den gewählten Maßen (**125**.1) kann man für eine Diagonale das notwendige Trägheitsmoment schätzen zu

$$\text{erf } I_\zeta \approx \frac{A \cdot d^3}{474\,000\, z \cdot e} = \frac{84{,}8 \cdot 102{,}7^3}{474\,000 \cdot 2 \cdot 53{,}86} = 1{,}80 \text{ cm}^4$$

Es wird für die Diagonale gewählt L 45 × 5: $A = 4{,}3$ cm^2 $i_\zeta = 0{,}87$ cm

Nachweis des Gesamtstabes:

$$I_y = 4 \cdot 239 + 84{,}8\,(53{,}86/2)^2 = 62\,460 \text{ cm}^4 \qquad i_y = \sqrt{62\,460/84{,}8} = 27{,}1 \text{ cm}$$

$$\lambda_y = 1500/27{,}1 = 55{,}4$$

Für Gitterstäbe ist

$$\lambda_1 = \pi \sqrt{\frac{84{,}8 \cdot 102{,}7^3}{2 \cdot 4{,}3 \cdot 87{,}5 \cdot 53{,}86^2}} = 20{,}4$$

$$\lambda_{yi} = \sqrt{55{,}4^2 + 20{,}4^2} = 59 \qquad \omega_{yi} = 1{,}29$$

$$\frac{\omega_{yi} \cdot N}{A} = \frac{1{,}29 \cdot 900}{84{,}8} = 13{,}69 < 14 \text{ kN/cm}^2$$

Gurtstäbe: $s_1/i_1 = 87{,}5/2{,}16 = 40{,}5 < 50$ und $< \lambda_{yi} = 59$

Diagonalen:

Nach Gl. (128.1): $Q_i = 1{,}29 \cdot 900/80 = 14{,}51$ kN

n. Gl. (128.2): $D = \pm \dfrac{14{,}51 \cdot 102{,}7}{2 \cdot 53{,}86} = 13{,}84$ kN

Beim Nachweis der Füllstäbe aus Einzelwinkeln für Gittermaste darf der außermittige Anschluß unberücksichtigt bleiben, wenn als Schlankheitsgrad $\lambda = d/\text{min } i$ eingesetzt wird.

$$\lambda = 102{,}7/0{,}87 = 118 \qquad \omega \cdot D/A = 2{,}35 \cdot 13{,}84/4{,}3 = 7{,}56 < 14 \text{ kN/cm}^2$$

Ein weiteres Beispiel s. Abschn. 5.2.3.2.

Entsprechend dem Entwurf der Norm für das Knicken von Stäben und Stabwerken (DIN 18800 Teil 2) wird zukünftig bei mittiger Belastung der Nachweis für die Stoffachse mit dem Schlankheitsgrad $\lambda_y = s_{Ky}/i_y$ in gleicher Weise geführt, wie es im Abschnitt 5.2.2 für einteilige Stäbe beschrieben wurde.

Beim Knicken um die stofffreie Achse darf der mehrteilige Stab zunächst wie ein schubnachgiebiger Vollstab unter Bemessungslasten nach Theorie II. Ordnung behandelt werden. Die hierbei einzusetzende Schubsteifigkeit S^* des Stabes ist als Reziprokwert der Gleitung γ des Stabes infolge der Querkraft $Q = 1$ definiert. Aus den Schnittgrößen des Gesamtstabes sind dann die Schnittgrößen der Einzelglieder zu berechnen und für diese die Spannungs- und Stabilitätsnachweise zu führen. Daraus ergibt sich folgender Rechnungsgang (**127**.1):

Der im Einbauzustand mit dem Pfeil w_o spannungslos vorgekrümmte Stab erhält infolge der Bemessungslast (= γ-fache Gebrauchslast!) Biegemomente, die zu einer elastischen Formänderung mit dem zusätzlichen Biegepfeil f führen. Das endgültige Biegemoment $M_z = N\,(w_o + f)$ läßt sich in geschlossener Form berechnen zu

$$M_z = \frac{N \cdot w_o}{1 - N/N_{Ki}} \quad \text{mit} \quad N_{Ki} = \frac{1}{\dfrac{l^2}{\pi^2 \cdot E \cdot I_z^*} + \dfrac{1}{S_z^*}} \tag{126.1}$$

I_z^* ist der Rechenwert für das Flächenmoment 2. Grades für den Gesamtquerschnitt um die stofffreie Achse. Für den 2teiligen Stab ist

$$I_z^* = 0,5 \, A_g \cdot e^2 + \eta \cdot 2 I_{z,g}$$

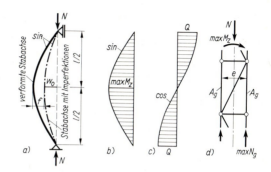

127.1
Beanspruchungen des als schubnachgiebiger Vollstab behandelten zweiteiligen Druckstabes
a) Verformungen der Stabachse infolge der Druckkraft N
b) Biegemomente und
c) Querkräfte des Stabes
d) Größte Druckkraft max N_g in einem Gurtstab des zweiteiligen Stabes

Der Korrekturbeiwert η ist bei Gitterstäben $\eta = 0$.
Bei Rahmenstäben ist $\eta = 1$ für $0 \leq \lambda_z < 75$, $\eta = 2 - \lambda_z/75$ für $75 \leq \lambda_z < 150$ und $\eta = 0$ für $\lambda_z \geq 150$.
$I_{z,g}$ ist das Flächenmoment 2. Grades eines Gurtes bezüglich seiner z-Achse.
S_z^* ist die wirksame Schubsteifigkeit des Ersatz-Vollstabes. Sie ist bei 2teiligen Stäben

$$S_z^* = \frac{2 \, \pi^2 \cdot E \cdot I_{z,g}}{s_1^2} \text{ für Rahmenstäbe und}$$

$$S_z^* = \frac{s_1 \cdot e^2 \cdot E \cdot A_D \cdot z}{d^3} \text{ für Gitterstäbe mit einem Fachwerksystem nach Bild (128.1b);}$$

z = Zahl der parallelen Querverbände.

Im meist beanspruchten Gurtstab erhält man die größte Längskraft

$$N_g = \frac{N}{n} + \frac{M_z \cdot A_g}{W_{z,g}^*} = \frac{N}{n} + \frac{M_z \cdot A_g \cdot e}{2 I_z^*} \tag{127.1}$$

Querkraft am Stabende: $Q = \dfrac{N \cdot \pi \cdot w_0}{l(1 - N/N_{Ki})}$ $\tag{127.2}$

Mit diesen Schnittgrößen sind für die als gelenkig gelagert anzusehenden Einzelglieder die Knicksicherheitsnachweise zu führen. Bei mittiger Belastung des frei drehbar gelagerten Gesamtstabes ist in der Regel für die Gurte das Mittelfeld, für die Bindebleche bzw. Diagonalen das Endfeld zu untersuchen. Der Schlankheitsgrad des Gurtes ist dabei $\lambda_1 = s_1/i_1$ mit $i_1 = \min i$.

5.2.3.2 Querverband (Bindebleche und Vergitterung)

Die Verbindung der Einzelstäbe erfolgt meistens durch Bindebleche (**128.**1a), bei größeren gegenseitigen Abständen e auch durch fachwerkartige Vergitterung (**128.**1b). Bei sehr großen Spreizungen empfiehlt sich der K-Verband (**128.**2). Vergitterung ist auch dann am Platze, wenn ein mehrteiliger Druckstab um die stofffreie Achse auf Biegung beansprucht wird.

Die Verbindungsglieder und ihre Anschlüsse sind für die Querkraft Q n. Gl. (127.2) zu bemessen (**127.**1c). Da jedoch bei der Berechnung des Druckstabes nach der derzeitigen Vorschrift Q nicht bekannt ist, darf statt dessen eine konstante **ideelle Querkraft** angesetzt werden:

$$\begin{aligned} Q_i &= \omega_{zi} \cdot N/80 &&\text{im Hochbau;}\\ Q_i &= A \cdot \text{zul } \sigma_D/80 &&\text{im Brücken- und Kranbau} \end{aligned} \qquad (128.1)$$

Wird der Abstand der Einzelstabachsen $e > 20i_1$, muß für **Rahmenstäbe** Q_i um

$5\left(\dfrac{e}{i_1} - 20\right)$ % erhöht werden.

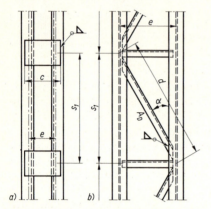

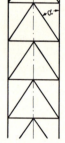

128.2
K-Verband für
große Stabspreizungen

128.1 Querverbände zweiteiliger Druckstäbe
a) Bindebleche (Rahmenstab)
b) Vergitterung (Gitterstab)

Mit Q bzw. Q_i errechnen sich bei der Vergitterung nach Bild **128.**1b die **Strebenkräfte** D zu

$$D = \pm \frac{Q_i}{z \cdot \sin \alpha} \qquad (128.2)$$

mit $z =$ Anzahl der parallel zueinander liegenden Querverbände, in der Regel also $z = 2$. Der Abstand der Einzelprofile ist hier nicht begrenzt. Der Winkel α wird zweckmäßig zwischen 45° und 30° gewählt.

Füllstäbe von **Gitterstützen** dürfen bei kleinen Kräften mit nur einer Paßschraube angeschlossen werden.

Bei **Rahmenstäben** verursacht die Querkraft Biegemomente in den Stäben und Bindeblechen, die entsprechend dem Querkraftverlauf (**127.**1c) an den Enden des Gesamtstabes am größten sind. Zur vereinfachten Berechnung dürfen bei 2teiligen Stäben Momentennullpunkte (Gelenke) in den Mitten der Stäbe und Bindebleche angenommen sowie die Querkraft Q_i je zur Hälfte auf die beiden Stiele verteilt werden (**129.**1). Sind mehr als 2 Gurte vorhanden, ist die Lage der Momentennullpunkte und die Verteilung von Q der Vorschrift zu entnehmen. Aus $\Sigma M = 0$ läßt sich die Schubkraft im Bindeblech zu $T = Q_i \cdot s_1/e$ berechnen. Ist, wie meist üblich, ein Bindeblechpaar vorhanden, wird somit jedes der einander gegenüberliegenden

Bindebleche durch die Schubkraft

$$T_1 = \frac{Q_i \cdot s_1}{2e} \qquad (129.1)$$

und, mit c = Abstand der Anschlußschwerpunkte, durch ein Moment beansprucht

$$M = \frac{T_1 \cdot c}{2} \qquad (129.2)$$

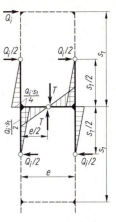

129.1
An einem vereinfachten statischen System berechnete Biegemomente des Rahmenstabes

Die Felderzahl der Rahmenstäbe muß $n \geqq 3$ sein (Bindebleche mindestens in den Drittelspunkten), weil eine Aussteifung nur in der Mitte praktisch unwirksam wäre. Die Lichtabstände der Bindebleche werden möglichst gleich groß gewählt; ihre Mittenabstände müssen den Bedingungen für s_1 nach Gl. (123.3, 123.4, 124.3) entsprechen.

Die Bindebleche werden nach der Berechnung, mindestens aber mit 2 Paßschrauben oder einer gleichwertigen Schweißnaht angeschlossen; Schrauben mit Lochspiel sind unzulässig. Anstelle von Bindeblechen dürfen bei Stäben der Gruppe Ib (**122**.2) auch Flachstahl-Futterstücke verwendet werden; bei Stäben der Gruppe II (**123**.1) können die Bindebleche abwechselnd im rechten Winkel versetzt oder gleichlaufend angeordnet werden. An den Enden sind bei Rahmen- und bei Gitterstäben Endbindebleche vorzusehen; sie erhalten mindestens 3 Anschlußschrauben bzw. gleichwertige Schweißnähte, wobei man praktisch gegenüber den normalen Bindeblechen die Nahtlänge oder Nahtdicke auf das 1,5fache vergrößert.
Die Bindebleche läßt man in der Regel nicht über die Profilkanten hinausragen. Ihre Breite wählt man im Hinblick auf den Spannungsnachweis im Anschlußquerschnitt zu $b \approx 0,8\cdots1,0 \cdot$ Profilhöhe, die Dicke muß mit Rücksicht auf die Beulgefährdung des Biegedruckrandes $t \geqq c/40 \geqq 8$ mm sein (**129**.2).

Beispiel 3: Eine 5,25 m hohe Stütze aus St 37 ist für 510 kN mittige Belastung nachzuweisen.
Gewählt: ⏐⏐ 180 im lichten Abstand von $a = 150$ mm (**129**.2).

Abstand der Bindebleche $\qquad s_1 = 980$ mm

Schwerpunktsabstand $\qquad\quad e = 150 + 2 \cdot 19,2$
$\qquad\qquad\qquad\qquad\qquad\quad = 188,4$ mm
$\qquad\qquad\qquad\qquad\qquad\quad \approx$ Profilhöhe h

$A = 56,0$ cm$^2 \qquad i_y = 6,95$ cm $\qquad i_{z1} = i_1 = 2,02$ cm

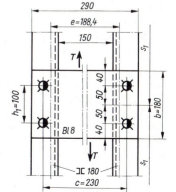

129.2
Mit Paßschrauben angeschlossenes Bindeblech

Nachweis um die y-Achse

$\lambda_y = 525/6,95 = 76$ $\omega = 1,49$ $\omega \cdot N/A = 1,49 \cdot 510/56,0 = 13,6 < 14\ \mathrm{kN/cm^2}$

Nachweis um die z-Achse

$i_z = \sqrt{(e/2)^2 + i_{z1}^2} = \sqrt{9,42^2 + 2,02^2} = 9,64\ \mathrm{cm}$ $\lambda_z = 525/9,64 = 54$ $\lambda_1 = 98/2,02 = 49 < 50$

$\lambda_{zi} = \sqrt{54^2 + 49^2} = 73 < \lambda_y = 76$ (nicht maßgebend) $\omega_{zi} = 1,45$

Nachweis der Bindebleche ($t = 8$ mm, $b = 180$ mm)

a) Anschluß mit Paßschrauben M 16 (**129.**2)

Abstand der Anschlußschwerpunkte: $c = 15,0 + 2 \cdot 4,0 = 23,0$ cm

$$Q_i = \frac{1,45 \cdot 510}{80} = 9,24\ \mathrm{kN} \qquad T_1 = \frac{9,24 \cdot 98}{2 \cdot 18,84} = 24,0\ \mathrm{kN}$$

$$M = 24,0 \cdot 23,0/2 = 276\ \mathrm{kNcm}$$

Spannungsnachweis für das Bindeblech im Anschlußquerschnitt:

$$W_n = \frac{389 - 1 \cdot 1,7 \cdot 0,8 \cdot 5,0^2}{9} = 39,4\ \mathrm{cm^3} \qquad \sigma = \frac{276}{39,4} = 7,0 < 14\ \mathrm{kN/cm^2}$$

Belastungen der Schrauben durch

lotrechte Kraft $Q_v = \dfrac{T_1}{n} = \dfrac{24,0}{2} = 12,0\ \mathrm{kN}$

waagrechte Kraft $Q_h = \dfrac{M}{h_1} = \dfrac{276}{10,0} = 27,6\ \mathrm{kN}$

größte Schraubenkraft max $Q_a = \sqrt{12,0^2 + 27,6^2} = 30,1\ \mathrm{kN} < \begin{cases} \text{zul } Q_{SL} = 31,8\ \mathrm{kN} \\ \text{zul } Q_l = 0,8 \cdot 54,4 = 43,5\ \mathrm{kN} \end{cases}$

b) Ausführung nach Bild **130.**1 mit aufgeschweißten Bindeblechen.
Kehlnahtdicke $a_w = 3$ mm

Es wird vereinfachend angenommen, daß die Schubkraft $T = T_1$ nur von der lotrechten Kehlnaht und das Anschlußmoment als Kräftepaar H nur von den waagrechten Kehlnähten aufzunehmen sind.

$$T_1 = 24,0\ \mathrm{kN} \qquad M = 24,0 \cdot 27,0/2 = 324\ \mathrm{kNcm}$$

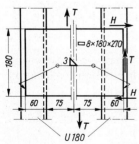

130.1 Aufgeschweißtes Bindeblech

Spannungsnachweis für das Bindeblech:

$$W = \frac{0,8 \cdot 18,0^2}{6} = 43,2\ \mathrm{cm^3}$$

$$\sigma = \frac{324}{43,2} = 7,5 < 14\ \mathrm{kN/cm^2}$$

Beanspruchung der lotrechten Kehlnaht durch T_1:

$$\tau_{\|} = \frac{24,0}{0,3 \cdot 18,0} = 4,44 < 13,5\ \mathrm{kN/cm^2}$$

Beanspruchung der waagrechten Kehlnähte durch H:

$$H = \frac{M}{h} = \frac{324}{18,0} = 18,0\ \mathrm{kN} \qquad \tau_{\|} = \frac{18,0}{0,3 \cdot 6,0} = 10,0 < 13,5\ \mathrm{kN/cm^2}$$

Eine andere Ausführungsmöglichkeit für den Bindeblechanschluß zeigt Bild **131**.1.

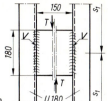

131.1
Zwischen die Einzelstäbe geschweißtes Bindeblech

5.2.4 Druckstäbe mit Biegebeanspruchung

Druckstäbe erhalten Biegebeanspruchung, wenn die Druckkraft an einem planmäßigen Hebelarm angreift (ausmittiger Anschluß) oder wenn der Stab neben der Druckkraft noch eine Querbelastung trägt, die Biegemomente verursacht (**132.**1). Für solche Stäbe ist zunächst der allgemeine Spannungsnachweis und anschließend die Knickuntersuchung für Knickung in der Momentenebene durchzuführen. Weiterhin ist der Stab auf Ausknicken rechtwinklig zur Momentenebene zu untersuchen, wobei für Stäbe mit offenen Querschnitten ggf. noch der Biegedrill-Knicknachweis nach DIN 4114, Ri 10.2 hinzukommt.

Biegeknicken

Erfolgt die Biegung um eine Querschnittshauptachse, so ist für Knickung in der Momentenebene folgender Nachweis zu führen:

$$\omega \left| \frac{N}{A} \right| + 0{,}9 \left| \frac{M}{W_D} \right| \leqq \text{zul } \sigma_D \qquad (131.1)$$

Für Stabquerschnitte, bei denen der Schwerpunkt dem Biegedruckrand näher liegt (**131.**2c), muß außer Gl. (131.1) die weitere Bedingung erfüllt sein:

$$\omega \left| \frac{N}{A} \right| + \frac{300 + 2\lambda}{1000} \left| \frac{M}{W_Z} \right| \leqq \text{zul } \sigma_D \qquad (131.2)$$

131.2
Mögliche Lage des Querschnittsschwerpunktes zum Biegedruck- bzw. Biegezugrand

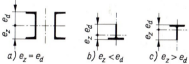

a) $e_z = e_d$ b) $e_z < e_d$ c) $e_z > e_d$

W_D und W_Z sind die Widerstandsmomente des unverschwächten Querschnitts, bezogen auf den Biegedruck- bzw. -zugrand; λ und ω sind Schlankheitsgrad und Knickzahl des Stabes für Knickung in der Momentenebene.

Für M ist max M einzusetzen (**132.**1c). Tritt max M an einem Stabende auf und sind beide Stabenden in Richtung der Ausbiegung unverschieblich festgehalten, darf M entsprechend Bild **132.**1a oder b eingeführt werden.

Knicken rechtwinklig zur Momentenebene ist mit Gl. (117.1), also ohne Biegemoment M, nachzuweisen.

Bei Doppelbiegung ist ω auf die Minimumachse zu beziehen, und an Stelle von M/W_D bzw. M/W_Z sind max σ_{BD} bzw. max σ_{BZ} einzusetzen. Weitere Vorschriften für besondere Fälle s. DIN 4114, 10.

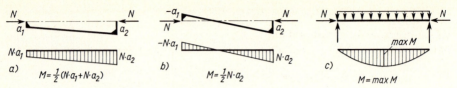

132.1 Maßgebendes Moment M bei der Knickuntersuchung für Ausknicken in der Momentenebene bei unverschieblich gehaltenen Stabenden

An Stelle der Näherungsberechnung mit den Gl. (131.1 und 2) darf ein Tragsicherheitsnachweis nach der Spannungstheorie II. Ordnung gemäß DIN 4114, Ri 10.2 geführt werden. Hierfür sind die Lasten mit dem Sicherheitsbeiwert γ zu multiplizieren ($\gamma_H = 1{,}71$, $\gamma_{HZ} = 1{,}5$); unter Berücksichtigung der Tragwerksverformungen darf an keiner Stelle die Spannung β_S überschritten werden. − Die auf Grund der neuen Vorschriften nach der Elastizitätstheorie durchzuführende Berechnung, die in Abschn. 5.2.1 beschrieben wurde, stimmt damit weitgehend überein, jedoch sind zusätzlich, bei allerdings kleinerem Sicherheitsbeiwert γ, von der Profilform abhängige Imperfektionen anzunehmen. Bei unverschieblich gelagerten Stabwerken ist eine sinus- oder parabelförmige Krümmung der Stabachse mit dem Pfeil $w_o = f(l)$ vorgeschrieben. Bei verschieblichen Systemen ist eine Schiefstellung unter dem Winkel ψ_o anzunehmen; ist die Stabkennzahl $\varepsilon = l \sqrt{N/EI} > 1{,}6$, ist außerdem die Vorkrümmung anzusetzen.

Biegedrillknicken

Es muß sein

$$\omega \cdot N/A \lesseqgtr \text{zul } \sigma_D.$$

ω ist einem ideellen Schlankheitsgrad λ_{Vi} zugeordnet:

$$\lambda_{Vi} = \frac{\beta \cdot s}{i_z} \sqrt{\frac{c^2 + i_M^2 + a(r_y - 2z_M)}{2\,c^2} \left\{ 1 + \sqrt{1 - \frac{4\,c^2[i_p^2 + a(r_y - a) + 0{,}093\,(\beta^2/\beta_0^2 - 1)\,(a - z_M)^2]}{[(c^2 + i_M^2 + a(r_y - 2z_M)]^2}} \right\}}$$

$$(132.1)$$

$a = M/N$ ist die Entfernung des Kraftangriffspunktes vom Schwerpunkt, und r_y ist ein Querschnittswert [35], der für punkt- und doppelsymmetrische Querschnitte $r_y = 0$ ist. Die übrigen Formelzeichen stimmen überein mit den Angaben im Beispiel 2 des Abschnitts 5.2.2.

Beispiel 1 (**132**.2): Die eingespannte Stütze IPB 400−St 37 trägt im Lastfall HZ die Lasten $F = 400$ kN und $H = 50$ kN.

Das größte Biegemoment tritt an der Einspannstelle auf: max $M = 50 \cdot 6{,}90 = 345$ kNm

Allgemeiner Spannungsnachweis

$$\sigma_D = \left| \frac{N}{A} \pm \frac{\max M}{W} \right| = \left| \frac{-400}{198} \pm \frac{34500}{2880} \right| = \left| -2{,}02 \pm 11{,}98 \right| = 14{,}0 < 18 \text{ kN/cm}^2$$

132.2
Eingespannte Stütze mit Horizontallast
a) Ansicht   b) Seitenansicht

a) Stabilitätsnachweis nach DIN 4114

Knicken in der Momentenebene

Für die am unteren Ende eingespannte, am oberen Ende freie Stütze ist die Knicklänge

$$s_{Ky} = 2h = 2 \cdot 690 = 1380 \text{ cm} \qquad \lambda_y = \frac{s_{Ky}}{i_y} = \frac{1380}{17,1} = 81 \qquad \omega = 1,56$$

Weil das obere Ende nicht unverschieblich gehalten ist, ist die Abminderung des Biegemomentes nach Bild **132.**1a und b nicht zulässig. Es muß in Gl. (131.1) $M = \max M$ gesetzt werden:

$$1,56 \cdot 2,02 + 0,9 \cdot 11,98 = 3,15 + 10,78 = 13,93 < 16 \text{ kN/cm}^2$$

Knicken senkrecht zur Momentenebene (132.2b)

Bei der üblichen Durchbildung des eingespannten Stützenfußes (**154.**1) kann mit einer Einspannung quer zur Momentenebene nicht gerechnet werden. Das obere Stützenende ist durch Längsriegel im Zusammenwirken mit Verbänden unverschieblich gehalten und gegen Verdrehen gesichert.

$$s_{Kz} = h = 690 \text{ cm} \qquad \lambda_z = \frac{690}{7,40} = 93 \qquad \omega = 1,76$$

Gl. (117.1): $1,76 \cdot 2,02 = 3,56 < 14 \text{ kN/cm}^2$ (Lastfall H)

Biegedrillknicken

Auf der sicheren Seite liegend wird für die Stütze beiderseits Gabellagerung angenommen:

$$\beta = \beta_o = 1 \qquad s = s_o = 690 \text{ cm} \qquad a = 34500/400 = 86,3 \text{ cm}$$

$$I_z = 10820 \text{ cm}^4 \quad I_T = 357 \text{ cm}^4 \qquad C_M = 3817000 \text{ cm}^6$$

$$i_y = 17,1 \text{ cm} \quad i_z = 7,40 \text{ cm} \qquad i_M^2 = i_p^2 = 17,1^2 + 7,40^2 = 347,2 \text{ cm}^2$$

$$z_M = 0 \qquad r_y = 0 \qquad c^2 = \frac{3817000 \cdot 1 + 0,039 \cdot (1 \cdot 690)^2 \cdot 357}{10820} = 965,4$$

$$\lambda_{Vi} = \frac{1 \cdot 690}{7,40} \sqrt{\frac{965,4 + 347,2 + 0}{2 \cdot 965,4} \left\{ 1 \pm \sqrt{1 - \frac{4 \cdot 965,4 [347,2 - 86,3^2 + 0]}{[965,4 + 347,2 + 0]^2}} \right\}} = 173,8 < 250$$

$$\omega = 5,11 \qquad 5,11 \cdot 400/198 = 10,32 < 16 \text{ kN/cm}^2$$

b) Tragsicherheitsnachweis nach der Elastizitätstheorie

Die Berechnung wird zum Vergleich mit dem Nachweis für Knicken in der Momentenebene durchgeführt.

Die mit dem Sicherheitsbeiwert $\gamma_{HZ} = 1,3$ multiplizierten Gebrauchslasten F und H wirken auf das verformte Tragwerk ein (**133.**1). Weil die Stabkennzahl $\varepsilon = 690 \sqrt{520/(21\,000 \cdot 57690)} = 0,452 < 1,6$ ist, braucht als Imperfektion nur eine Schiefstellung der Stütze um den Winkel $\psi_o = 1/200$

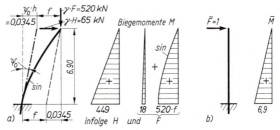

133.1
Tragsicherheitsberechnung der eingespannten Stütze nach der Elastizitätstheorie
a) Verformtes Tragwerk unter Bemessungslasten (Maße in m); Biegemomente in kNm
b) Hilfsbelastungszustand $\bar{F} = 1$ zur Berechnung von f

angenommen zu werden. Zu der daraus im spannungslosen Zustand resultierenden Stützenkopf-verschiebung um 0,0345 m kommt die vorerst noch unbekannte elastische Verschiebung f hinzu[1]). Die Form der Biegelinie wird als sin-Funktion angenommen. Die im verformten System an der Einspannstelle entstehenden Biegemomente sind

infolge H: $M = 65 \cdot 6,90 = 449$ kNm (dreieckförmiger Verlauf)

infolge F: $M = 520 \cdot 0,0345 = 18$ kNm (dreieckförmig); $M = 520 \cdot f$ (sin-Form)

Zur Berechnung von f mit üblichen baustatischen Methoden wird an Ort und in Richtung der gesuchten Verschiebung die Hilfsbelastung $\bar{F} = 1$ angesetzt, die die Biegemomente $\bar{M}$ liefert. Nach dem Arbeitssatz erhält man unter Benutzung von Integraltafeln [35]

$$E \cdot I \cdot f = \int M \cdot \bar{M} \cdot dx = \frac{6,9}{3} \cdot 6,9 \, (449 + 18) + \frac{4 \cdot 6,9}{\pi^2} \cdot 6,9 \cdot 520 f = 7411 + 10034 f$$

$$f \, (2,1 \cdot 10^8 \cdot 57690 \cdot 10^{-8} - 10034) = 7411$$

$$f = 0,0667 \text{ m}$$

Damit wird   max $M = 449 + 18 + 520 \cdot 0,0667 = 502$ kNm

$$\sigma = \frac{N}{A} \pm \frac{\max M}{W} = \frac{520}{198} \pm \frac{50\,200}{2880} = 20,06 < \beta_S = 24 \text{ kN/cm}^2$$

Bem.: Die Größe des Sicherheitsbeiwerts γ und der anzunehmenden Imperfektionen, die für dieses Beispiel einem Normentwurf entnommen wurden, sind entsprechend der jeweils maß-gebenden Fassung der Vorschrift anzusetzen.

Beispiel 2 (134.1): Der Fachwerkfüllstab ⊤ 80 aus St 37 hat die Druckkraft $N_H = -75$ kN. Gegenüber der Fachwerkebene, die mit der Mittelebene des Knotenblechs zusammenfällt, ist der Stab ausmittig mit dem Hebelarm $a = 2,62$ cm angeschlossen und erhält daraus ein über die ganze Stablänge konstantes Moment

$$M = N \cdot a = 75 \cdot 2,62 = 196,5 \text{ kNcm}$$

Allgemeiner Spannungsnachweis

$$\sigma_D = \left| -\frac{75}{13,6} - \frac{196,5 \cdot 2,22}{73,7} \right| = \left| -5,51 - 5,92 \right| = 11,43 < 16 \text{ kN/cm}^2$$

$$\sigma_z = -5,51 + \frac{196,5}{12,8} = -5,51 + 15,35 = +9,84 < 16 \text{ kN/cm}^2$$

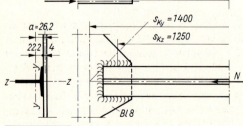

134.1
Ausmittig angeschlossener, auf Druck be-anspruchter Fachwerk-Füllstab

---

[1]) Sattler, K.: Das „Durchbiegungsverfahren" zur Lösung von Stabilitätsproblemen. Die Bau-technik 1953, H. 10

Knickuntersuchung in Momentenebene $\lambda_y = 140/2{,}33 = 60$ $\omega_y = 1{,}30$

Da der Schwerpunkt näher am Biegedruckrand liegt, sind beide Nachweise nach Gl. (131.1 und 2) zu führen:

$$1{,}30 \cdot 5{,}51 + 0{,}9 \cdot 5{,}92 = 7{,}16 + 5{,}33 = 12{,}49 < 14 \text{ kN/cm}^2$$

$$7{,}16 + \frac{300 + 2 \cdot 60}{1000} \cdot 15{,}35 = 7{,}16 + 6{,}45 = 13{,}61 < 14 \text{ kN/cm}^2$$

Knicken senkrecht zur Momentenebene $\lambda_z = \dfrac{125}{1{,}65} = 76$ $\omega_z = 1{,}49$

Gl. (117.1): $1{,}49 \cdot 5{,}51 = 8{,}21 < 14 \text{ kN/cm}^2$

Der Biegedrillknicknachweis wird mit den Gln. (117.1 u. 132.1) geführt. Da der Nachweis für Knicken quer zur Momentenebene einen großen Abstand gegenüber zul σ_D lieferte, ist Biegedrillknicken für diesen Stab nicht maßgebend.

5.3   Anschlüsse und Stöße

Für Berechnung und Durchbildung der Anschlüsse und Stöße von Druckstäben gelten zunächst die gleichen Regeln, die in den Abschnitten 4.3 und 4.4 für Zugstäbe angegeben wurden. Da bei Druckstäben jedoch ein Querschnittsverlust ΔA i. allg. rechnerisch nicht berücksichtigt wird, brauchen Bohrungen für die Verbindungsmittel nicht versetzt zu werden; dadurch vereinfacht sich die Konstruktion bei Druckstäben, und die Verbindungen werden kürzer.

Es ist jedoch dafür zu sorgen, daß nicht eine u. U. unzureichende Durchbildung der Stöße zur Verringerung der Knicklast führt. Unvermeidliche Stöße in Druckstäben sollten daher wenigstens in die äußeren Viertel des Stabes verlegt werden, da dort die Knickgefahr geringer ist. Die Stoßlaschen erhalten mindestens dasselbe A, I und W wie der Stab selbst, so daß sich für sie ein Spannungsnachweis erübrigt; die Verbindungsmittel sind jedoch immer nachzuweisen. Muß ein Stoß ausnahmsweise in der mittleren Hälfte der Knicklänge liegen, so wird empfohlen, die Anschlüsse der Laschen abweichend von der Angabe im Abschn. 4.4 für die ω-fache Stabkraft zu berechnen, um das Flächenmoment 2. Grades des Stabes in diesem knickgefährdeten Bereich nicht nur durch die Laschen, sondern auch durch ihre Anschlüsse voll zu decken.

Werden im Hochbau Druckkräfte durch Kontakt übertragen, lassen sich Ersparnisse bei den Verbindungsmitteln erzielen (Abschn. 6.4.3.1). Anstelle der aufwendigen Laschenstöße bevorzugt man für Kontaktstöße geschweißte Stumpfstöße oder Stöße mit Querplatten (**90**.1, **90**.2, **95**.1, **170**.2). Zur Gewährleistung sicherer Kontaktwirkung müssen die Kontaktflächen sauber bearbeitet werden, ihre gegenseitige Lage ist zu sichern und die Wirkungslinie der Kraft soll etwa normal zur Kontaktfläche stehen. Falls unter Berücksichtigung der Unsicherheiten bei den Lastannahmen, der Berechnung der Schnittgrößen und Verformungen nicht ganz auszuschließen ist, daß auch Zugkräfte auftreten können, so ist deren angemessene Übertragung durch entsprechende Verbindungen sicherzustellen.

6 Stützen

6.1 Allgemeines, Vorschriften

Stützen sind Bauteile, die in Längsrichtung auf Druck und Knicken, bei ausmittigem Kraftangriff oder bei Einleitung von Biegemomenten außerdem auf Biegung beansprucht werden und zur Unterstützung von Unterzügen und Trägern mit Wand- und Deckenlasten, von Dachbindern, Kranbahnen usw. dienen.

Wir unterscheiden bezüglich der Ausführung zwei Gruppen:

1. Die Stützen erhalten durch gelenkigen, zentrischen Anschluß der Unterzüge nur mittige Belastungen. Die Stabilisierung des Bauwerkes und die Aufnahme horizontaler Lasten erfolgt durch besondere Verbände, die durch massive Wand- und Deckenscheiben ersetzt werden können (**136.**1a).

2. Die Stützen sind biegesteif mit den Unterzügen zu Stockwerkrahmen verbunden. Sie erhalten Druckkräfte und auch Biegemomente aus Eigengewicht, Verkehrslast und Wind (**136.**1b). Diese Rahmentragwerke werden in Teil 2 behandelt.

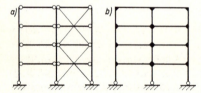

136.1
Stahlskelettbauten mit
a) aussteifenden Verbänden
b) Stockwerkrahmen

In Wohn- und Geschäftshäusern sind Stützen bzw. alle tragenden Stahlteile nach DIN 4102 feuerbeständig zu ummanteln. In Fabrikgebäuden läßt man die Stützen frei stehen, um Betriebseinrichtungen, Rohre, Leitungen usw. daran befestigen oder Umbauten vornehmen zu können.

Berechnung und Bemessung sind in DIN 18800 T. 1, DIN 18801 und DIN 4114 T. 1 und 2 (später DIN 18800 T. 2) geregelt; sie wurden in Abschn. 5 ausführlich dargestellt.

Als Knicklänge durchgehender Geschoßstützen darf die Geschoßhöhe eingesetzt werden, wenn die Stützen in Höhe der Decken seitlich unverschieblich gehalten sind (**136.**1a). Sie werden behandelt, als wären sie in den Decken gelenkig gelagert. Für Stützen in Stahlfachwerkwänden gilt als Knicklänge in der Wandebene der Abstand der an die Stütze angeschlossenen Riegel, die jedoch durch Verbände gegen horizontale Verschiebung gesichert sein müssen. Mauerwerk gilt nur ab 1-Stein-Dicke und nur für eingeschossige Stützen als ausreichende Knicksicherung, doch müssen sie in der Wandebene mindestens für die Fenster- oder Türhöhe des Gebäudes knicksicher ausgebildet werden.

6.2   Stützenquerschnitte

Einteilige Stützen

Die Berechnung und Bemessung erfolgt wie die der einteiligen Druckstäbe nach Abschn. 5.2.2 und 5.2.4 bzw. nach Tafeln [33].

Die Querschnitte werden aus wirtschaftlichen Gründen so gewählt, daß der Schlankheitsgrad λ in z- und y-Richtung annähernd gleich groß wird. Mittelbreite $\mathbf{I}$-Profile (**137**.1a) haben einen kleinen Trägheitshalbmesser i_z; sie sind für Stützen geeignet, wenn $s_{\mathrm{Ky}} \approx 3 \cdots 4 \cdot s_{\mathrm{Kz}}$ ist. Breitflanschträger (b) sind konstruktiv günstig, da sie wenig Bearbeitung verlangen und auch bei gleichen Knicklängen $s_{\mathrm{Ky}} = s_{\mathrm{Kz}}$ noch wirtschaftlich sind, weil ihre Trägheitsradien i_y und i_z bei den meist verwendeten Profilen bis 300 mm Höhe im brauchbaren Verhältnis $\approx 1,7:1$ stehen. Bei mehrgeschossigen Stützen lassen sie sich den nach unten wachsenden Druckkräften durch Profilwechsel, Verbesserung der Stahlsorte und Lamellenverstärkungen, die an die Flansche und an den Steg angeschweißt werden (**137**.1c, **153**.2), anpassen, ohne ihre Außenabmessungen wesentlich zu vergrößern.

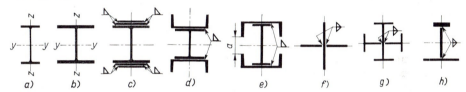

a)   b)   c)   d)   e)   f)   g)   h)

137.1 Einteilige, offene Stützenquerschnitte

Verstärkung der Stützenflansche durch angeschweißte U- bzw. $\mathbf{I}$-Stähle (**137**.1d, e) verbessert besonders die Knicksteifigkeit um die z-Achse. Es können nur Profilkombinationen ausgeführt werden, bei denen das lichte Maß a die einwandfreie Zugänglichkeit der Kehlnähte gewährleistet. Die Querschnitte nach Bild **137**.1f, g haben nach allen Richtungen gleiche Knicksteifigkeit. Aus gestalterischen Gründen geforderte unsymmetrische Querschnitte lassen sich aus Flachstählen zusammensetzen (h).

Geht ein Stützenschuß durch mehrere Geschosse durch, kann man das Stützenprofil nach der größten Druckkraft N_1 bemessen und hat dann allerdings in den oberen Geschossen unnötigen Querschnittsüberschuß (**137**.2a). Bemißt man das Grundprofil nach der kleinsten Druckkraft N_3 und verstärkt in jedem unteren Geschoß, wird die Stütze überall voll ausgelastet, doch ist der Arbeitsaufwand groß (c); die Bemessung nach N_2 mit Querschnittsüberschuß im 3. und Verstärkung im 1. Geschoß (b) ist ein Mittelweg und wird oft wirtschaftlich sein.

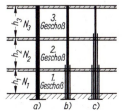

137.2
Verstärkung mehrgeschossiger Stützen

Die statisch günstigen R o h r e werden bei mehrgeschossigen Stützen wegen der schwierigen Anschlüsse selten ausgeführt (**138**.1 a). Konstruktiv bequemer und statisch kaum ungünstiger sind rechteckige H o h l q u e r s c h n i t t e. Bei unverkleideten Stützen ist Profil d oder e dem Querschnitt c vorzuziehen, weil alle 4 Ecken scharfkantig sind; die Stumpfnähte lassen sich blecheben bearbeiten. Die aus Breitflachstählen zusammengesetzte Stütze (g) läßt sich durch Variation der Blechbreiten und -dicken allen statischen und konstruktiven Forderungen anpassen. Um Innenkorrosion zu verhindern, müssen Hohlquerschnitte luftdicht verschweißt werden.

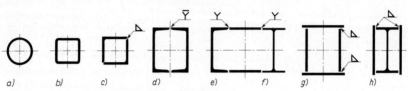

138.1 Einteilige, geschlossene Stützenquerschnitte

Beispiel: Eine Stütze aus St 37 mit einer Last $N = 170$ kN soll vergleichsweise mit verschiedenen Profilarten bemessen werden. Stockwerkshöhe $h = 3{,}00$ m.

a) $s_{Ky} = s_{Kz} = 3{,}00$ m. Gewählt: IPE 220 mit $A = 33{,}4$ cm^2 und $i_z = 2{,}48$ cm

$\lambda_z = 300/2{,}48 = 121$ $\omega = 2{,}47$ $\omega \cdot N/A = 2{,}47 \cdot 170/33{,}4 = 12{,}6 < 14$ kN/cm^2

Gewicht des Stützenschaftes: $G = 26{,}2 \cdot 3{,}0 = 78{,}6$ kg

b) $s_{Ky} = s_{Kz} = 3{,}00$ m. Gewählt: IPBl 120 mit $A = 25{,}3$ cm^2 und $i_z = 3{,}02$ cm

$\lambda_z = 300/3{,}02 = 99$ $\omega = 1{,}88$ $\omega \cdot N/A = 1{,}88 \cdot 170/25{,}3 = 12{,}6 < 14$ kN/cm^2

$G = 19{,}9 \cdot 3{,}0 = 59{,}7$ kg; Der Stützenschaft ist 24% leichter als bei a. Die Trägerhöhe ist geringer, das Profil würde in einer 11,5 cm dicken Wand verschwinden.

c) Die Stütze wird in der Wandebene in den Drittelspunkten von angeschlossenen Wandriegeln unverschieblich gehalten. $s_{Ky} = 3{,}00$ m; $s_{Kz} = 1{,}00$ m.

Gewählt: IPE 140 mit $A = 16{,}4$ cm^2, $i_y = 5{,}74$ cm   und $i_z = 1{,}65$ cm

$\lambda_y = 300/5{,}74 = 52$ $\lambda_z = 100/1{,}65 = 61$ (maßgebend) $\omega = 1{,}31$

$\omega \cdot N/A = 1{,}31 \cdot 170/16{,}4 = 13{,}6 < 14$ kN/cm^2

$G = 12{,}9 \cdot 3{,}0 = 38{,}7$ kg

Der Vergleich zeigt, daß sich durch geschickte Profilwahl oder durch eine sinnvolle Aussteifung bis zu 50% Gewicht einsparen lassen. Außerdem entspricht auch hier die Profilhöhe der Dicke einer ½-Stein dicken Wand.

Mehrteilige Stützen

Sie bestehen aus 2 oder mehr Einzelprofilen, die durch Bindebleche oder Vergitterung verbunden sind (**122**.1 und 2, **123**.1 und **124**.1). Macht man den Zwischenraum zwischen den Einzelprofilen groß genug und hält ihn frei von Trägeranschlüssen und Stoßverbindungen, so können Leitungen ungehindert entlang der Stütze hochgeführt werden. Die Konstruktion ist „leitungsdurchlässig", eine für Geschoßbauten wichtige Eigenschaft.

Die Bemessung erfolgt nach Abschn. 5.2.3 oder Tabellen in [33]. Um die Stütze bei gleichen Knicklängen in beiden Hauptachsrichtungen möglichst gleichmäßig auszunützen, macht man den gegenseitigen Schwerpunktabstand e der Einzelprofile so groß, daß das Flächenmoment für die stofffreie Achse ca. 10% größer als für die Stoffachse wird; dem entspricht $e \gtreqqless$ Profilhöhe h. Meistens sind aber statt dessen konstruktive Gesichtspunkte für den Profilabstand maßgebend, wie z. B. der Platzbedarf für hochzuführende Leitungen oder durchzusteckende Unterzüge (**170.**2).

6.3 Verbundstützen

Wird das Stahlprofil einer Stütze einbetoniert oder mit Beton gefüllt, darf das die Tragfähigkeit erhöhende Zusammenwirken von Betonteil und Stahlprofil in Rechnung gestellt werden (**139.**1). Die Berechnung und Ausführung von Verbundstützen ist in DIN 18806 Teil 1 geregelt.

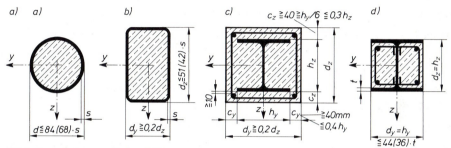

139.1 Querschnitte von Verbundstützen.
  Formelzeichen und Grenzwerte der Abmessungen (Klammerwerte gelten für St 52)

Tragfähigkeitsnachweis bei planmäßig mittigem Druck
Nachfolgend wird das vereinfachte Bemessungsverfahren erläutert (bei Druck mit Biegung ist das Normblatt zu Rate zu ziehen).

Es ist folgende Bedingung zu erfüllen:

$$\gamma \cdot N \leqq \varkappa \cdot N_{pl} \tag{139.1}$$

Hierin sind N die Stützendruckkraft und $\gamma_H = 1{,}7$ bzw. $\gamma_{HZ} = 1{,}5$ der Sicherheitsbeiwert. N_{pl} ist die Summe der Grenztragfähigkeiten der einzelnen Querschnittsteile (Profilstahlquerschnitt A_{st}, Betonquerschnitt A_b, Betonstahlquerschnitt A_s):

$$N_{pl} = A_{st} \cdot \beta_{S,st} + A_b \cdot \beta_R + A_s \cdot \beta_{S,s} \tag{139.2}$$

mit $\beta_R = 0{,}7\,\beta_{WN}$ für Querschnitte nach Bild **139.**1a, b bzw. $\beta_R = 0{,}6\,\beta_{WN}$ für die übrigen Querschnitte.
Dabei muß sein

$$0{,}2 \leqq A_{st} \cdot \beta_{S,st}/N_{pl} \leqq 0{,}9 \tag{139.3}$$

Der Abminderungsfaktor $\varkappa$ wird nach Gl. (119.1) berechnet. Für Hohlprofile nach Bild 139.1a, b gilt die maßgebende Knickspannungskurve a, bei den Querschnitten c und d gilt Kurve b für Knicken um die y-Achse, Kurve c für die z-Achse.

Bezogener Schlankheitsgrad:

$$\bar{\lambda} = \frac{s_K}{\pi} \sqrt{\frac{N_{pl}}{(E \cdot I)_w}} \leqq 2,0 \qquad (140.1)$$

Wirksame Biegesteifigkeit:

$$(E \cdot I)_w = E_{st} \cdot I_{st} + E_{bi} \cdot I_b + E_s \cdot I_s \qquad (140.2)$$

Für den Elastizitätsmodul des Betons ist für Kurzzeitlasten einzusetzen

$$E_{bi} = 500 \, \beta_{WN}.$$

Falls $\bar{\lambda} > 0,8$ ist, muß der Einfluß des Langzeitverhaltens des Betons durch Abminderung von E_{bi} auf $E_{bi, \infty} = 250 \, \beta_{WN}$ erfaßt werden. Wirkt nur ein Teil der Beanspruchung ständig, darf zwischen beiden Werten linear interpoliert werden.

Es darf nur Normalbeton mit mindestens der Festigkeitsklasse B 25 verwendet werden; für die Betonbauteile ist DIN 1045 maßgebend. Das Normblatt für Verbundstützen enthält eine Reihe zusätzlicher Regelungen, die ggfs. eine sparsamere Bemessung ermöglichen.

Krafteinleitungsbereiche

In den Krafteinleitungsbereichen ist die Aufnahme der Schubkräfte zwischen Stahl- und Stahlbetonteil durch geeignete Verbundmittel (Kopfbolzendübel) für den Grenzzustand der Tragfähigkeit unter Berücksichtigung der plastischen Teilschnittgrößen nachzuweisen. In diesen Bereichen ist durch eine Bügelbewehrung die volle Schubdeckung im Betonteil herzustellen. Die Dübeltragfähigkeit im Grenzzustand wird nach Gl. (224.1) berechnet, jedoch darf $\beta_S = 450 \text{ N/mm}^2$ gesetzt werden. – Für die Krafteinleitung in die Verbundstütze sind drei Fälle zu unterscheiden:

1. Die Krafteinleitung erfolgt über eine steife Kopf- bzw. Fußplatte unmittelbar in das Stahlprofil und den Betonteil. Eine (kleine) Schubkraft kann nur infolge Schwinden und Kriechen entstehen, falls hierbei eine Zugkraft im Beton auftreten sollte. Der Nachweis ist erforderlichenfalls mit $\gamma = 1$ zu führen.

2. Wird die Kraft in den Betonteil eingeleitet, entspricht die Schubkraft der in das Stahlprofil einzutragenden Kraft nach Abschluß des Schwindens und Kriechens.

3. Wird die Kraft am Stahlprofil angeschlossen, muß die zur Zeit $t = 0$ vorhandene Betonkraft als Schubkraft übertragen werden.

In den Fällen 2 und 3 ist an der Stelle der Krafteinleitung der allgemeine Spannungsnachweis zu führen. Zwischen den Krafteinleitungsbereichen sind Maßnahmen zur Verbundsicherung nicht nötig.

Konstruktive Durchbildung

Kontaktflächen zwischen Stahl und Beton müssen hohlraumfrei sein; andernfalls dürfen sie nicht zur Kraftübertragung rechnerisch herangezogen werden. Mit Ausnahme von betongefüllten Hohlprofilen ist eine Bewehrung einzulegen; für sie gilt DIN 1045. Der Abstand der Längsbewehrung vom Stahlprofil muß $\geqq 10$ mm sein, die Bügel dürfen angeschweißt oder durch Flansch- bzw. Steglöcher durchgesteckt werden. Betonstahlmatten sind als Bewehrung zulässig.

Wird auf die rechnerische Berücksichtigung der Längsbewehrung verzichtet, ist eine Oberflächenbewehrung aus Betonrippenstahl vorzusehen: Längsstäbe $d_{s,1} \geqq 8$ (6) mm, $a \leqq 250$ mm und Bügel $d_{s,bü} \geqq 6$ (4) mm, $a_{bü} \leqq 200$ mm (die Klammerwerte gelten für Betonstahlmatten). Weitere Grenzwerte der Abmessungen siehe Bild (**139**.1).

Beispiel (139.1 d): Für die Verbundstütze aus IPB 200−St 37 und Beton B 25 ist bei der Knicklänge $s_K = 3,75$ m die zulässige Normalkraft im Lastfall H zu berechnen. Die Seitenlängen sind $d_y = d_z = 20$ cm. Die Bewehrung wird rechnerisch nicht berücksichtigt; sie erhält die vorgeschriebenen Mindestabmessungen.

$$A_{st} = 78,1 \text{ cm}^2 \qquad\qquad A_{st} \cdot \beta_S = 78,1 \cdot 24,0 \qquad\qquad = 1874 \text{ kN}$$
$$A_b = 20 \cdot 20 - 78,1 = 322 \text{ cm}^2 \qquad A_b \cdot 0,6 \cdot \beta_{WN} = 322 \cdot 0,6 \cdot 2,5 \quad = \underline{483 \text{ kN}}$$
$$N_{pl} = 2357 \text{ kN}$$

Die Bedingung n. Gl. (139.3): $\delta = 1874/2357 = 0,795 < 0,9$ ist erfüllt.

Für die maßgebende z-Achse ist

$$I_{st} = 2000 \text{ cm}^4 \qquad\qquad E_{st} = 21\,000 \text{ kN/cm}^2$$
$$I_b = 20 \cdot 20^3/12 - 2000 = 11330 \text{ cm}^4 \qquad E_{bi} = 500 \cdot 2,5 = 1250 \text{ kN/cm}^2$$

$$(E \cdot I)_w = 21\,000 \cdot 2000 + 1250 \cdot 11330 = 56,17 \cdot 10^6 \text{ kNcm}^2$$

$$\bar{\lambda} = \frac{375}{\pi} \sqrt{\frac{2357}{56,17 \cdot 10^6}} = 0,773 < 0,8$$

Das Langzeitverhalten des Betons muß nicht berücksichtigt werden. Nach Gl. (119.1) wird für die Knickspannungslinie c

$$\beta = \frac{1 + 0,49\,(0,773 - 0,2) + 0,773^2}{2 \cdot 0,773^2} = 1,571$$

$$\varkappa = 1,571 - \sqrt{1,571^2 - 1/0,773^2} = 0,679$$

$$\text{zul } N = \varkappa \cdot N_{pl}/\gamma = 0,679 \cdot 2357/1,7 = 941 \text{ kN}$$

Für das reine Stahlprofil ist zul $N = 749$ kN; die Tragfähigkeit der Verbundstütze ist 25,6% größer.

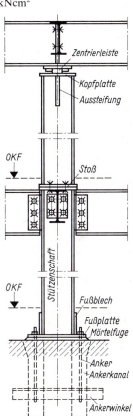

6.4   Konstruktive Durchbildung

Jede Stütze besteht aus Kopf, Schaft und Fuß. Der **Kopf** nimmt die Lasten auf und überträgt sie auf den **Schaft**, der **Fuß** verteilt sie auf das Fundament (**141**.1). In mehrgeschossigen Bauten gehen die einzelnen Stützenschüsse meist über 2, seltener über 3 Geschosse durch (**137**.2). In den **Stößen** wechselt i. allg. das Profil; größere Querschnittsänderungen sollen durch allmähliche Übergänge gemildert werden. Bei der Berechnung der Stütze angenommene mittige Lasteinleitung muß konstruktiv weitgehend verwirklicht werden.

141.1 Geschoßstütze

Es ist daher unzweckmäßig, anschließende Träger auf weit ausladenden Konsolen aufzulagern; das dadurch verursachte Biegemoment muß bei der Stützenbemessung berücksichtigt werden und führt dann meist zu einem größeren Stützenprofil.

6.4.1 Stützenfüße

Ist der Stützenfuß ausreichend steif konstruiert und liegt der Schwerpunkt der Fuß-fläche auf der Schwerlinie des Stützenprofils, dann kann man annehmen, daß sich die Stützenlast F gleichmäßig über die Grundfläche A_1 der Fußplatte verteilt. Die Betonpressung wird dann

$$\sigma_b = \frac{F}{A_1} \leqq \frac{\beta_R}{\gamma} \qquad (142.1)$$

Ggf. nicht genügend ausgesteifte Teilflächen der Fußplatte muß man bei der Be-rechnung von A_1 außer Ansatz lassen.

Der Rechenwert β_R der Betonfestigkeit und die Sicherheitsbeiwerte γ für Bauteile aus unbe-wehrtem Beton sind der Tafel **142**.1 zu entnehmen. Für Stahlbeton ist $\gamma = 2{,}1$. Kann sich die Druckkraft innerhalb des Fundaments unter den in DIN 1045, 17.3.3 vorgegebenen Bedin-gungen auf eine größere Verteilungsfläche A ausbreiten, was in den meisten Fällen zutreffen wird, kann bei Anordnung einer Spaltzugbewehrung eine höhere Pressung in der Lagerfuge zugelassen werden:

$$\sigma_b \leqq \sigma_1 = \frac{\beta_R}{2{,}1} \sqrt{\frac{A}{A_1}} \leqq 1{,}4\,\beta_R \qquad (142.2)$$

Für die Mörtelfuge unter der Fußplatte gilt ebenfalls Gl. (142.2), wenn die Zusammensetzung des Zementmörtels der Vorschrift entspricht und wenn das Verhältnis der kleinsten tragenden Fugenbreite zur Fugendicke $b/d \geqq 7$ ist.

Tafel **142**.1   Betonfestigkeitsklassen; Nennfestigkeit β_{WN} und Rechenwert β_R in N/mm^2; Sicherheitsbeiwert γ für unbewehrten Beton nach DIN 1045

Festigkeitsklasse des Betons	B 5[1]	B 10[1]	B 15	B 25	B 35
Nennfestigkeit β_{WN}	5	10	15	25	35
Rechenwert β_R	3,5	7,0	10,5	17,5	23,0
Sicherheitsbeiwert γ	3,0			2,5	

[1]) nur für unbewehrten Beton

Die Stütze wird auf das Fundament gestellt und mit Stahlplatten, Keilen und An-kern ausgerichtet. Nach der Stahlbaumontage wird die Fuge zwischen Stützenfuß und Fundament gemeinsam mit den Ankerkanälen mit Zementmörtel vergossen. In großen Fußplatten werden besondere Gieß- und Luftlöcher angeordnet (**153**.2). Die Mörtelfuge sorgt für gleichmäßige Druckverteilung, indem sie Unebenheiten der Fundamentoberfläche und Ungenauigkeiten ihrer Höhenlage ausgleicht. Sie ist 25···50 mm dick. Nach der Erhärtung des Mörtels sollen die Stahlkeile entfernt werden.

Im Inneren von Gebäuden wird die Oberkante des Fundaments so tief gelegt, daß der Stützenfuß unter dem Fußboden verschwindet (**141**.1). Im Freien besteht bei dieser Ausführung die Gefahr, daß Wasser in die Fuge zwischen Stützenschaft und Bodenbelag eindringt und Rostbildung verursacht. Hier ist es besser, den Stützenfuß vollständig zugänglich zu halten, indem das Fundament bis über Geländeoberkante hochgeführt wird. Ist diese Lösung unerwünscht, muß die gefährdete Fuge durch dauerplastischen Kitt gedichtet werden; mit einem Stahlblechkragen, der an die Stütze geschweißt wird, kann man die Dichtungsfuge zusätzlich schützen (**143**.1).

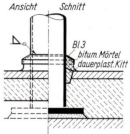

143.1
Dichtung der Fuge zwischen dem Schaft einer im Freien stehenden Stütze und dem Bodenbelag

6.4.1.1 Unversteifte Fußplatte

Der Stützenschaft sitzt auf der Fußplatte auf, die die Stützenlast F ohne Mitwirkung anderer Bauteile auf das Fundament verteilt (**145**.2). Der Lohnkostenanteil bei der Herstellung des sehr einfach gestalteten Stützenfußes ist klein; dieser Preisvorteil bleibt auch trotz des gegenüber anderen Konstruktionen erhöhten Materialbedarfs in der Regel erhalten. Daher wird diese Stützenfußdurchbildung ihrer geringen Gesamtkosten und ihrer kleinen Bauhöhe wegen bevorzugt ausgeführt. Die in den nachfolgenden Abschnitten besprochenen Fußkonstruktionen kommen erst in 2. Linie in Betracht, falls die Berechnung der unversteiften Fußplatte zu praktisch nicht brauchbaren Abmessungen führen sollte. Da die Dicke t der Fußplatte mit ihren Seitenabmessungen wächst, ist man bestrebt, die Grundfläche A_1 der Platte durch Wahl großer zulässiger Betonpressungen σ_b klein zu halten, damit sich eine wirtschaftliche Lösung ergibt.

Die Schweißnaht, die den Stützenschaft mit der Fußplatte verbindet, braucht nur für $F/10$ bemessen zu werden, wenn die Stütze ausschließlich auf Druck beansprucht und das Schaftende mit Sägeschnitt oder durch Fräsen rechtwinklig bearbeitet wird.

Für die Berechnung der Biegebeanspruchung in der Fußplatte stehen 2 Verfahren zur Verfügung: Die Plattenmethode und die Balkenmethode.

Die Plattenmethode empfiehlt sich dann, wenn die Fußplatte den Umriß des Stützenschaftes nicht oder wenig überragt. Die Platte wird von unten her durch die gleichmäßige Betonpressung belastet und ist an den Profilkanten des Stützenschaftes liniengelagert. Die Biegemomente der maßgebenden Punkte der so gebildeten Plattenfelder können Tabellen entnommen werden, wie sie auch im Stahlbetonbau Verwendung finden [4]. Die größte auftretende Momentenspitze kann auf diese Weise genau erfaßt und die Plattendicke mit der zulässigen Biegespannung nach Taf. **30**.2, Z. 2 bemessen werden (**146**.1b). Weil das Maximalmoment nur an einer eng begrenzten Stelle der Platte auftritt und mit dem Erreichen der Fließspannung β_S an diesem Punkt die Tragfähigkeit der Platte noch nicht erschöpft ist, kann man die Plattendicke auch nach dem T r a g l a s t v e r f a h r e n dimensionieren (s. Abschn. 7.2.4.2). Es muß dann sein

$$\gamma \cdot \max M \leqq M_{\text{pl, Q}} \qquad (144.1)$$

mit dem Sicherheitsbeiwert $\gamma_H = 1,7$ und $\gamma_{HZ} = 1,5$. Das vollplastische Moment eines 1 cm breiten Plattenstreifens $M_{\text{pl}} = \beta_S \cdot W_{\text{pl}} = \beta_S \cdot 1 \cdot t^2/4$ ist bei gleichzeitig wirkender Querkraft Q mit $Q_{\text{pl}} = t \cdot \beta_S/\sqrt{3}$ abzumindern auf

$$M_{\text{pl, Q}} = M_{\text{pl}} \sqrt{1 - \left(\frac{\gamma \cdot Q}{Q_{\text{pl}}}\right)^2} = \frac{t}{4} \sqrt{(t \cdot \beta_S)^2 - 3\,(\gamma \cdot Q)^2} \qquad (144.2)$$

Für Stützen aus Walzprofilen sind in [16] umfangreiche Tafeln für die Tragfähigkeit und die Abmessungen von Stützenfüßen bei verschiedenen Beton-Festigkeitsklassen enthalten. Die Plattendicke wurde dabei jedoch nicht nach dem Traglastverfahren, sondern mit zulässigen Spannungen bemessen.

Es können auch solche Fußplatten nach der Plattenmethode berechnet werden, deren Abmessungen über den Umriß des Stützenschafts hinausgehen; um vorhandene Tabellenwerke benutzen zu können, müssen dann Plattensysteme unterschiedlicher Lagerung unter Anwendung des Belastungsumordnungsverfahrens überlagert werden.

Die B a l k e n m e t h o d e liefert gut brauchbare Ergebnisse, wenn die Fußplatte deutlich größer ist als der Profilumriß. Die Fußplatte wird in der Seitenansicht als Balken betrachtet, der von oben durch die als Einzel- oder Streckenlasten erscheinenden anteiligen Kräfte der Profilteilflächen belastet wird; von unten wirkt der gleichmäßige Gegendruck des Fundaments (**147.**1b und c). Für diese Belastung wird das Maximalmoment berechnet, und zwar getrennt für beide Hauptachsenrichtungen der Fußplatte. Anders als bei der Plattenmethode stellt jetzt das errechnete Maximalmoment einen D u r c h s c h n i t t s w e r t der Biegemomente über die Plattenbreite dar, der infolge der Plattenwirkung von lokalen Spitzenwerten u. U. erheblich übertroffen werden kann. Aus Sicherheitsgründen sollte man hier das Traglastverfahren nicht anwenden und zul σ nicht voll ausnützen (s. Beisp. 2).

Man umgeht die mit diesem Verfahren verbundenen Unsicherheiten, wenn man die unversteiften Fußplattenflächen als unwirksam ansieht und für die mitwirkenden Plattenteile einfache Teilsysteme annimmt. Eine solche auf der sicheren Seite liegende Berechnung unter Anwendung der Traglastbemessung liegt den „Typisierten Verbindungen im Stahlhochbau" [16] zu Grunde (**144.**1): Für die Betonpressung σ_b werden nur die Flächen A_1 und A_2 unter Abzug von Ankerlöchern in Rechnung gestellt. A_1 wird in Flanschbreite als von den Profilkanten auskragender Plattenstreifen behandelt. Für ihn werden, auf 1 cm Breite bezogen,

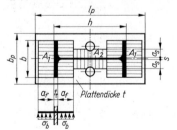

$$\gamma \cdot \max M = \gamma \cdot \sigma_b \cdot a_f^2/2 \quad (144.3)$$

und $\qquad \gamma \cdot Q = \gamma \cdot \sigma_b \cdot a_f \qquad (144.4)$

144.1
Als wirksam angenommene Teilflächen der Fußplatte; statisches System der Fußplatte

In die Gln. (144.1 und 2) eingesetzt erhält man die iterativ lösbare Gleichung

$$a_\mathrm{f} \leqq \sqrt{\sqrt{1 - \left(\frac{\gamma \cdot \mathrm{zul}\ \sigma_\mathrm{b} \cdot a_\mathrm{f}}{\beta_\mathrm{S} \cdot t/\sqrt{3}}\right)^2} \cdot \frac{\beta_\mathrm{S} \cdot t^2}{\gamma \cdot \mathrm{zul}\ \sigma_\mathrm{b} \cdot 2}}\,, \tag{145.1}$$

mit der sich die **Tragfähigkeit** eines Stützenfußes mit vorgegebenen Abmessungen **nachrechnen** läßt; die Breite der auf den Steg entfallenden Grundfläche a_s wird ohne weiteren Nachweis aus a_f im Verhältnis der Profildicken umgerechnet:

$$a_\mathrm{s} = a_\mathrm{f} \cdot s/t_\mathrm{t} \tag{145.2}$$

Weil Gl. (145.1) zur **Bemessung** der Plattenabmessungen für eine vorgegebene Stützenlast F ungeeignet ist, verwendet man besser folgende Formel:

$$a_\mathrm{f} \gtrless \frac{h}{4}\left(k_1 - \sqrt{k_1^2 + k_2 - \frac{k_3 \cdot F}{h^2 \cdot \mathrm{zul}\ \sigma_\mathrm{b}}}\right) \tag{145.3}$$

k_1, k_2 und k_3 s. Taf. **145.**1. Die Plattendicke t errechnet sich zu

$$\mathrm{erf}\ t \approx 0{,}0867\ \sigma_\mathrm{b} \cdot a_\mathrm{f}\ \sqrt{1 + 18{,}85/\sigma_\mathrm{b}} \tag{145.4}$$

Tafel **145.**1   Koeffizienten zu Gl. (145.3)

	k_1	k_2	k_3
IPE, IPBl	$0{,}9 + 3{,}1\ b/h$	$0{,}133\ (0{,}933 + 3{,}1\ b/h)$	$6{,}26$
IPB, IPBv	$0{,}835 + 3{,}65\ b/h$	$0{,}22\ (0{,}89 + 3{,}65\ b/h)$	$7{,}35$

Anschließend an die Bemessung sind die Nachweise zu führen. Es muß stets kontrolliert werden, ob der berechnete Wert für a_f geometrisch möglich ist.

Geschlossene Stützenprofile sind hinsichtlich der erforderlichen Plattendicke günstig (**145.**2). Offene Querschnitte können durch Fußbleche zu einem geschlossenen Profil ergänzt werden; der Anschluß der Fußbleche an die Flanschkanten des Stützenschafts erfolgt für den Kraftanteil der auf sie entfallenden Fußfläche (= schraffierte Fläche im Bild **145.**3).

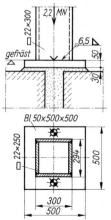

145.2
Hohlkastenstütze mit Fußplatte

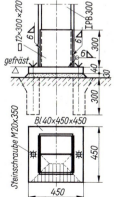

145.3
IPB-Stütze mit Fußplatte und Fußblechen

Beispiel 1 (146.1): Für eine Stütze I PBl 180−St 37 mit $F_H = 160$ kN und einer Knicklänge $s_K = 6,80$ m ist die Stützenfußplatte aus St 37 nachzuweisen. Der Fundamentbeton hat die Festigkeitsklasse B 15.

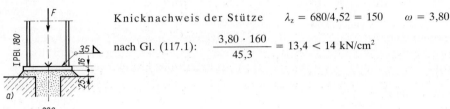

Knicknachweis der Stütze $\lambda_z = 680/4,52 = 150$ $\omega = 3,80$

nach Gl. (117.1): $\dfrac{3,80 \cdot 160}{45,3} = 13,4 < 14 \text{ kN/cm}^2$

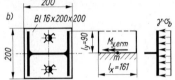

146.1
a) IPB-Stütze mit Fußplatte ohne Überstand
b) Berechnung der Fußplatte als dreiseitig gelagerte Platte

Betonpressung
$A_n = 20 \cdot 20 - 2 \cdot 2,1^2 \cdot \pi/4 = 393 \text{ cm}^2$
$\sigma_b = 160/393 = 0,407 \text{ kN/cm}^2 = 4,07 \text{ N/mm}^2 < \beta_R/\gamma = 10,5/2,5 = 4,2 \text{ N/mm}^2$

Nachweis der Fußplatte
Die Fußplatte ist bei Vernachlässigung des geringen Überstandes an den beiden Flanschen frei drehbar gelagert und am Steg wegen Symmetrie als voll eingespannt anzusehen. Das absolut größte örtliche Biegemoment der Platte tritt in der Mitte des eingespannten Plattenrandes auf und wird nach den Tafeln für 3seitig gelagerte Platten berechnet [4].
Mit $l_y/l_x = 9,0/16,1 = 0,56$ wird

$$\max M = M_{y,\text{erm}} = \frac{\sigma_b \cdot l_y^2}{3,81} = \frac{0,407 \cdot 9,0^2}{3,81} = 8,65 \text{ kNcm/cm}$$

Vergleichsweise werden die Nachweise mit zulässigen Spannungen bzw. nach dem Traglastverfahren mit der jeweils erforderlichen Plattendicke geführt.

a) Allg. Spannungsnachweis
Plattendicke $t = 18$ mm. $W = 1 \cdot 1,8^2/6 = 0,54 \text{ cm}^3$

$\sigma = 8,65/0,54 = 16,0 \text{ kN/cm}^2 = \text{zul } \sigma$

b) Traglastbemessung
$\gamma \cdot M = 1,7 \cdot 8,65 = 14,71 \text{ kNcm/cm}$ $\gamma \cdot Q < 1,7 \cdot 0,407 \cdot 9,0 = 6,23 \text{ kN/cm}$
Mit der Plattendicke $t = 16$ mm wird nach Gl. (144.2)

$$M_{\text{pl,Q}} = \frac{1,6}{4} \sqrt{(1,6 \cdot 24)^2 - 3 \cdot 6,23^2} = 14,74 \text{ kNcm/cm} > \gamma \cdot M = 14,71 \text{ kNcm/cm}$$

Beispiel 2 (147.1): Die Stütze I PB 240 und die Fußplatte Bl 50 × 400 × 500 aus St 37 sind für die Druckkraft $F_H = 1,2$ MN bei einer Knicklänge $s_K = 3,25$ m nachzuweisen. Fundamentbeton: B 25

Knicknachweis der Stütze

$$\lambda_z = \frac{325}{6,08} = 53 \qquad \omega = 1,23 \qquad \frac{1,23 \cdot 1200}{106} = 13,9 < 14 \text{ kN/cm}^2$$

Schweißanschluß der Fußplatte

$$F_s = 1200 \cdot \frac{1 \cdot 20,6}{106} = 233 \text{ kN}$$

$$F_f = \frac{1}{2}(1200 - 233) = 483,5 \text{ kN}$$

Die Schweißnähte werden für 10% der anzuschließenden Kraft nachgewiesen, weil das Stützenende winkelrecht gefräst wird (Kontaktwirkung).

Für einen Flansch:

$$A_w = 0,65 (2 \cdot 24 - 1) = 30,6 \text{ cm}^2$$

$$\sigma_\perp = 0,1 \cdot 483,5/30,6 = 1,58 < 13,5 \text{ kN/cm}^2$$

Der Anschluß des Steges ist offensichtlich reichlich.

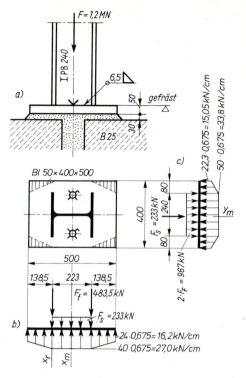

147.1
a) Stützenfußplatte mit Überstand; die schraffierten Eckbereiche werden als statisch unwirksam angesehen. Berechnung der Biegemomente der Fußplatte in
b) x-Richtung c) y-Richtung

Betonpressung:

Die im Grundriß schraffierten, nicht ausgesteiften Plattenecken werden zur Sicherheit als nicht mitwirkend angesehen.

$$A_n = 40 \cdot 50 - 4 \cdot 13,85 \cdot 8,0/2 = 1778 \text{ cm}^2$$

$$\sigma_b = 1200/1778 = 0,675 \text{ kN/cm}^2 < \beta_R/\gamma = 1,75/2,5 = 0,7 \text{ kN/cm}^2$$

Mörtelfuge $\dfrac{\text{min Fugenbreite}}{\text{Fugendicke}} = \dfrac{40}{3} = 13,3 > 7$ Ein Nachweis erübrigt sich.

Fußplatte
x-Richtung (**147.**1 b)

$$M_{xr} = 16,2 \cdot \frac{13,85}{2} \cdot \frac{2}{3} \cdot 13,85 + 27,0 \cdot \frac{13,85}{2} \cdot \frac{13,85}{3} = 1900 \text{ kNcm}$$

$$M_{xm} = 1900 + 233 \cdot \frac{22,3}{8} - 27,0 \cdot \frac{22,3^2}{8} = 871 \text{ kNcm} < M_{xr}$$

$$W_x = 40 \cdot 5^2/6 = 166,7 \text{ cm}^3 \qquad \sigma_{xr} = 1900/166,7 = 11,4 < 16 \text{ kN/cm}^2$$

y-Richtung (**147.**1c)

$$M_{ym} = 15,05 \cdot \frac{8,0}{2}\left(\frac{24}{2} + \frac{2 \cdot 8}{3}\right) + 33,8 \cdot \frac{8,0}{2}\left(\frac{24}{2} + \frac{8}{3}\right) + 33,8 \cdot \frac{12^2}{2} - \frac{967}{2} \cdot \frac{24}{2} = 2559 \text{ kNcm}$$

$$W_y = 50 \cdot 5^2/6 = 208 \text{ cm}^3 \qquad \sigma_{ym} = 2559/208 = 12,3 < 16 \text{ kN/cm}^2$$

Beispiel 3: Für eine Stütze aus IPB 300 mit der Druckkraft $F = 1470$ kN sollen die Festigkeitsklasse des Stahlbetons festgelegt sowie die Abmessungen der Fußplatte bemessen und nach der vereinfachten Balkenmethode nachgewiesen werden (**144**.1).

a) Stahlbetonfundament aus B 25 mit zul $\sigma_b = 17{,}5/2{,}1 = 8{,}33$ N/mm^2

Nach Taf. **145**.1:

$$k_1 = 0{,}835 + 3{,}65 \cdot 30/30 = 4{,}485$$

$$k_2 = 0{,}22 \,(0{,}89 + 3{,}65 \cdot 30/30) = 0{,}999 \qquad k_3 = 7{,}35$$

Nach Gl. (145.3):

$$a_f \geq \frac{30}{4} \left(4{,}485 - \sqrt{4{,}485^2 + 0{,}999 - \frac{7{,}35 \cdot 1470}{30^2 \cdot 0{,}833}} \right) = 14{,}22 \text{ cm}$$

$$> h/2 - t_t = 30/2 - 1{,}9 = 13{,}1 \text{ cm!}$$

a_f ist zu groß und geometrisch unmöglich. Die Betongüte muß verbessert werden, damit sich die erforderliche Plattenfläche verkleinert.

b) Stahlbetonfundament aus B 35 mit zul $\sigma_b = 23{,}0/2{,}1 = 10{,}95$ N/mm^2

$$a_f = \frac{30}{4} \left(4{,}485 - \sqrt{4{,}485^2 + 0{,}999 - \frac{7{,}35 \cdot 1470}{30^2 \cdot 1{,}095}} \right) = 9{,}74 \text{ cm}$$

Gewählt:

$$a_f = 9{,}8 \text{ cm} < 13{,}1 \text{ cm}; \qquad a_s = 9{,}8 \cdot 1{,}1/1{,}9 = 5{,}67 \text{ cm} \quad \text{n. Gl. (145.2)};$$

$$l_p = 30 + 2 \cdot 10 = 50 \text{ cm}; \qquad b_p = 35 \text{ cm}$$

$$A_1 = 2b \,(2a_f + t_t) = 2 \cdot 30 \,(2 \cdot 9{,}8 + 1{,}9) \qquad = 1290{,}0 \text{ cm}^2$$

$$A_2 = [30 - 2 \,(1{,}9 + 9{,}8)] \cdot (2 \cdot 5{,}67 + 1{,}1) \quad = \quad 82{,}1 \text{ cm}^2$$

$$\Delta A \approx 2{,}8^2 \cdot \pi/4 \qquad\qquad\qquad\qquad = \quad -6{,}1 \text{ cm}^2$$

$$A_n = \overline{1366{,}0 \text{ cm}^2}$$

$$\sigma_b = 1470/1366 = 1{,}076 < 1{,}095 \text{ kN/cm}^2$$

Mit den Gln. (144.3 u. 4) wird

$$\gamma \cdot M = 1{,}7 \cdot 1{,}076 \cdot 9{,}8^2/2 = 87{,}8 \text{ kNcm/cm} \quad \text{und} \quad \gamma \cdot Q = 1{,}7 \cdot 1{,}076 \cdot 9{,}8 = 17{,}93 \text{ kN/cm}$$

Erforderliche Plattendicke n. Gl. (145.4):

$$t \geq 0{,}0867 \cdot 1{,}076 \cdot 9{,}8 \sqrt{1 + 18{,}85/1{,}076} = 3{,}93 \text{ cm}$$

Mit der gewählten Plattendicke $t = 40$ mm wird nach Gl. (144.2)

$$M_{pl,Q} = \frac{4}{4} \sqrt{(4 \cdot 24)^2 - 3 \cdot 17{,}93^2} = 90{,}84 > \gamma \cdot M = 87{,}8 \text{ kNcm/cm}$$

Die berechneten Abmessungen stimmen mit den Tafeln in [16] überein.

6.4.1.2 Trägerrost

Schaltet man zwischen der Fußplatte und dem Fundament einen Trägerrost zu verbesserter Druckverteilung ein, kann man die Betonpressungen durch Vergrößern der Fußfläche fast beliebig klein halten (**149**.1). Die Fußplatte verteilt die

Last auf die Rostträger. Ihre Biegebeanspruchung errechnet sich nach der Balken-methode aus den Lasten nach Bild **149**.1a rechts; ggf. muß sie durch Fußbleche versteift werden, wenn sie sonst zu dick würde. S c h w e i ß a n s c h l u ß des Schaftes wie in Abschn. 6.4.1.1. Der T r ä g e r r o s t wird nach Bild **149**.1c belastet; es sind die Biegespannung, die Schubspannung und, wenn nötig, die Vergleichsspannung nach-zuweisen.

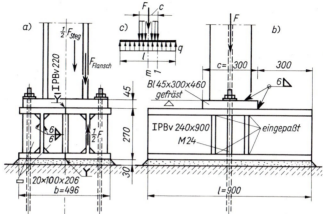

149.1
Trägerrost als Stützenfuß

Beispiel (149.1): Trägerrost für eine Stütze aus IPBv 220 mit einer Last $F_H = 1,7$ MN

$$\max M = M_m = \frac{F}{8}\,(l - c) = \frac{1700}{8}\,(90 - 30) = 12750 \text{ kNcm}$$

$$\max \sigma_m = \frac{12750}{2 \cdot 1800} = 3,54 < 16 \text{ kN/cm}^2 \qquad \max Q = Q_1 = 1700 \cdot \frac{30}{90} = 567 \text{ kN}$$

$$\max \tau_1 = \frac{Q \cdot S_y}{I_y \cdot s} = \frac{567 \cdot 1060}{2 \cdot 24290 \cdot 1,8} = 6,87 < 1,1 \cdot 9,2 = 10,12 \text{ kN/cm}^2$$

Weil $\max \sigma_m < 0,5 \cdot$ zul σ ist, gilt Gl. (31.4) für die Vergleichsspannung als erfüllt.

B e t o n p r e s s u n g

$$\sigma_b = \frac{1700}{90 \cdot 49,6} = 0,381 \text{ kN/cm}^2 = 3,81 \text{ N/mm}^2 < \frac{10,5}{2,5} = 4,2 \text{ N/mm}^2 \text{ (B 15)}$$

Da für die Bemessung des Trägerrostes meist die Schubspannung im Steg maßgebend ist, sind Träger mit dickem Steg, u. U. geschweißte Träger, zu wählen.

Stütze und Trägerrost werden in der Werkstatt miteinander verschweißt und gemeinsam montiert. Es kann aber auch der Trägerrost vorab geliefert und im Fundament einbetoniert werden; die Stütze wird dann bei der Montage auf den Trägerrost gesetzt und die Fußplatte ringsum angeschweißt. Voraussetzung für diese Montagefolge ist aber genauestes waagerech-tes Ausrichten und Festlegen des Trägerrostes beim Betonieren nach Seiten- und Höhenlage. Die Verankerung sitzt dann seitlich neben der Stützenfußplatte nur im Trägerrost.

6.4.1.3 Stützenfüße mit ausgesteifter Fußplatte

Bei großen Seitenabmessungen der Fußplatte kann die Bemessung nach Abschn. 6.4.1.1 zu einer praktisch unbrauchbaren Plattendicke führen. In diesem Falle kann man als Alternative zum Trägerrost die Fußplatte durch Aussteifungen in kleinere Plattenfelder unterteilen. Dadurch ermäßigt sich die Biegebeanspruchung der Platte beträchtlich, und man kommt je nach Betonpressung und Abstand der Aussteifungsrippen mit Plattendicken von $\approx 20 \cdots 40$ mm aus. Wegen des hohen Lohnkostenanteils wird diese Stützenfußdurchbildung teuer; man wird sie nur dann wählen, wenn die anderen Möglichkeiten ausgeschöpft sind.

Die Fußplatte erhält gleichmäßige Belastung durch die Fundamentpressung. Denkt man sich die Stütze auf den Kopf gestellt, dann entspricht die Fußplatte der „Deckenplatte" eines Gebäudes, die Aussteifungsrippen entsprechen den „Deckenträgern" und die Fußbleche den „Unterzügen". Die Platte kann „einachsig" gespannt sein (**151.**1a, b), oder man berechnet sie nach den im Stahlbetonbau üblichen Tabellen und Näherungsverfahren [4] als 4- oder 3seitig gelagerte Platten (**151.**1c). Die Belastung der Aussteifungsrippen kann wie im Stahlbetonbau nach DIN 1045 durch Zerlegen der Grundrißfläche in Trapeze und Dreiecke bestimmt werden (**153.**1): Treffen an einer Ecke 2 Plattenränder mit gleichartiger Stützung zusammen, beträgt der Zerlegungswinkel 45°; stößt ein eingespannter mit einem frei aufliegenden Rand zusammen, ist der Zerlegungswinkel an der eingespannten Seite 60°.

Entsprechend ihrer Belastung und Lagerung sind die A u s s t e i f u n g s r i p p e n und ihre Anschlüsse zu bemessen, wie z. B. die Stirnrippe in Bild **153.**1. Der S c h w e i ß - a n s c h l u ß frei auskragender Rippen wird durch ihre anteilige Last V und das dadurch entstehende Einspannmoment auf Abscheren und Biegung beansprucht (s. Abschn. 3.2.5, Beisp. 8). Man kann eine solche Rippe aber auch als Druckstrebe auffassen; dann werden die Anschlüsse durch V und H auf Abscheren und Druck beansprucht (**151.**1a). Gegenüberliegende auskragende Rippen müssen stets gegeneinander abgestrebt werden, damit sich ihre Horizontalkräfte H gegenseitig ausgleichen können; sie werden daher in der Ebene der Stützenflansche (**151.**1c, **153.**1) oder -stege (**153.**2) angeordnet. Fehlt zwischen ihnen eine solche Verbindung, verformt sich der Stützenfuß, und die Aussteifung ist wirkungslos (**152.**1).

Beispiel (**151.**1b): Fuß einer Stütze aus IPB 220 mit einer Druckkraft von $F = 880$ kN

Betonpressung $\qquad \sigma_b = \dfrac{880}{80 \cdot 40} = 0,275$ kN/cm^2

Fußplatte (1 cm breiter Plattenstreifen)

Stützmoment $\quad M_{St} = 0,275 \cdot 8,25^2/2 = 9,36$ kNcm/cm

Feldmoment $\quad M_F = -0,275 \cdot 23,5^2/8 + 9,36 = -9,62$ kNcm/cm

$\qquad\qquad W = 1 \cdot 2^2/6 = 0,667$ cm^3 $\qquad \sigma = 9,62/0,667 = 14,4 < 16$ kN/cm^2

Durch Wahl des Plattenüberstandes mit $\ddot{u} \approx 0,354\, l$ strebt man Ausgleich zwischen Stütz- und Feldmoment an.

Anschluß des Fußblechs am Stützenschaft

Lastfläche $\qquad\qquad A = 80 \cdot \dfrac{40}{2} - 22 \cdot \dfrac{11}{2} = 1479$ cm^2

Lastanteil des Fußblechs $\quad F_{bl} = 1479 \cdot 0,275 = 407$ kN

$\qquad A_w = 2 \cdot 0,4 \cdot 25 + 0,7 \cdot 22 = 35,4$ cm^2 $\qquad \tau_{||} = 407/35,4 = 11,5 < 13,5$ kN/cm^2

Außerdem wären noch für den aus den Fußblechen und der Fußplatte bestehenden Querschnitt (vgl. **151.**1c Schnitt A−A) das Größtmoment und die Biegespannung sowie an der Stelle der größten Querkraft die Vergleichsspannung der Halsnaht (zwischen Fußplatte und Blech) nachzuweisen.

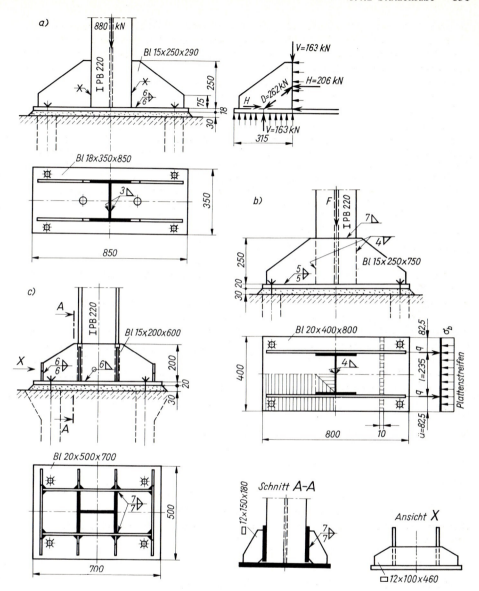

151.1 Drei verschiedene Möglichkeiten für das Anschweißen der Fußbleche an den Stützenschaft

Die konstruktive Anordnung der die Hauptaussteifung bildenden Fußbleche kann nach den 3 im Bild **151.**1 gezeigten Ausführungen erfolgen. (b) ist weniger schweißgerecht als (a), aber einfacher in der Herstellung. Bei (c) ist auf die Zugänglichkeit der Schweißnähte an der Flanschinnenkante zu achten. Bei größeren Plattenüberständen sind die Ecken der Platte durch Aussteifungen zu erfassen (**151.**1c, **152.**2).

Die spitzen Ecken dreieckförmiger Aussteifungen werden auf 20···50 mm Breite abgeschnitten, weil die Blechspitzen beim Schweißen sonst unsauber wegschmelzen; die rechtwinklige Ecke wird abgeschrägt, um die Rundumnaht des Stützenschaftes unbehindert durchziehen zu können.

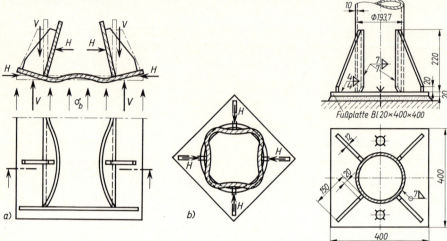

152.1 Verformungen des Stützenfußes bei falscher Anordnung der Aussteifungen

152.2 Fuß einer Stahlrohrstütze

Besteht bei dünnwandigen Rohrstützen großen Durchmessers die Gefahr, daß sich die Rohrwand durch den Druck der auskragenden Aussteifungen verformt und sich die beabsichtigte aussteifende Wirkung infolgedessen nicht einstellen kann (**152.**1b), führt man die Rippen durch den Stützenschaft durch, indem man das Rohr schlitzt und wieder luftdicht verschweißt (**152.**3).

Den Fuß einer 2teiligen Stütze mit auf die Stützenflansche aufgelegten Fußblechen zeigt Bild **152.**4. Die Fußbleche sind nicht nur die Hauptaussteifungen des Stützenfußes, sondern erfüllen auch zugleich die Funktion der Endbindebleche für den 2teiligen Druckstab.

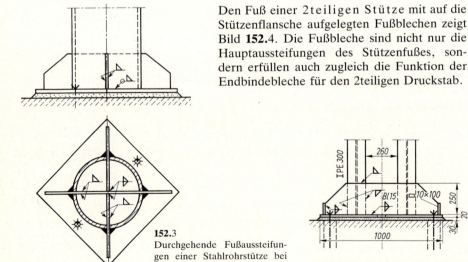

152.3
Durchgehende Fußaussteifungen einer Stahlrohrstütze bei großen Abmessungen

152.4 Fuß einer zweiteiligen Stütze

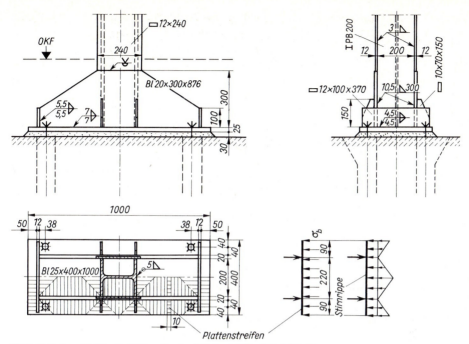

153.1 Fuß einer Hohlkastenstütze. Lastverteilung auf die Aussteifungen

Bei zusammengesetzten Stützenquerschnitten legt man die Fußbleche
grundsätzlich in die Ebene einer Gurtplatte. Diese gibt ihren Kraftanteil mittels der
Stumpfnaht unmittelbar an den Stützenfuß ab; für den Anschluß der Restkraft
genügen dann relativ kurze Kehlnähte,
wodurch die Bauhöhe des Fußes klein
bleibt (**153**.1, **153**.2). Durch diese Maßnahme werden zudem Schweißnahthäu-
fungen an den Profilkanten vermieden.
Gurtplatte und Fußblech werden schon
vor dem Zusammenbau miteinander verschweißt.

153.2
Fuß für eine mit Gurtplatten verstärkte IPB-Stütze

6.4.1.4   Eingespannte Stützenfüße

Schließt man das bei eingespannten Stützen auftretende Einspannmoment an das Fundament an, ergeben sich 2 unterschiedliche konstruktive Lösungen, je nachdem, ob man das Moment in ein horizontales oder vertikales Kräftepaar auflöst.

Die Zugkraft Z_A des vertikalen Kräftepaares wird von Rundstahlankern mittels Ankerbarren in das Fundament geleitet, die Druckkraft D von der Fußplatte über die Mörtelfuge an das Fundament abgegeben (**154.**1 u. **155.**1). Nimmt man die Betonpressung σ_b näherungsweise über $c = l/4$ gleichmäßig verteilt an, liegen alle Hebelarme fest, und man errechnet die Ankerkraft Z_A und die Betondruckkraft D aus den Gleichgewichtsbedingungen.

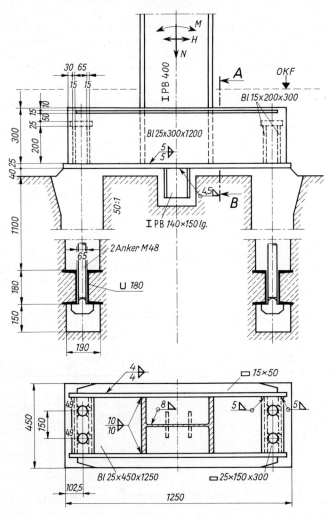

154.1 Eingespannter Stützenfuß mit Verankerung

Unter diesen Voraussetzungen muß der Stützenfuß im Hinblick auf die zulässige Beton-pressung zul σ_b etwa die folgende Länge aufweisen:

$$l \gtrless \frac{\max N}{b \cdot \text{zul } \sigma_b} \left(1 + \sqrt{\frac{6M \cdot b \cdot \text{zul } \sigma_b}{\max N^2}} \right) \quad (155.1)$$

Hierin ist b die Breite der Fußplatte.

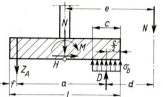

155.1
Kraftwirkungen am eingespannten Stützenfuß

Zur Einleitung der Horizontalkraft H in das Fundament greift ein angeschweiß-ter Dübel aus einem Winkel oder einem kurzen Trägerstück in den Beton ein.

Die Standsicherheit der Stütze und ggf. des gesamten Bauwerks hängt nicht nur von der richtigen Bemessung, sondern auch vom ordnungsmäßigen und rechnerisch nachgewiesenen Anschluß des Zugankers am Stützenfuß ab. Es genügt nicht, den Zuganker nur in der Fußplatte zu verschrauben, wie es bei einfachen Stützen üblich ist.

Für die Fuge unter dem Stützenfuß, in der keine Zugspannungen aufgenommen werden können, ist der Lagesicherheitsnachweis nach Abschn. 2.2.3 zu führen (Erreichen der kritischen Pressung, Gleitsicherheit).

Werden der Vorabversand und der Einbau von Verankerungsmaterial unwirtschaft-lich, wie z. B. bei Exportaufträgen, kann man die Fußeinspannung durch Einsetzen der Stütze in ein Hülsenfundament aus B 25 herstellen (**155.2**); nach dem Ausrich-ten der Stütze wird der Köcher ausbetoniert. Die Einbindetiefe f liegt je nach Beanspruchung etwa zwischen dem 2,5- und dem 6fachen der Profilhöhe h. Wegen

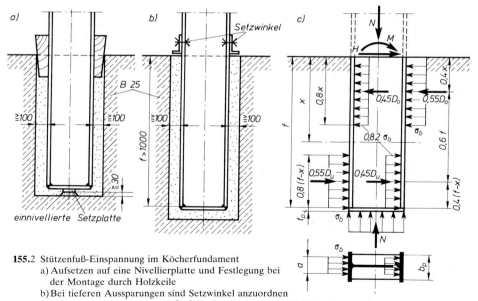

155.2 Stützenfuß-Einspannung im Köcherfundament
    a) Aufsetzen auf eine Nivellierplatte und Festlegung bei
       der Montage durch Holzkeile
    b) Bei tieferen Aussparungen sind Setzwinkel anzuordnen
    c) Berechnungsannahmen nach [16] für den Nachweis der Fußeinspannung

der möglichen Unfallgefahr infolge der im Bauzustand mangelhaften Einspannwirkung führt man diese Konstruktion im allg. nur in den erwähnten besonderen Fällen aus.

Das Einspannmoment M wird in ein horizontales Kräftepaar aufgelöst, wobei die obere Kraft $D_o = D_u + H$ noch die Horizontalkraft enthält (**155.**2c). Die beiden Druckkräfte werden mit 55% auf den von außen und mit 45% auf den von innen belasteten Stützenflansch verteilt; ohne weiteren Nachweis der Flanschbiegung wird für die wirksame Flanschbreite a eine Lastausbreitung 1:2,5 (= 21,8°) tangential zur Ausrundung angenommen:

$$a = s + 5t + 1,615r \qquad (156.1)$$

Wegen der Unsicherheiten bei der vereinfachten Annahme der Betonpressung wird ihr zulässiger Wert auf zul $\sigma_b = \dfrac{1}{1,15} \cdot \dfrac{\beta_R}{\gamma}$ vermindert. Die Stützendruckkraft N wird von der Fußplatte übertragen. Die Dicke der Platte t_P errechnet sich nach Abschn. 6.4.1.1, ihre Breite b_P hält man so schmal, wie es mit Rücksicht auf zul σ_b möglich ist, um das satte Unterfüllen mit Beton zu erleichtern. [16] enthält für IPE-, IPBl- und IPB-Profile mit Profilhöhen von 200 bis 600 mm die bei verschiedenen Einbindetiefen f zulässigen Schnittgrößen M, N und H, so daß sich hierfür Nachweise erübrigen.

Die Fundamente eingespannter Stützen erhalten Biegemomente, die berechnet und durch Bewehrung gedeckt werden müssen.

Beispiel (154.1 und **155.**1): Es sind die wesentlichen Nachweise für den Fuß der eingespannten Stütze aus Beisp. 1, Abschn. 5.2.4, mit max $M = 345$ kNm, max $N = 400$ kN, min $N = 95$ kN und $H = 50$ kN durchzuführen.

Für das Stahlbetonfundament aus B 15 wird zul $\sigma_b = \beta_R/\gamma = 1,05/2,1 = 0,5$ kN/cm^2 und damit die erforderliche Stützenfußlänge nach Gl. (155.1)

$$l \gtrless \frac{400}{45 \cdot 0,5} \left(1 + \sqrt{\frac{6 \cdot 34500 \cdot 45 \cdot 0,5}{400^2}}\right) = 114 \text{ cm}$$

Gewählt wird $l = 125$ cm.

$$c = l/4 = 125/4 = 31 \text{ cm} \qquad a = 125,0 - 10,25 - 31/2 \approx 99,2 \text{ cm}$$

Ankerzugkraft: Maßgebend ist min N

$$\max Z_A \cdot a + \min N \left(\frac{l}{2} - \frac{c}{2}\right) - M = 0$$

$$\max Z_A = \frac{1}{99,2} \left(34500 - 95 \cdot \frac{125 - 31}{2}\right) = 303 \text{ kN}$$

$$2\,\text{M}\,48 \qquad \sigma_Z = \frac{303}{2 \cdot 14,73} = 10,3 < 11,0 \text{ kN/cm}^2$$

Anschluß der Ankertraversen an den beiden Fußblechen mit insgesamt 4 Kehlnähten 5−200:

$$A_w = 4 \cdot 0,5 \cdot 20 = 40 \text{ cm}^2 \qquad \tau_\| = 303/40 = 7,6 < 13,5 \text{ kN/cm}^2$$

(Die Ankertraversen sind zugleich auch Aussteifungen der Fußplatte und übernehmen entsprechend der von ihnen gestützten Fußfläche einen Anteil der Druckkraft D. Bei kleinen Ankerkräften kann dieser Einfluß überwiegen und für den Schweißanschluß maßgebend werden).

Betonpressung: Maßgebend ist max N

$$\max D \cdot a - \max N \left(\frac{l}{2} - f \right) - M = 0$$

$$\max D = \frac{1}{99,2} \left[34\,500 + 400 \left(\frac{125}{2} - 10,25 \right) \right] = 558 \text{ kN}$$

$$\sigma_b = \frac{\max D}{c \cdot b} = \frac{558}{31 \cdot 45} = 0,4 \text{ kN/cm}^2 < \text{zul } \sigma_b = 0,5 \text{ kN/cm}^2$$

Lagesicherheitsnachweis

Wenn min N aus Eigenlast und H aus Windlast resultieren, wird die anzusetzende Belastung mit den Lasterhöhungsfaktoren nach Tafel **32**.1

$$\gamma_{cr} \cdot \min N = 1,0 \cdot 95 = 95 \text{ kN} \quad \text{und} \quad \gamma_{cr} \cdot H = 1,3 \cdot 50 = 65 \text{ kN}.$$

Die Auswirkungen von Imperfektionen und Verformung sollen trotz des in diesem Fall geringen Einflusses berücksichtigt werden. Bei der nach Bild **133**.1 angenommenen Schiefstellung der Stütze um 3,45 cm entsteht an der Einspannstelle das Biegemoment

$$M_I = 65 \cdot 6,9 + 95 \cdot 0,0345 = 452 \text{ kNm}$$

Mit $F_{Ki} = \dfrac{\pi^2 \cdot E \cdot I}{s_K^2} = \dfrac{\pi^2 \cdot 2,1 \cdot 57\,690}{(2 \cdot 6,9)^2} = 6280$ kN kann man das bei Berücksichtigung der

Verformungen entstehende Moment näherungsweise angeben zu

$$M_{II} = \frac{M_I}{1 - F/F_{Ki}} = \frac{452}{1 - 95/6280} = 459 \text{ kNm}$$

Nach Proberechnung wird angenommen: $c = 17$ cm; $a = 125 - 10,25 - 17/2 = 106,25$ cm. Der Einfluß der Druckausbreitung im Fundament auf die Größe von σ_1 wird vernachlässigt.

$$D_{cr} = \frac{1}{106,25} [45\,900 + 95 \, (125/2 - 10,25)] = 479 \text{ kN}$$

$$\sigma_{cr} = \frac{479}{17 \cdot 45} = 0,63 < 1,5 \, \frac{1,05}{2,1} = 0,75 \text{ kN/cm}^2 = \beta_{cr} \quad \text{(B 15)} \qquad \text{[n. Gl. (32.2)]}$$

$$1,3 \, Z_A = 479 - 95 = 384 \text{ kN} \qquad\qquad\qquad\qquad \text{(n. Bild } \textbf{33}.1)$$

$$Z_A = 295 \text{ kN} < \text{zul } Z = 2 \cdot 162 = 324 \text{ kN}$$

Anschluß des Stützenschafts an die Fußbleche (**157**.1)

$\max F_f = \max N/2 + \max M/h = 400/2 + 345/0,376 = 1118$ kN

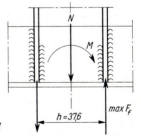

157.1
Anschlußkräfte der Stutzenflansche infolge N und M

Wegen erschwerter Zugänglichkeit der Kehlnähte an der Flanschinnenkante wird für diese nur eine Länge von 15 cm in Rechnung gestellt:

$$A_w = 2 \cdot 1,0 \, (30 + 15) = 90 \text{ cm}^2 \qquad \tau_{\parallel} = 1118/90 = 12,4 < 13,5 \text{ kN/cm}^2$$

Übertragung der Horizontalkraft *H*

Der Stützenschaft gibt *H* mittels der reichlich bemessenen Stegnähte an die Fußplatte ab, die sie über den Dübel IPB 140 in das Fundament leitet (**158**.1). Analog zu Bild **155**.2 wird der Anteil 0,55 *H* = 27,5 kN dem vorderen Dübelflansch zugewiesen. Beim IPB 140 ist nach Gl. (156.1)

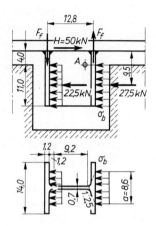

$$a = 0,7 + 5 \cdot 1,2 + 1,615 \cdot 1,2 \approx 8,6 \text{ cm}$$

Wegen der Unsicherheiten der Annahmen wird die zulässige Betonpressung vermindert:

$$\text{zul } \sigma_\text{b} = \frac{1}{1,15} \cdot \frac{\beta_\text{R}}{\gamma} = \frac{1,05}{1,15 \cdot 2,1} = 0,435 \text{ kN/cm}^2$$

$$\sigma_\text{b} = \frac{27,5}{11,0 \cdot 8,6} = 0,291 < 0,435 \text{ kN/cm}^2$$

158.1
Kraftwirkungen am Dübel des Stützenfußes

Am Rundungsbeginn im Steg (Punkt A) ist

$$M = 50 \cdot 11/2 = 275 \text{ kNcm} \qquad \sigma_\text{x} = \frac{275 \cdot 9,2/2}{1510} = 0,84 \text{ kN/cm}^2$$

$$\sigma_\text{y} = - \frac{27,5}{11 \cdot 0,7} = - 3,57 \text{ kN/cm}^2$$

$$\tau \approx \tau_\text{m} = H/A_\text{Q} = 50/8,96 = 5,58 < 9,2 \text{ kN/cm}^2$$

N. Gl. (31.3): $\sigma_\text{V} = \sqrt{0,84^2 - 0,84 \cdot (- 3,57) + 3,57^2 + 3 \cdot 5,58^2} = 10,48 < 16 \text{ kN/cm}^2$

Schweißnaht des Steges (**154**.1): $\tau_{\parallel} = \dfrac{50}{2 \cdot 0,45 \cdot 9,2} = 6,04 < 13,5 \text{ kN/cm}^2$

Schweißnaht der Flansche: $F_\text{f} = 50 \cdot 9,5/12,8 = 37,1 \text{ kN}$

$$A_\text{w} = 0,45 \cdot (14 + 2 \cdot 5,5) = 11,25 \text{ cm}^2 \qquad \sigma_\perp = 37,1/11,25 = 3,30 < 13,5 \text{ kN/cm}^2$$

Spannungsnachweis für den Querschnitt des Stützenfußes (**158**.2):

In Anlehnung an die Vorschriften über die mitwirkende Plattenbreite bei Verbundträgern wird die Breite des Fußbleches mit 2 × 11 cm in Ansatz gebracht. Die Querschnittswerte sind

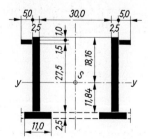

$$A_\text{s} = 2 \cdot 75,0 = 150 \text{ cm}^2 \qquad I_\text{y} = 26210 \text{ cm}^4$$

$$W_\text{yo} = 26210/18,16 = 1443 \text{ cm}^3$$

$$S_\text{y} = 2 \left(2,5 \cdot \frac{11,84^2}{2} + 11 \cdot 2,5 \cdot 13,09\right) = 895 \text{ cm}^3$$

158.2
Schnitt A−B durch den Stützenfuß

max D liefert an der Kante des Stützenprofils das größte Biegemoment.

$$\text{max } M = 558 \left(42,5 - \frac{31}{2}\right) = 15070 \text{ kNcm} \qquad \sigma = \frac{15070}{1443} = 10,4 < 16,0 \text{ kN/cm}^2$$

$$\text{max } \tau = \frac{558 \cdot 895}{26210 \cdot 2 \cdot 2,5} = 3,81 \text{ kN/cm}^2 < 0,5 \cdot \text{zul } \tau$$

daher kein Nachweis für σ_V erforderlich.

Der Flachstahl $\square$ 15 × 50 am oberen Rand des Fußblechs vergrößert nicht nur das Widerstandsmoment, sondern sichert auch den Blechrand gegen Beulen.

6.4.1.5   Stützenverankerung

Montageverankerung

Auf Druck beanspruchte Stützen verbindet man durch eine Verankerung biegefest mit dem Fundament, um sie für die Dauer der Montage standsicher zu machen, ohne sie abspannen oder abstreben zu müssen.

Rundstahlanker werden in ausgesparte Ankerkanäle des Fundaments eingeführt, unter Ankerwinkel gehakt und am Stützenfuß fest verschraubt (**159**.1). Die Ankerdurchmesser M 16···M 30 werden gefühlsmäßig nach der Schwere der Stützenkonstruktion gewählt. Nach beendeter Montage werden die Kanäle zusammen mit der Lagerfuge mit Zementmörtel vergossen. Empfohlene Abmessungen für Ankerwinkel und Kanäle, abhängig vom Ankerdurchmesser d, sind dem Bild zu entnehmen. Statt der Ankerwinkel können auch hochkant stehende Flachstähle oder Rundstähle $\varnothing$ 30 verwendet werden, die jedoch eine elastisch nachgiebigere Verbindung mit dem Fundament mit sich bringen.

Engstehende Anker erhalten einen gemeinsamen Kanal (**159**.1b). Die konische Erweiterung der Kanäle nach oben erleichtert das Ziehen der Schalung. Damit bei der Montage auftretende zufällige Ankerzugkräfte keine großen Verformungen

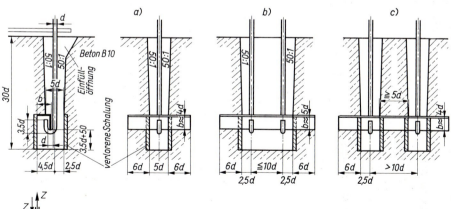

159.1
Montageverankerung; ungefähre Abmessungen der Ankerkanäle und der Ankerwinkel

(Schiefstellung der Stütze) verursachen, ordnet man die Anker im Stützenfuß dicht neben den Aussteifungen (**151.**1a, b) und am besten in den Ecken an (**151.**1c, **153.**2).

Das Aussparen und Freihalten der Ankerkanäle ist unbeliebt. Man kann die Anker auch fest einbetonieren, wenn die Ausführungstoleranzen auf ± 15 mm beschränkt werden; große Bohrungen von 70 mm Durchmesser in der Fußplatte schaffen für die Anker ausreichenden Spielraum zum Ausrichten der Stütze (**160.**1). Dabei muß man darauf achten, daß die zum Überdecken des großen Lochs notwendige Scheibe diesen Spielraum nicht durch Anschlagen am Stützenschaft einschränkt. Für leichte Verankerungen sind einbetonierte, verankerte Halteschienen geeignet (**160.**2); in der Fußplatte sitzen die Spezialschrauben in Langlöchern quer zur Schiene.

Steinschrauben (**40.**2, **145.**3) verbinden die Stütze lediglich konstruktiv mit dem Fundament, geben aber keine Hilfe bei der Montage und können nur dann anstelle der Montageverankerung vorgesehen werden, wenn die Stütze im Bauzustand in anderer Weise in ihrer Lage gesichert wird.

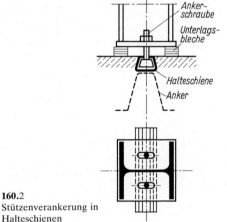

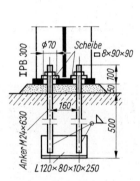

160.1 Fest einbetonierte Anker

160.2
Stützenverankerung in
Halteschienen

Zuganker

Erhalten die Anker im Betriebszustand planmäßig Zugkräfte (z. B. bei eingespannten Stützen), werden sie nicht in der Stützenfußplatte verschraubt, sondern mit T r a v e r s e n an der Fußkonstruktion selbst befestigt, damit eine starre Verbindung entsteht und auch große Zugkräfte einwandfrei und rechnerisch nachweisbar angeschlossen werden können (**154.**1). In das Fundament leitet man die Kräfte in der Regel über A n k e r b a r r e n ein (**161.**1). Die zur Aufnahme der Zugkräfte statisch erforderlichen Barrenprofile (⊐⊏) sind in der Tafel **161.**2 angegeben. Da bei einem Haken am unteren Ankerende bei der Zugkrafteinleitung Biegemomente auftreten würden (**159.**1d), dürfen nur H a m m e r s c h r a u b e n nach DIN 7992 verwendet werden, deren Hammerkopf eine zentrische Krafteinleitung gewährleistet. Eine Kerbe im oberen Stirnende zeigt die Richtung des Hammerkopfes an, Anschläge unter den Barren legen seine Lage fest.

Schalt man die Ankerkanäle mit gewellten Hüllrohren, entsteht ein guter Verbund zwischen dem Füllbeton und dem Fundament. Man gibt dann die Ankerkraft über Ankerplatten, die am unteren Ankerende angeschweißt oder angeschraubt sind, unmittelbar an den Füllbeton ab und spart auf diese Weise den kostspieligen Einbau der Ankerbarren. Als Montagehilfe für die Stütze sind ggf. zusätzlich Montageanker erforderlich.

Die von der Zugspannung verursachte Dehnung der Anker führt zu einer wenn auch geringen elastischen Verdrehung an der Einspannstelle. Diese läßt sich vermeiden, wenn man statt der Anker Spannstähle verwendet und sie mit den Methoden des Spannbetonbaus gegen das Fundament vorspannt.

Während der Bauzeit sind Ankerkanäle gegen hineinfallenden Schutt unverschieblich abzudecken.

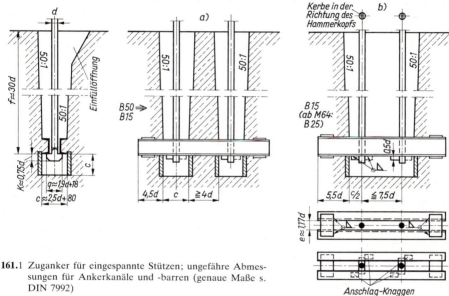

161.1 Zuganker für eingespannte Stützen; ungefähre Abmessungen für Ankerkanäle und -barren (genaue Maße s. DIN 7992)

Tafel **161**.2   Barrenprofile zu Bild **161**.1

Anker		M 24	M 30	M 36	M 42	M 48	M 56	M 64	M 72
Ausführung	**161**.1a	][65	][65	][80	][100	][120	][160[1]	][180[1]	][200[1]
	141.1b	][80	][100	][120	][140	][180	][200	][220	][240

[1] abweichend von DIN 7992

6.4.2 Stützenkopf

Für die Auflagerung eines Unterzuges auf dem Stützenkopf gibt es 2 konstruktive Lösungen: Die Flächenlagerung und die zentrische Lagerung.

Bei der Flächenlagerung (**162**.1) entsteht eine mehr oder weniger biegefeste Verbindung zwischen Stütze und Träger, die die Stütze zur Teilnahme an der Formänderung des Trägers zwingt (**162**.2, A, B und C). Hierdurch entstehende Biegemomente müssen wenigstens näherungsweise erfaßt und bei der Bemessung der Stütze berücksichtigt werden, wenn sie, wie z. B. bei Stütze A, größere Werte annehmen. Wenn auch infolgedessen ein stärkeres Stützenprofil notwendig wird, wird man doch die Flächenlagerung wegen des geringen konstruktiven Aufwandes oft vorziehen. Die S t e g a u s s t e i f u n g e n des Unterzuges liegen in Verlängerung der Stützenflansche, übernehmen deren Kraftanteil und leiten ihn in den Unterzugsteg; sie müssen nicht bis zum Oberflansch des Unterzuges durchgeführt werden.

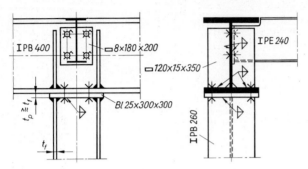

162.1 Flächenlagerung eines Unterzuges auf einer Stützenkopfplatte

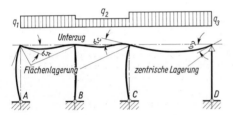

162.2
Verformungen der Stützen bei fester Verbindung mit dem Unterzug

Z e n t r i s c h e   K r a f t e i n l e i t u n g hält die Stütze momentenfrei und schafft klare statische Verhältnisse (**162.**2, D). Der Unterzug kann sich um die quer zu seiner Achse liegende, oft zylindrisch bearbeitete Z e n t r i e r l e i s t e frei drehen (Linienkipplager), ohne daß sich die Auflagerlast merklich aus der Stützenachse verschiebt (**163.**1). Die Zentrierleiste gibt ihre Last durch Kontakt an das eben und rechtwinklig bearbeitete Stützenende ab. Nimmt man eine Druckausstrahlung unter $\approx 45°$ an, dann liegt aber nur ein Teil der Stützenfläche im Druckbereich (im Bild **163.**1a schraffiert). Reicht diese Teilfläche im Allg. Spannungsnachweis nicht aus, muß der Stützenkopf durch Beilagen innerhalb des Druckbereichs verstärkt werden (**163.**1c). Nach oben hin erfaßt die Druckausbreitung die Stegaussteifungen des Unterzuges sowie am Beginn der Flanschausrundung einen entsprechenden Stegstreifen (Schnitt A−B). Die an ihrem unteren Ende eingepaßten Steifen haben die weitere wichtige Aufgabe, die Verformung des Unterzugflansches infolge des Zentrierleistendruckes q zu verhindern; andernfalls würde die Linienlagerung fast zur Punktlagerung werden mit übermäßig großen Druckspannungen und labiler Lagerung des Unterzugs (**163.**1b). Zentrierleisten müssen deshalb immer auf voller Länge von oben und von unten her durch scharf eingepaßte Aussteifungen gestützt werden. Die Verbindungsschrauben im Stützenkopf legen den Unterzug in Querrichtung gegen die Stütze fest und sichern ihn an seinem Auflager gegen Kippen.

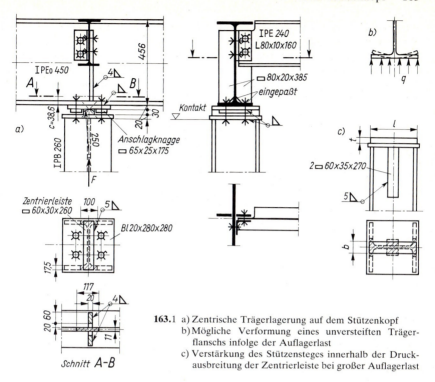

163.1 a) Zentrische Trägerlagerung auf dem Stützenkopf
b) Mögliche Verformung eines unversteiften Träger-
flanschs infolge der Auflagerlast
c) Verstärkung des Stützensteges innerhalb der Druckausbreitung der Zentrierleiste bei großer Auflagerlast

Der Zentrierleiste mit der Länge l gibt man bei einer Auflast F mit Rücksicht auf die
Biegebeanspruchung die Dicke

$$t \geqq \frac{1,5\,F}{l \cdot \text{zul}\,\sigma} \quad \text{und} \quad t \geqq 2,5\,\text{cm} \tag{163.1}$$

mit zul σ nach Tafel **30**.2, Z. 2. Die Breite der Zentrierleiste ist $b = 2t$. Der Krümmungs-
radius r der zylindrisch gewölbten Oberfläche wird nach den Formeln von Hertz

$$r \geqq \frac{3670\,F}{l \cdot \text{zul}\,\sigma_{\text{HE}}^2} \quad \text{in cm} \tag{163.2}$$

mit F in kN, l in cm und zul σ_{HE} nach Taf. **31**.1 in kN/cm^2.
Setzt man Gl. (163.1) in Gl. (163.2) ein, so wird daraus

$$r \geqq 2450\,t \cdot \text{zul}\,\sigma/\text{zul}\,\sigma_{\text{HE}}^2 \tag{163.2a}$$

und bei Auswertung für St 37 im Lastf. H:

$$r \geqq 9,3 \cdot \text{erf}\,t \tag{163.2b}$$

Diese Bemessungsformel liegt für andere Lastfälle und Stahlsorten auf der sicheren Seite.

Ist die Stütze im Grundriß gegenüber der Unterzugachse um 90° gedreht, sind auch
im Stützenkopf unterhalb der Zentrierleiste Lasteinleitungsrippen erforderlich, die
ebenso wie die Unterzugaussteifungen fast die volle Auflagerkraft zu übernehmen

haben (**164**.1). Der Steifenanschluß verursacht neben den Schweißnähten im dünnen Stützensteg hohe Schubspannungen (vgl. Abschn. 3.2.5, Beisp. 8). Dadurch wird die Tragfähigkeit dieser Konstruktion begrenzt.

Bei großen Kräften und breiten Stützenprofilen kann der Steg entlastet werden, indem die Auflast fachwerkartig durch Schrägsteifen unmittelbar in die kräftigen Flanschquerschnitte eingeleitet wird (**164**.2). Die waagerechte Aussteifung hat hierbei die Funktion eines „Zugbandes".

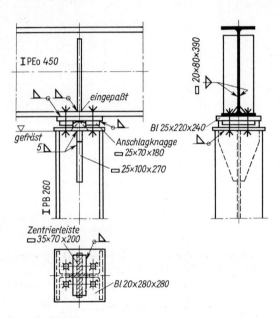 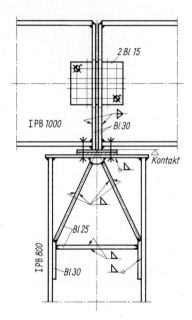

164.1 Zentrische Unterzuglagerung mit Krafteinleitungsrippen am Stützensteg

164.2 Zentrische   Unterzuglagerung
mit Krafteinleitung in die Stützenflansche mittels Schrägsteifen

Auch bei der 2teiligen Stütze nach Bild **165**.1 wird die Auflast von der Aussteifung über die Endbindebleche in die Stützenflansche eingeleitet, ohne den schwachen Steg unmittelbar zu belasten. Die über der Stütze gestoßenen Unterzüge lagern auf einer Zentrierplatte, die jedem der beiden Träger sicheres Auflager gewährt.

Bei geschlossenen Stützenquerschnitten wird die unterhalb der Zentrierleiste notwendige Aussteifung in den geschlitzten Stützenkopf geschoben und angeschweißt (**165**.2). Zur Verschraubung mit der am Unterzug angeschweißten Zentrierleiste ist die Stützenkopfplatte seitlich verbreitert worden.

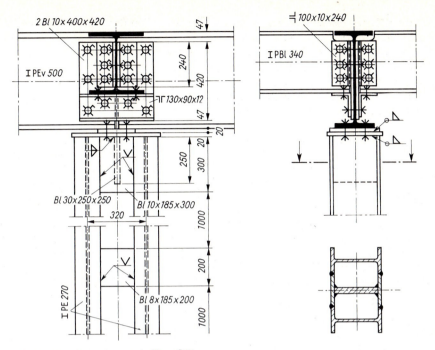

165.1 Stützenkopf einer zweiteiligen Stütze

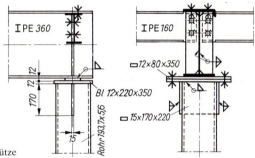

165.2
Zentrische Unterzuglagerung auf einer Rohrstütze

Beispiel (**163**.1): Für die Stützenlast F_H = 580 kN sollen näherungsweise die Spannungen nachgewiesen werden, die bei Krafteinleitung im zentrischen Auflager entstehen. Werkstoff St 37.

Zentrierleiste

$$t = 3,0 \text{ cm} > \text{erf } t = \frac{1,5 \cdot 580}{26 \cdot 16,0} = 2,09 \text{ cm [nach Gl. (163.1)]}$$

$$b = 2t = 2 \cdot 3,0 = 6,0 \text{ cm}$$

$$r = 25 \text{ cm} > \text{erf } r = 9,3 \cdot 2,09 = 19,4 \text{ cm [nach Gl. (163.2b)]}$$

Bei einer angenommenen Kraftausbreitung unter 45° ist die wirksame S t ü t z e n f l ä c h e unterhalb der Kopfplatte

$$A = 118,0 - 2\ (26 - 10)\ 1,75 = 62,0\ \mathrm{cm}^2 \qquad \sigma = 580/62 = 9,36 < 16\ \mathrm{kN/cm}^2$$

Im Schnitt A−B ist die Fläche

Steg $11,7 \cdot 1,1 \quad = 12,9\ \mathrm{cm}^2$
Aussteifung $2 \cdot 6,0 \cdot 2,0 \quad = \underline{24,0\ \mathrm{cm}^2}$
$$A = 36,9\ \mathrm{cm}^2$$

$$\sigma = 580/36,9 = 15,72 < 16\ \mathrm{kN/cm}^2$$

Für 1 A u s s t e i f u n g beträgt der Kraftanteil $F_{\mathrm{St}} = 15,72 \cdot 24/2 = 189\ \mathrm{kN}$
und das Moment in der Schweißnaht $M = 189\ (8,0 - 6,0/2) = 945\ \mathrm{kNcm}$

$$A_{\mathrm{w}} = 2 \cdot 0,4 \cdot 36,5 = 29,2\ \mathrm{cm}^2 \qquad W_{\mathrm{w}} = 2 \cdot 0,4 \cdot 36,5^2/6 = 177,6\ \mathrm{cm}^3$$

$$\tau_{\parallel} = 189/29,2 = 6,47\ \mathrm{kN/cm}^2 \qquad \sigma_{\perp} = 945/177,6 = 5,32\ \mathrm{kN/cm}^2$$

Der Vergleichswert braucht nicht berechnet zu werden.
Anschluß der Stegaussteifung am Unterzugflansch für $F_{\mathrm{St}}/10$ (Kontakt)

$$\sigma_{\perp} = \frac{189/10}{0,4\ (2 \cdot 6,0 + 2,0)} = 3,38 < 13,5\ \mathrm{kN/cm}^2$$

6.4.3 Stützenstöße

Da Stützenprofile stets in ausreichender Länge lieferbar sind, sind Werkstattstöße selten. Die bei mehrgeschossigen Bauten notwendig werdenden Baustellenstöße legt man der bequemen Montage wegen nach Möglichkeit dicht über eine Trägerlage. Werden Leitungen an der Stütze entlang nach oben geführt, muß die konstruktive Durchbildung der Stöße darauf Rücksicht nehmen.

6.4.3.1 Der Kontaktstoß

Liegt der Stoß einer n u r a u f D r u c k beanspruchten, durchgehenden Stütze mit einem Schlankheitsgrad $\lambda \leq 100$ in den äußeren Vierteln der Knicklänge und ist durch w i n k e l r e c h t e Bearbeitung und, wenn nötig, durch voll angeschweißte Beilagen dafür gesorgt, daß die Stoßflächen satt aufeinanderliegen (K o n t a k t s t o ß), dürfen die Deckungslaschen und ihre Verbindungsmittel nach DIN 18801, 7.1.1 für die h a l b e Stützenlast berechnet werden (**166.**1).

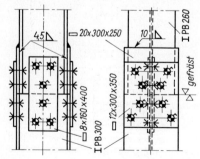

166.1
Kontaktstoß einer IPB-Stütze mit Laschendeckung und Paßschrauben

Der Stoß kann auch einfacher mit verschraubten Stirnplatten nach Bild **167**.1 ausgeführt werden. Man legt ihn möglichst nahe an das Ende der Knicklänge. Da sich
Stirnplatten beim Schweißen verformen, werden sie entweder vorgekrümmt,
oder sie müssen anschließend planeben bearbeitet werden, damit die Stützen in der
Berührungsfläche satt aufeinander stehen. Die seitlich verlängerte Kopfplatte des
unteren Stützenschusses wird in diesem Beispiel als Zuglasche des durchlaufenden
Unterzuges herangezogen. Wegen der niedrigen Bauhöhe verschwindet der Stoß in
der Deckenplatte.

Bei dem Kontaktstoß in Bild **167**.2 stehen die rechtwinklig bearbeiteten Stirnflächen
der Rohre aufeinander. Ihre Lage wird durch ein als Muffe an die untere Stütze
geschweißtes Rohrstück gesichert, das auf der Baustelle mit dem oberen Stützenschuß mit Kehlnähten ebenfalls verschweißt wird.

Stehen die Stützenflansche nicht übereinander (**167**.3), muß ihre anteilige Kraft in
voller Größe von Aussteifungen übernommen werden (s. Abschn. 3.2.5, Beisp. 8).

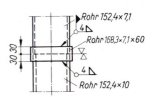

167.2 Kontaktstoß einer Rohrstütze

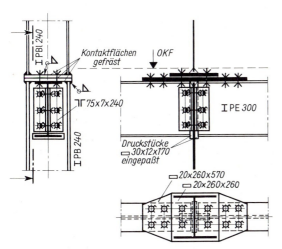

167.1 Kontaktstoß mit angeschweißten Stirnplatten

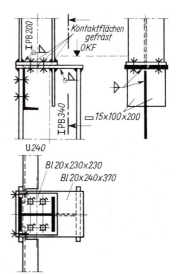

167.3
Kontaktstoß mit Stirnplatten bei Profilwechsel

Auch wenn ausnahmsweise der Unterzug beim Stoß zwischen die Stützenschüsse gelegt wird (**168**.1), müssen die Flanschkräfte von eingepaßten Aussteifungen weitergeleitet werden. Wegen der zweiachsigen Beanspruchung wird der dünne Unterzugsteg nötigenfalls mit beidseitigen Beilagen verstärkt. Das zwischen Stützenkopf und Unterzug gelegte Futter gleicht Höhentoleranzen des Unterzugprofils sowie Längenabweichungen der Stützenschüsse aus.

Die Konstruktion des Kontaktstoßes mehrteiliger Stützen erfolgt nach den gleichen Grundsätzen wie bei einteiligen Querschnitten. An der Stoßstelle werden in der Regel Bindebleche vorgesehen (**170**.2). Es ist zu beachten, daß Stoßquerplatten die Leitungsdurchlässigkeit der Stütze unterbrechen.

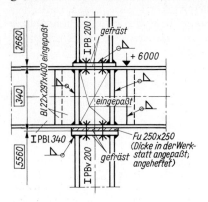

168.1
Stützenstoß mit zwischenliegendem Unterzug

6.4.3.2   Der Vollstoß

Ist eine der Voraussetzungen für die Anwendung des Kontaktstoßes, die zu Beginn des Abschn. 6.4.3.1 aufgeführt sind, nicht erfüllt, muß der Stützenstoß als Vollstoß ausgeführt werden. Bei ihm werden die anteiligen Steg- und Flanschkräfte der Stütze in voller Größe über die Stoßstelle hinweggeführt, das Flächenmoment der Stütze wird an der Stoßstelle voll gedeckt. Daher ist der Vollstoß auch bei ausmittiger Stützenbelastung anwendbar und kann an beliebiger Stelle der Knicklänge liegen. Zur Berechnung s. Abschn. 5.3.

Geschweißte Vollstöße kommen als Werkstattstöße, in einzelnen Fällen auch als Baustellenverbindungen vor. Sie werden als Stumpfstöße (**90**.1), bei Profilwechsel als Querplattenstöße mit Stumpf- oder Kehlnähten hergestellt (**90**.2, **95**.1, **171**.1).

Beim Laschenstoß werden die einzelnen Kraftanteile von Steg- und Flanschlaschen über die Stoßstelle geleitet. Der Anschluß der Laschenkräfte erfolgt auf der Baustelle mit Schrauben (**169**.1). Zum Ausgleich unterschiedlicher Profilhöhen notwendige Futter mit > 6 mm Dicke werden entweder mit dem Stützenprofil verschweißt, oder der Schraubenanschluß ist für jede Futterzwischenlage um eine zusätzliche Querreihe zu verlängern. Bei mehrteiligen Stützenquerschnitten führt man die Flanschlaschen in der Regel über die ganze Stützenbreite durch; sie übernehmen dann die Funktion von Bindeblechen (**169**.2).

Bei der vollen Stoßdeckung des rechten Flansches nach Bild **169**.3 werden durch die besondere Laschenanordnung dicke Ausgleichsfutter gespart. Als Ausgleich für Walztoleranzen der Stützenprofile muß aber wenigstens ein dünnes Futter vorgesehen werden.

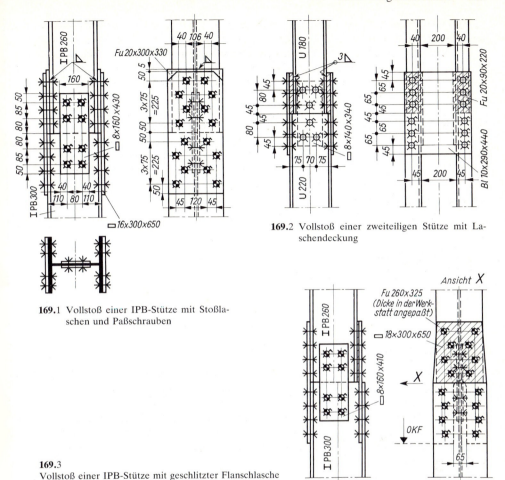

169.1 Vollstoß einer IPB-Stütze mit Stoßlaschen und Paßschrauben

169.2 Vollstoß einer zweiteiligen Stütze mit Laschendeckung

169.3
Vollstoß einer IPB-Stütze mit geschlitzter Flanschlasche

6.4.4 Trägeranschlüsse

Hier werden Anschlüsse von Trägern besprochen, die lediglich Querkräfte an die Stütze
abgeben. Biegesteife Trägeranschlüsse mit planmäßiger Biegemomentenübertragung zwischen Träger und Stütze kommen bei Rahmentragwerken vor; sie werden im Abschn. „Rahmen" (Teil 2) behandelt.

Um eine möglichst momentenfreie, mittige Belastung der Stützen zu erreichen,
werden die stärkstbelasteten Träger möglichst nahe der Stützenachse gelagert. Bei
IPB-Stützen schließen daher die Unterzüge zweckmäßig am Steg und die weniger
belasteten Deckenträger am Flansch an (**170**.1).

Bei zweiteiligen Stützen erreicht man mittige Belastung, indem der Unterzug
durch die Stütze hindurchgeführt und auf einer Traverse zentrisch gelagert wird

(**170**.2). Ein zwischen Unterzug und Stütze geschraubter Verbindungswinkel sichert gegen Kippen. Es ist empfehlenswert, zur Verbesserung der Steifigkeit in der Nähe des Auflagers Bindebleche anzuordnen.

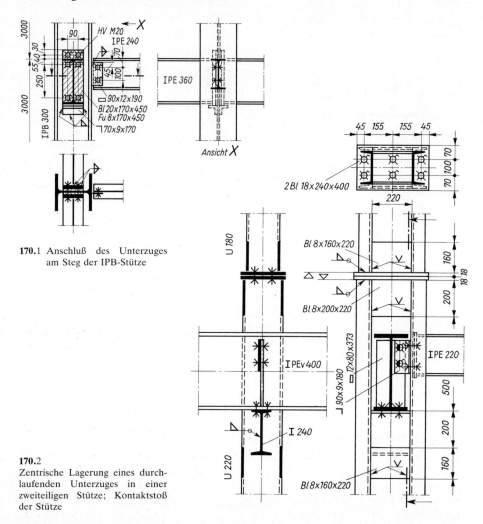

170.1 Anschluß des Unterzuges am Steg der IPB-Stütze

170.2
Zentrische Lagerung eines durchlaufenden Unterzuges in einer zweiteiligen Stütze; Kontaktstoß der Stütze

Die zentrische Lagerung des durchgehenden Unterzuges in der einteiligen Stütze nach Bild **171**.1 beruht auf dem gleichen konstruktiven Prinzip. Zur Vergrößerung der Lagerfläche ist der Steg durch Beilagen verstärkt und gemeinsam mit ihnen waagrecht bearbeitet worden. Wie bei jedem zentrischen Auflager sind auch hier am Unterflansch des Trägers eingepaßte Stegaussteifungen notwendig (vgl. **163**.1b). Für das Fenster, durch das der Unterzug gesteckt wird, ist ein großer Teil der Fläche des Stützensteges herauszuschneiden; für den Restquerschnitt muß unbedingt der allgemeine Spannungsnachweis (ohne ω) geführt werden.

Bei durchgehenden Rohrstützen und kleinen Auflagerdrücken der Träger verschraubt man den Trägersteg mit einem an der Stütze angeschweißten Anschlußblech (**171.**2). Stärker belastete Unterzüge können mittels Stirnblechs auf einer dicken, mit der Stütze verschweißten und dem Rohrquerschnitt angepaßten Knagge aufgelagert werden; das Anschlußblech sichert den Träger gegen Abrutschen. Der Baustellenstoß der Stütze ist mit Kopf- und Fußplatte als Kontaktstoß ausgebildet.

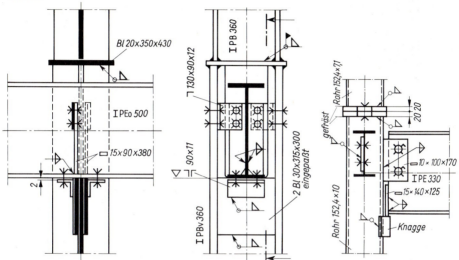

171.1 Zentrische Lagerung eines durchlaufenden Unterzuges in einer einteiligen Stütze

171.2 Mehrgeschossige Rohrstütze mit geschraubtem Kontaktstoß und Trägeranschlüssen

Schließen Unterzüge an den Flanschen an, so wirkt der (z. B. von einseitiger Verkehrslast erzeugte) Unterschied der beiden Auflagerdrücke am Hebelarm der halben Stützenbreite und liefert am Trägeranschluß das Lastmoment $M = \dfrac{h}{2} (C_r - C_l)$ (**172.**1). Die dadurch in der Stütze entstehenden Biegemomente addieren sich nicht von Geschoß zu Geschoß, sondern gehen geschoßweise geradlinig nach unten auf Null zurück, wenn man die Stütze in jedem Geschoß als Pendelstütze auffaßt (**172.**2, gestrichelte Linie). Stützen ohne Stoß oder mit Vollstoß haben jedoch eine gewisse Durchlaufwirkung; an den Zwischengeschossen, nicht aber im obersten Geschoß, ist das die Stütze beanspruchende maximale Biegemoment kleiner als das Lastmoment M. Man kann es zu $\approx 2/3 \cdot M$ annehmen und nach Abschn. 5.2.4 unter Beachtung von Bild **132.**1b der Bemessung zugrunde legen. Verstärkungen des unteren Schaftes werden bis über den Trägeranschluß geführt (**172.**1).

Wird ein Unterzug als Doppelträger ausgeführt, dann spreizt man die beiden Profile so weit, daß die Stütze zwischen ihnen durchschießen kann (**172.**3). Der besondere Vorteil dieser Konstruktion liegt darin, daß Installationsleitungen unbehindert von Trägeranschlüssen an der Stütze entlang zu allen Geschossen hochgeführt werden können. Die für den Trägeranschluß unentbehrlichen Konsolen sollen nicht unter dem Träger liegen, wie in Bild **67.**1, sondern man läßt sie innerhalb der Trägerhöhe verschwinden, damit sie bei der Stützenummantelung oder bei der Raumgestaltung des Skelettbaues nicht stören.

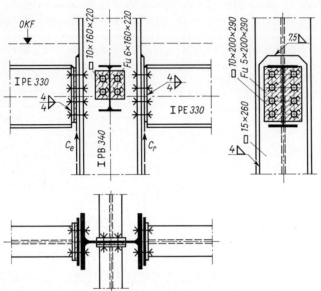

172.1 Unterzuganschluß am Stützenflansch

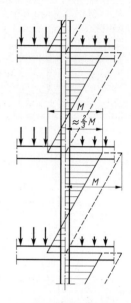

172.2 Biegemomente einer durchgehenden Geschoßstütze infolge ausmittiger Trägeranschlüsse

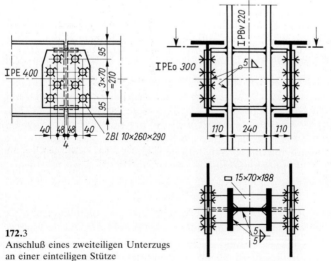

172.3
Anschluß eines zweiteiligen Unterzugs an einer einteiligen Stütze

Rohrleitungen können innerhalb des Stützenumrisses an der Stütze entlangge-
führt werden, wenn man sich mit den Trägeranschlüssen außerhalb des Freiraumes
hält (**173**.1). Die Stoßquerplatten und die Stützenfußplatte müssen passende Aussparungen erhalten, um die Rohrleitungen auch hier unbehindert durchzuführen.
Leitungen können in der Regel nicht in Hohlkastenquerschnitten verlegt werden,
weil diese wegen des Korrosionsschutzes luftdicht verschweißt werden müssen, und
weil die Montage der Leitungen allenfalls noch bei eingeschossigen Stützen möglich
ist.

Wird eine Geschoßdecke, z. B. die Kellerdecke, nicht in Stahlkonstruktion, sondern
in Stahlbetonbauweise hergestellt, wird man die Stahlstütze wegen der Bauhöhe des
Stützenfußes kaum auf die Stahlbetonkonstruktion aufsetzen können, sondern man
führt sie bis in den Keller durch und lagert die Stahlbetondecke mittels Konsolen an
der Stütze (**173**.2).

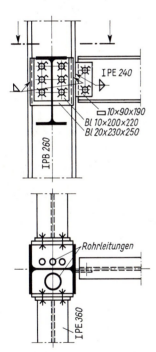

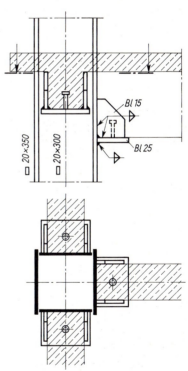

173.1 Für das Durchführen von
Rohrleitungen geeigneter
Anschluß eines Unterzu-
ges an einer IPB-Stütze

173.2 Lagerung von Stahlbetonbalken an
einer Hohlkastenstütze

7 Trägerbau

7.1 Allgemeines

Träger sind vorwiegend auf Biegung beanspruchte Bauteile; sie kommen im Stahl-hochbau z. B. als Deckenträger, Unterzüge und Sturzträger sowie bei Dächern als Sparren und Pfetten vor (s. Teil 2).

Deckenträger und Unterzüge übernehmen die lotrechten Lasten der Decken-platte und übertragen sie auf Wände oder Stützen. Ihre Grundrißanordnung hängt von statischen, wirtschaftlichen, räumlichen und gestalterischen Forderungen ab. Bei gegebenem Grundriß gibt es stets mehrere Möglichkeiten (**174**.1), die man durchrechnen muß, wenn man die wirtschaftlichste Ausführung finden will. Im allg. fördert es die Wirtschaftlichkeit, wenn die Träger über die geringstmögliche Stütz-weite gespannt werden, wenn die Last auf kürzestem Wege zum Erdboden abgelei-tet wird und sich möglichst wenige Bauelemente an der Abtragung der Last betei-ligen.

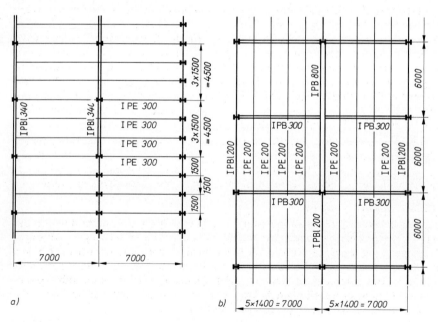

174.1 Zwei Deckengrundrisse mit unterschiedlicher Stützenstellung und Trägerlage

Im unteren Teil des Deckengrundrisses nach Bild **174.**1a sind diese Grundsätze weitgehend verwirklicht: Es sind nur wenige voneinander verschiedene Trägertypen vorhanden (große Serie); die Auflagerlast der Träger wird von den Stützen unmittelbar übernommen und ohne Umweg in die Fundamente geleitet. Will man die Stützenabstände vergrößern, müssen die Deckenträger von Unterzügen abgefangen werden. Der Grundsatz, daß die schwer belasteten Unterzüge eine kürzere Spannweite haben sollen als die leichten Deckenträger, führt zu einem für Stahlkonstruktionen meist wirtschaftlichen rechteckigen Stützenraster.

Der Grundriß in Bild **174.**1b hat demgegenüber eine fast quadratische Feldeinteilung. Die Deckenträger laufen hier in Längsrichtung, die Unterzüge sind quer gespannt. Soll eine Stützenstellung ausfallen, muß ein schwerer Hauptunterzug den Querunterzug abfangen. Diese Trägerlage entspricht nicht den oben erwähnten Grundsätzen der Wirtschaftlichkeit, kann aber bei anderen Grundrißabmessungen und bei Rahmenkonstruktionen zweckmäßig oder notwendig sein.

Für die Höhenlage der Träger gibt es 2 Möglichkeiten. Legt man die Deckenträger auf die Unterzüge (Stapelbauweise), wird die Bauhöhe der Decke groß, jedoch eignet sich die Bauweise vor allem für hochinstallierte Bauten, weil sich Leitungen ohne Durchbrüche usw. zwischen den Trägern in Längs- und Querrichtung durchführen lassen. Die Stahlkonstruktion wird besonders einfach und billig in der Fertigung und ist bequem zu montieren. Bei dem anderen System legt man die Trägeroberkanten bündig; die dadurch bewirkte Einsparung an Deckenhöhe bringt eine Verringerung der gesamten Bauwerkshöhe mit sich, hingegen wachsen die Bearbeitungskosten mit dem größeren konstruktiven Aufwand für die Trägeranschlüsse.

Mit Rücksicht auf Temperaturschwankungen und Feuerschutz werden lange Gebäude in angemessenen Abständen (bis ≈ 30 m) mit durchgehenden Dehnungsfugen in einzelne Baublöcke unterteilt, die jeder für sich standfest sein müssen. Die Deckenplatte trägt zur Standsicherheit des Bauwerks bei, indem sie als waagerechte Scheibe die Windlasten den Giebel-, Längs- und Treppenhauswänden (den lotrechten Scheiben) zuführt (s. Abschn. 6.1). Baustoffe der Decken sind Stahlbeton, der an Ort und Stelle gegossen oder in vorgefertigten Deckenelementen verwendet wird, Stahl in Form von Stahlleichtträgern für Rippendecken oder Trapezbleche als tragende Deckenelemente bzw. als verlorene Schalung, sowie Holz. Während die Ortbetondecke oft ohne weiteres als Horizontalscheibe wirkt, muß die Scheibenwirkung von Deckenelementen durch besondere Maßnahmen hergestellt werden. Näheres hierüber s. Teil 2 Abschn. Stahlskelettbau.

Die tragenden Deckenteile werden ergänzt durch wärme- und schalldämmende Schichten und durch eine Unterdecke zum Feuerschutz der Stahlkonstruktion (**26.**3). In dem zwischen Deckenplatte und Unterdecke entstandenen Hohlraum können Versorgungsleitungen, Beleuchtungskörper usw. untergebracht werden.

Wahl der Trägerquerschnitte
Soweit möglich verwendet man in erster Linie I-Walzprofile; sie sind wegen des geringen Bearbeitungsaufwandes wirtschaftlich und stehen in der Regel vom Lager zur Verfügung. Wenngleich für die Wirtschaftlichkeit einer Stahlkonstruktion vorrangig die aufzuwendenden Lohnkosten maßgebend sind, wird man doch auch stets bestrebt sein, das Stahlgewicht klein zu halten. Neben der richtigen Grundrißgestaltung hinsichtlich Stützenstellung und Trägeraufteilung beeinflußt auch die Wahl der Profilform das Gewicht der Trägerkonstruktion.

In Tafel **176**.1 werden Träger gleicher Tragfähigkeit mit einem IPE 500 verglichen. Es ist erkennbar, daß mit einer Verringerung der Trägerhöhe stets eine Vergrößerung des Stahlbedarfs einhergeht. Man kann daraus die Lehre ziehen, daß Träger mit kleiner Höhe, wie z.B. Breitflanschträger, nicht ohne besonderen Grund gewählt werden sollten. Für die Wahl von Trägern mit möglichst großer Höhe h, z.B. IPE-Profilen, spricht weiterhin der Umstand, daß niedrigere Träger bei gleicher Biegespannung σ größere Formänderungen aufweisen, wie sich aus Gl. (34.3) ergibt; dadurch wird die Gebrauchsfähigkeit der Konstruktion unnötig eingeschränkt.

Tafel **176**.1 Profilhöhe und Trägergewicht verschiedener Walzprofile im Vergleich zu IPE 500 (= 100%); $W_y \geqq 1900$ cm^3

Profil		Profilhöhe	Träger-gewicht	Profil		Profilhöhe	Träger-gewicht
IPE	500	100%	100%	IIPE	400	80%	146%
I	450	90%	127%	II	360	72%	168%
IPBl	400	78%	138%	IIPBl	280	54%	169%
IPB	320	64%	140%	IIPB	260	52%	205%
IPBv	260	58%	190%	IIPBv	200	44%	227%

U-Profile werden als Randträger verwendet. Da sie zur Momentenebene unsymmetrisch sind, erhalten sie in der Regel Torsionsbeanspruchung; man verhindert ihre Verdrehung durch Einbetonieren oder durch biegefest angeschlossene Zwischenriegel (**178**.1).

Walzträger können durch aufgeschweißte Gurtplatten verstärkt werden, sofern diese Maßnahme wegen sonst zu großer Herstellungskosten nur auf kurzer Strecke notwendig ist. Solche Lamellenverstärkungen müssen symmetrisch angebracht werden: Der Vergleich der beiden Querschnitte von Bild **176**.2 zeigt, daß das unsymmetrische Profil bei gleicher Querschnittsfläche eine um 32% kleinere Tragfähigkeit aufweist als der symmetrische Querschnitt.

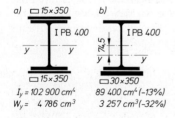

a) ☐ 15×350

b)

I PB 400   I PB 400

☐ 15×350   ☐ 30×350
$I_y = 102\,900$ cm^4 89 400 cm^4 (-13%)
$W_y = $ 4 786 cm^3 3 257 cm^3 (-32%)

176.2
Zwei verstärkte Walzprofile mit gleich großer Querschnittsfläche
a) Symmetrische Anordnung der Gurtplatten
b) Wegen geringerer Tragfähigkeit zu vermeidender unsymmetrischer Querschnitt

Für große Spannweiten und hohe Lasten sind durch Schweißung zusammengesetzte Vollwandträger oder Fachwerkträger oft statisch notwendig oder auch wirtschaftlicher (s. Teil 2).

7.2   Bemessung und Berechnung einfacher Träger (Walzträger)

7.2.1   Berechnungsgrundlagen

Die Trägerstützweite l ist der Abstand der Auflagermitten bzw. der Achsen der stützenden Träger. Bei unmittelbarer Lagerung auf Mauerwerk oder Beton darf, mit w = Lichtweite, angenommen werden (**177.**1 a)

$$l = 1,05 \, w = w + a \geqq w + 12 \, \text{cm} \qquad (177.1)$$

bzw. für Bild **177.**1 b

$$l = 1,025 \, w = w + \frac{a}{2} \geqq w + 6 \, \text{cm} \quad (177.2)$$

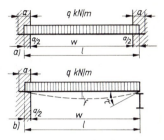

177.1
Lichtweite und rechnerische Stützweite

Die Belastung $q = g + p$ wird zur Vereinfachung über die Stützweite l (statt w) gerechnet.

Trägerauflagerung in Mauerwerk oder auf Unterzügen sowie einfache Steganschlüsse der Träger gelten als frei drehbare Auflagerung. Ist eine Einspannung rechnerisch vorgesehen, bedarf sie besonderer konstruktiver Maßnahmen und rechnerischer Nachweise (**195.**2).

Nach der Berechnung der Schnittgrößen des Trägers sind gemäß Abschn. 2 folgende Nachweise zu führen:

Allgemeiner Spannungsnachweis, Formänderungsuntersuchung, bei Trägern mit Kragarm oder bei Durchlaufträgern ggfs. der Nachweis der Sicherheit gegen Abheben von den Lagern, sowie als Stabilitätsnachweis der Kippsicherheitsnachweis.

Beim vereinfachten Kippsicherheitsnachweis nach DIN 4114, 15.3 und 4 wird der Druckgurt des Trägers, dessen Ausknicken quer zur Momentenebene das Kippen des Trägers einleitet, wie ein Druckstab nach dem ω-Verfahren behandelt. Die größte Spannung am Biegedruckrand muß sein

$$\text{vorh} \, \sigma_D \leqq 1,14 \cdot \text{zul} \, \sigma_D/\omega \qquad (\text{zul} \, \sigma_D \text{ nach Taf. } \textbf{30.}2, \text{ Z. 1}) \qquad (177.3)$$

Die Knickzahl ω ist dem Schlankheitsgrad des Druckgurtes $\lambda_{zg} = c/i_{zg}$ zugeordnet. c ist der Abstand der Punkte, in denen der Druckgurt seitlich unverschieblich festgehalten ist. Der Trägheitshalbmesser i_{zg} des unverschwächten Druckgurtes bezieht sich auf die Stegachse; hierbei ist dem eigentlichen Druckgurt $\frac{1}{5}$ der Stegfläche zuzurechnen. Der Kippsicherheitsnachweis darf entfallen, wenn $\lambda_{z,g} < 40$ ist oder wenn der Träger durch Einbetonieren oder durch Verankerung mit einer Deckenscheibe seitlich gehalten wird.

Bei Holzbalkendecken darf i. allg. auch bei gespundeten Fußbodenbrettern und bei untergehängter Deckenverkleidung nicht mit einer Aussteifung in der Deckenebene gerechnet werden. Man muß die Träger gegen Kippen durch konstruktive Maßnahmen, wie z.B. biegefest angeschlossene Zwischenriegel zwischen benachbarten Trägern, sichern (**178**.1).

Der genauere Kippsicherheitsnachweis nach DIN 4114, Bl. 2 kann zu einer sparsameren Bemessung führen, ist aber mit größerem Rechenaufwand verbunden. Er kann durch Hilfsmittel erleichtert werden [22].

178.1
Biegesteif angeschlossener Zwischenriegel zur Sicherung des Trägers gegen Kippen

7.2.2   Frei aufliegende Träger

Bei gleichmäßig verteilter Belastung q aus ständiger Last und Verkehrslast (**177**.1) wird das Biegemoment des einfachen Balkens auf 2 Stützen

$$\max M = q \cdot l^2/8 \tag{178.1}$$

Bei mittelbarer Belastung eines Unterzuges durch $(n - 1)$ Deckenträger kann mit dem gleichen Moment gerechnet werden (**178**.2); lediglich bei ungerader Felderzahl n ist max M geringfügig kleiner. – Damit der Träger für die in den Abschnitten 2.2.1 und 2.2.4 geforderten Nachweise ausreichend bemessen ist, berechnet man nach den folgenden Ansätzen die erforderlichen Querschnittswerte:

$$\text{erf } W_y = \max M/\text{zul } \sigma \tag{178.2}$$

$$\text{erf } A_Q = \max Q/\text{zul } \tau \tag{178.3}$$

178.2
Mittelbare Belastung eines frei aufliegenden Trägers

Besonders bei kurzen, stark belasteten Trägern kann die Schubspannung für die Dimensionierung maßgebend werden!

$$\text{erf } I_y = k_I \cdot \max M \cdot l \quad \text{in cm}^4 \text{ mit max } M \text{ in kNm und } l \text{ in m} \tag{178.4}$$

k_I kann für verschiedene Belastungen und abhängig von zul f Tabellenwerken entnommen werden [35]. Für Vollbelastung mit q und zul $f = l/300$ ist $k_I = 14{,}9$; in diesem Falle ist aber Gl. (34.4) einfacher anzuwenden. Ist $h <$ erf h, dann wird die Durchbiegung für die Bemessung maßgebend und man kann die zul. Spannung nicht voll ausnützen (unwirtschaftlich). Durch richtige Profilwahl ist ausreichende Trägerhöhe anzustreben.

Um die Auswirkungen der Trägerverformung an den Lagerstellen beurteilen zu können, ist die Größe des Stabend-Tangentenwinkels τ von Interesse (**177**.1).

Bei vorh $f = l/m$ und gleichmäßig verteilter Belastung q ist

$$\text{vorh } \tau = \frac{1}{0{,}313\ m} \tag{179.1}$$

Bei $f = l/300$ ist z. B. $\tau = 1/(0{,}313 \cdot 300) = 1{:}94$.

Beispiel 1 (174.1a): Bemessung des Deckenträgers aus St 37 mit Stützweite $l = 7{,}0$ m für $q = g + p = 8{,}3$ kN/m²; Belastungsbreite $b = 1{,}5$ m. zul $f = l/300$. Der Trägerobergurt wird durch Verbindung mit der Stahlbetondecke gegen Kippen gesichert.

$$M = 1{,}5 \cdot 8{,}3 \cdot 7{,}0^2/8 = 76{,}3 \text{ kNm} \qquad \text{erf } W = 7630/16{,}0 = 477 \text{ cm}^3$$

$$\text{erf } I = 14{,}9 \cdot 76{,}3 \cdot 7{,}0 = 7958 \text{ cm}^4 \quad \text{bzw.} \quad \text{erf } h = 700/24 = 29{,}2 \text{ cm}$$

IPE 300 mit $G = 42{,}2$ kg/m $\qquad \sigma = 7630/557 = 13{,}7 < 16$ kN/cm²
Nach Gl. (34.3): $\quad f \approx 13{,}7 \cdot 7{,}0^2/300 = 2{,}24$ cm $<$ zul $f = 700/300 = 2{,}33$ cm
Andere geeignete, aber schwerere Trägerprofile sind z. B. IPBl 260 mit $G = 68{,}2$ kg/m oder IPB 220 mit $G = 71{,}5$ kg/m.

Beispiel 2 (179.1): Unterzug IPB 600–St 37 für 2 symmetrische Einzellasten. Das Trägereigengewicht wurde näherungsweise den Einzellasten zugeschlagen. Der Trägerobergurt ist an den Lasteinleitungsstellen gegen seitliches Ausweichen unverschieblich gehalten.

Allgemeine Spannungsnachweise
IPB 600 $\quad \sigma = 71500/5700 = 12{,}5 < 16$ kN/cm²
Mit der Fläche des Trägerstegs zwischen den Flanschmitten
$A_\mathrm{Q} = 1{,}55 (60{,}0 - 3{,}0) = 88{,}4$ cm²
wird der Mittelwert der Schubspannung

$$\tau_\mathrm{m} = 550/88{,}4 = 6{,}22 < 9{,}2 \text{ kN/cm}^2$$

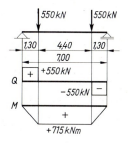

179.1
Lasten und Schnittgrößen des Trägers zum Beispiel 2

Weil σ und τ größer als die Hälfte der zulässigen Spannungen sind, muß an der maßgebenden Trägerstelle unter den Einzellasten die Vergleichsspannung am Beginn der Stegausrundung mit Gl. (31.4) nachgewiesen werden:

$$\sigma_1 = 12{,}5 \cdot 48{,}6/60 = 10{,}13 \text{ kN/cm}^2$$

$$S_\mathrm{f} = 3210 - 1{,}55 \cdot \frac{(48{,}6/2)^2}{2} = 2752 \text{ cm}^3; \qquad \tau = \frac{Q \cdot S_\mathrm{f}}{s \cdot I_\mathrm{y}} = \frac{550 \cdot 2752}{1{,}55 \cdot 171000} = 5{,}71 \text{ kN/cm}^2$$

$$\sigma_\mathrm{V} = \sqrt{10{,}13^2 + 3 \cdot 5{,}71^2} = 14{,}2 < 1{,}1 \cdot 16{,}0 = 17{,}6 \text{ kN/cm}^2$$

Kippsicherheitsnachweis nach DIN 4114, 15.4
Für den Druckgurt

$$A_\mathrm{g} = A_\mathrm{f} + \frac{1}{5} A_\mathrm{s} = \frac{1}{2}\left(A - \frac{3}{5} A_\mathrm{s}\right) = \frac{1}{2}\left(270 - \frac{3}{5} \cdot 54 \cdot 1{,}55\right) = 110 \text{ cm}^2$$

$$I_\mathrm{zg} = \frac{1}{2}\left(13530 - \frac{3}{5} \cdot 54 \cdot \frac{1{,}55^3}{12}\right) = 6760 \text{ cm}^4 \qquad i_\mathrm{zg} = \sqrt{\frac{6760}{110}} = 7{,}84 \text{ cm}$$

$$\lambda_\mathrm{zg} = 440/7{,}84 = 56 \qquad \omega = 1{,}26$$

$$\sigma_\mathrm{D} = 12{,}5 \text{ kN/cm}^2 < 1{,}14 \ 14{,}0/1{,}26 = 12{,}7 \text{ kN/cm}^2$$

Durchbiegung

$$f = \frac{F \cdot a}{24\,E \cdot I}\,(3l^2 - 4a^2) = \frac{550 \cdot 130}{24 \cdot 21\,000 \cdot 171\,000}\,(3 \cdot 700^2 - 4 \cdot 130^2) = 1,16\,\text{cm} = \frac{l}{603}$$

7.2.3 Gelenkträger

Gerber-Träger eignen sich besonders für Pfetten (s. Teil 2). In Deckenkonstruktionen werden sie nur bei schlechten Gründungsverhältnissen und in Bergsenkungsgebieten ausgeführt, da die Gelenkwirkung nur unter hohem Kostenaufwand gewährleistet werden kann. Die Gelenke müssen gut umkapselt werden, und die Decke muß in der Gelenkachse eine durchlaufende Fuge erhalten, damit sich die Gelenke unbehindert bewegen können.

Die Gelenkträger sind statisch bestimmt. Durch geeignete Anordnung der Gelenke können Feld- und Stützmomente einander angeglichen werden. Es ist aber zu beachten, daß die Verkehrslast bei Deckenträgern im Gegensatz zur Berechnung der Pfetten in wechselnden Laststellungen untersucht werden muß, so daß die bei Pfetten übliche Gelenklage bei Deckenträgern nicht zum vollen Momentenausgleich führt.

Konstruktion der Trägergelenke s. Abschn. 7.3.3.

7.2.4 Durchlaufträger

Führt man Deckenträger und Unterzüge als Durchlaufträger aus, verringern sich die Feldmomente infolge der entlastenden Wirkung der Stützmomente. Die Profile werden dadurch niedriger und leichter, die Durchbiegung wird wesentlich kleiner. Es ist aber zu prüfen, ob die Baustoffeinsparung nicht aufgewogen wird von den Mehrkosten für konstruktive Maßnahmen, die zur Herstellung der Kontinuität getroffen werden müssen. In diesem Fall wären frei aufliegende Träger wirtschaftlicher.

Die Auflagerkräfte dürfen für Stützweitenverhältnisse min $l \geqq 0,8$ max l – mit Ausnahme des Zweifeldträgers – wie für Träger auf zwei Stützen, also ohne Berücksichtigung der Durchlaufwirkung, berechnet werden. Die Berechnung der Schnittgrößen und die Bemessung können entweder nach der Elastizitätstheorie oder bei dafür geeigneten Systemen nach dem Traglastverfahren erfolgen. Ist ein Durchbiegungsnachweis erforderlich, wird er (auch bei Anwendung des Traglastverfahrens) unter Gebrauchslasten nach der Elastizitätstheorie geführt.

7.2.4.1 Berechnung nach der Elastizitätstheorie

Bei beliebigen Stützweiten und Belastungen geschieht die Berechnung der statisch Überzähligen, der Biegemomente, Querkräfte und Formänderungen nach den üblichen Methoden der Baustatik [34]. Die Verkehrslast ist im Hochbau feldweise wechselnd in der jeweils maßgebenden Laststellung anzusetzen (**181**.1). Der Durchbiegungsnachweis ist entbehrlich, wenn die Trägerhöhe h ausreichend groß ist, z.B. $h \gtrless l/27$ bei Trägern aus St 37 und zul $f = l/300$. Andernfalls weist man zur Vereinfachung der Berechnung statt der maximalen Durchbiegung den etwas kleineren Wert in Feldmitte nach.

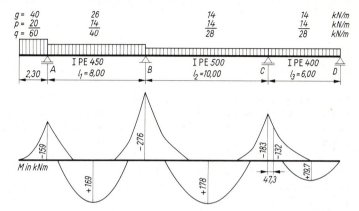

181.1
Durchlaufträger mit Kragarm; Hüllkurve der Biegemomente nach der Elastizitätstheorie unter Berücksichtigung feldweise wechselnder Verkehrslaststellung

7.2.4.2   Berechnung nach dem Traglastverfahren

Sie erfolgt nach der DASt-Richtlinie 008 „Richtlinien zur Anwendung des Traglastverfahrens im Stahlbau" [10; 26]. Die Methode darf angewendet werden bei vorwiegend ruhend belasteten Vollwandträgern und 1- und 2geschossigen biegesteifen Rahmentragwerken mit Trägerquerschnitten aus St 37 und St 52, die zur Lastebene symmetrisch sein müssen (also keine U-Profile). Das Tragwerk wird im Gegensatz zur Elastizitätstheorie nicht für die Gebrauchslasten q mit den zulässigen Spannungen bemessen, sondern es wird die „plastische Grenzlast" $q_\gamma = \gamma \cdot q$ berechnet, unter der das Tragwerk nach Ausbildung einer hinreichenden Zahl von Fließgelenken zur kinematischen Kette wird. Die hierbei auftretenden Schnittgrößen werden M_γ, Q_γ, N_γ genannt. Die Sicherheitsbeiwerte sind $\gamma_H = 1{,}7$, $\gamma_{HZ} = 1{,}5$, die Fließgrenzen $\beta_S = 240$ N/mm^2 (St 37) bzw. 360 N/mm^2 (St 52).

Das vollplastische Moment

Es ist das größte an der Stelle eines Fließgelenks von einem Querschnitt aufnehmbare Biegemoment.

Der einfachsymmetrische Trägerquerschnitt nach Bild **181.**2 sei durch einachsige reine Biegung beansprucht ($N = Q = 0$), der Querschnitt bleibe während des

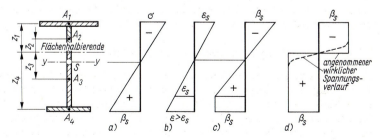

181.2 Plastizierung eines einfach-symmetrischen Trägerquerschnitts bei allmählicher Laststeigerung

gesamten Biegevorgangs eben. Bei Annahme eines idealelastisch-idealplastischen Dehnungsgesetzes (**182**.1) verlaufen die Spannungen linear über die Querschnittshöhe, solange β_S an keinem Rand überschritten wird. Bei Steigerung des Moments muß die Spannung in allen Bereichen des Querschnitts, in denen $\varepsilon > \varepsilon_S$ ist, konstant $= \beta_S$ bleiben (**181**.2c). Sobald der gesamte Querschnitt vollplastisch ist, ist eine weitere Steigerung des Moments nicht mehr möglich. pl M ist erreicht (d). Da reine Biegung angenommen wurde, muß sein: $N = \int \sigma \cdot dA = \beta_S \int dA = 0$. Daraus folgt, daß die Spannungsnullinie durch die Flächenhalbierende geht.

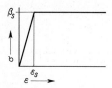

182.1
Idealelastisch-idealplastisches Dehnungsgesetz des Stahles

Es wird

$$\text{pl } M = \beta_S \cdot A_1 \cdot z_1 + \beta_S \cdot A_2 \cdot z_2 + \cdots = \beta_S \cdot \text{pl } W = \beta_S \Sigma A_i \cdot z_i \qquad (182.1)$$

Die Summe stellt die Flächenmomente 1. Grades S des Querschnitts oberhalb und unterhalb der Flächenhalbierenden dar; damit wird

$$\text{pl } W = S_o + S_u \qquad (182.2)$$

und bei doppeltsymmetrischen Querschnitten $\text{pl } W = 2\,S_y$ (182.3)

Bei Walzprofilen kann man pl W aus dem „normalen" Widerstandsmoment el W mit dem Formbeiwert α berechnen

$$\text{pl } W = \alpha \cdot \text{el } W \qquad (182.4)$$

α liegt zwischen 1,10 und 1,24, es darf mit $\alpha = 1,14$ gerechnet werden.

Wirken außer dem Biegemoment noch die Längskraft $N_\gamma > 0,1 \cdot \text{pl } N$ und die Querkraft $Q_\gamma > \text{pl } Q/3$, dann kann der Querschnitt nicht das volle Moment ertragen; pl M muß dann abgemindert werden auf

$$\text{pl } M_{N,Q} = \left(1,1 - 1,1 \cdot \frac{|N_\gamma|}{\text{pl } N} - 0,3 \cdot \frac{Q_\gamma}{\text{pl } Q} \right) \cdot \text{pl } M \qquad (182.5)$$

Hierin ist

$$\text{pl } N = A \cdot \beta_S \qquad (182.6)$$

$$\text{pl } Q = A_s \cdot \beta_S / \sqrt{3} \qquad (182.7)$$

Außerdem muß stets sein

$$Q_\gamma \leqq 0,9 \,\text{pl } Q \qquad (182.8)$$

und bei einfach-symmetrischen Querschnitten

$$A_s \leqq 0,5\,A \qquad (182.9)$$

Bei der Berechnung der Querschnittswerte sind die Vorschriften über Querschnittsschwächungen zu beachten (Abschn. 2.2.1).

Fließgelenkketten

Bei Durchlaufträgern bilden sich unter der plastischen Grenzlast Trägerketten. Ihre Entstehung wird am eingespannten Träger erläutert (**183**.1).

Unter der Gebrauchslast q stellt sich die in a) dargestellte Biegemomentenverteilung ein. Mit dem Einspannmoment als absolut größtem Moment wird nach der Elastizitätstheorie

$$\text{zul } q = \frac{12 \, W_y \cdot \text{zul } \sigma}{l^2}$$

Wächst q auf q_1 an, wird an beiden Einspannstellen gleichzeitig das vollplastische Moment pl M des Trägerquerschnitts erreicht. Damit ist aber die Tragfähigkeit des Trägers nicht erschöpft. Bei weiterer Laststeigerung können zwar die Einspannmomente über pl M hinaus nicht weiter anwachsen, sie bleiben aber konstant, wobei der Träger an diesen Stellen gelenkartig nachgibt: Die Auflagerstellen wirken in diesem Zustand wie Reibungsgelenke oder Rutschkupplungen. Die hinzukommenden Lasten wirken auf den nunmehr drehbar gelagerten Träger ein, bis auch in Feldmitte pl M erreicht ist (**183**.1c), sich hier das 3. Fließgelenk bildet und damit der Träger zusammenbricht (**183**.1d).

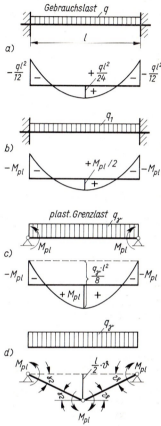

183.1
Entstehung der Fließgelenkkette beim beiderseits eingespannten Träger unter Streckenlast

Die plastische Grenzlast q_γ kann man auf 2 Wegen berechnen.

Nach Bild **183**.1c wird das größte Feldmoment $\max M = \text{pl } M = \dfrac{q_\gamma \cdot l^2}{8} - \text{pl } M$

und daraus

$$q_\gamma = \frac{16 \, \text{pl } M}{l^2} = \frac{16 \, \alpha \cdot W_y \cdot \beta_S}{l^2} \geqq \text{vorh } q \cdot \gamma$$

Mit $\beta_S/\gamma = \text{zul } \sigma$ wird die zulässige Trägerbelastung nach der Traglasttheorie

$$\text{zul } q = \frac{16 \, \alpha \cdot W_y \cdot \text{zul } \sigma}{l^2} \approx \frac{18{,}2 \, W_y \cdot \text{zul } \sigma}{l^2}$$

und damit $\approx 50\%$ größer als nach der Elastizitätstheorie. Bei gegebener Last kann der Träger entsprechend schwächer dimensioniert werden.

Das gleiche Ergebnis erhält man nach Bild **183**.1 d. An den beiden um den Winkel ϑ verdrehten Teilstücken der Trägerkette muß sein die

Arbeit der äußeren Lasten = Arbeit der plastischen Momente

$$q_\gamma \cdot \frac{1}{2} l \cdot \frac{l}{2} \vartheta = \text{pl } M \cdot \vartheta \, (1 + 1 + 1 + 1) \qquad\qquad q_\gamma = \frac{16 \text{ pl } M}{l^2}$$

Stabilitätsuntersuchungen

Weil örtliche Beulerscheinungen im Bereich von Fließgelenken das aufnehmbare Moment des Trägers unter den Wert von pl M absenken würden, müssen druckbeanspruchte Flansche und Stege die Mindestdicken nach Tafel **184**.1 aufweisen.

Tafel **184**.1 Mindestdicken an Fließgelenken. Bei der Anwendung dieser Werte muß sein: $N_\gamma \leqq 0,8 \cdot \text{pl } N$

		Flansch: b/t		Steg: h/s	
		St 37	St 52	St 37	St 52
	$\dfrac{\lvert N_\gamma \rvert}{A \cdot \beta_S} \leqq 0,27$			$70\left(1 - 1,4 \cdot \dfrac{\lvert N_\gamma \rvert}{A \cdot \beta_S}\right)$	$56\left(1 - 1,4 \cdot \dfrac{\lvert N_\gamma \rvert}{A \cdot \beta_S}\right)$
		17	14		
	$\dfrac{\lvert N_\gamma \rvert}{A \cdot \beta_S} > 0,27$			43	35

Viele IPBl-Profile scheiden damit für das Traglastverfahren aus. Sind die Mindestdicken außerhalb der Fließgelenke nicht eingehalten, so muß im Traglastzustand eine mind. 1fache Beulsicherheit nachgewiesen werden.

Auch Kippen des Trägers führt dazu, daß die erwartete Traglast nicht erreicht wird. Deshalb müssen die Träger im Bereich von Fließgelenken seitlich durch Verbände, Wandscheiben, Decken usw. gegen Kippen gesichert werden. Der größte Abstand l zwischen einem seitlich zu haltenden Fließgelenk mit dem Moment pl M und dem nächsten seitlich gehaltenen Punkt mit dem Moment M_γ ist Bild **184**.2 zu entnehmen.

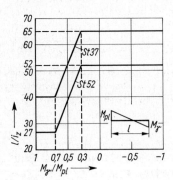

184.2
Maximalabstände l für seitliche Abstützungen (i_z = Trägheitsradius des ganzen Querschnitts)

Bei Trägern mit Gleichstreckenlast können Kipphalterungen entfallen, wenn die Träger z. B. durch biegefeste Verbindung mit der auflagernden Decke drehelastisch festgehalten sind. Der kontinuierliche Drehbettungskoeffizient muß bei Einfeldträgern und Endfeldern von Durchlaufträgern sein

$$C = 0.8 \cdot \frac{\text{pl } M^2}{E \cdot I_z} \quad \text{kNm/m} \tag{185.1}$$

und bei Innenfeldern durchlaufender Träger

$$C = 0.9 \cdot \frac{\text{pl } M^2}{E \cdot I_z} \quad \text{kNm/m} \tag{185.2}$$

I_z ist das Flächenmoment 2. Grades für den ganzen Querschnitt. Für viele Decken- und Dachkonstruktionen wurde die ausreichende Drehbettung durch Versuche nachgewiesen.

Erhält ein Stab Druckkräfte, sind die in Ri 008 vorgeschriebenen Nachweise zu führen.

Anschlüsse, Stöße, Verbindungsmittel

Bei Systemen ohne Druckkräfte werden Anschlüsse und Stöße für die im Grenzlastzustand vorhandenen Schnittgrößen bemessen. In den Verbindungsmitteln dürfen folgende Grenzkräfte und Grenzspannungen nicht überschritten werden:

HV-Schrauben und Schließringbolzen in gleitfesten Verbindungen:

$$1{,}25 \text{ zul } Q_{\text{GV}} \text{ (Lastf. H)} \qquad 1{,}1 \text{ zul } Q_{\text{GV}} \text{ (Lastf. HZ)}$$

Scher-/Lochleibungsverbindungen: $\gamma \cdot \text{zul } \sigma_l \qquad \gamma \cdot \text{zul } \tau_a$

Schweißverbindungen: Stumpfnähte wie Grundmaterial

$$\text{übrige Nähte:} \qquad \gamma \cdot \text{zul } \sigma_w \qquad \gamma \cdot \text{zul } \tau_w$$

HV- und HVP-Schrauben sowie Schließringbolzen auf Zug: F_V

Ungeeignete Systeme

Ein Fließgelenk kann einen Drehwinkel φ nur in begrenzter Größe ausführen, ohne daß das vollplastische Moment pl M hierbei absinkt. φ kann erforderlichenfalls für das zuerst entstandene Fließgelenk mit dem Arbeitssatz aus der Momentenverteilung unter der plastischen Grenzlast berechnet werden; es müssen die beiden Bedingungen erfüllt sein:

$$\varphi \leq 0{,}1 \cdots 0{,}07 \quad \text{und} \quad \varphi \leq 0{,}005 \, l/h \tag{185.3a und b}$$

Systeme mit größeren Gelenkverdrehungen sind für die Berechnung nach dem Traglastverfahren ungeeignet. Hierzu gehören u. a. Durchlaufträger mit sehr unterschiedlichen Stützweiten und Belastungen oder mit konzentrierten Einzellasten dicht am Auflager.

Vereinfachte Berechnung von Durchlaufträgern

Durchlaufende Deckenträger, Pfetten und Unterzüge dürfen vereinfacht für folgende Biegemomente mit den zulässigen Spannungen nach Tafel **30**.2, Zeile 2 bemessen werden:

$$\text{Endfelder:} \quad M_\text{E} = q \cdot l^2/11 \tag{186.1}$$

$$\text{Innenfelder:} \quad M_\text{I} = q \cdot l^2/16 \tag{186.2}$$

Hierin sind q und l der jeweiligen Felder anzusetzen.

Innenstützen:

$$M_\text{S} = -q \cdot l^2/16 \tag{186.3}$$

Hierin sind q und l desjenigen angrenzenden Feldes einzusetzen, welches den größeren Wert liefert.

Die Anwendung dieser Gleichungen ist an folgende Voraussetzungen geknüpft:

1. Der Träger hat doppeltsymmetrischen Querschnitt.
2. Die Stöße weisen volle Querschnittsdeckung auf.
3. Die Belastung besteht aus feldweise konstanten gleichgerichteten Streckenlasten $q \geqq 0$.
4. min $l \geqq 0{,}8$ max l
5. Die Einschränkungen der DASt-Richtlinie 008 bezüglich des Kippens und des örtlichen Ausbeulens sind zu beachten (s. oben unter „Stabilitätsnachweise").

Folgende Walzprofile aus St 52 dürfen nicht verwendet werden: IPBl 180 bis 340 sowie IPBl 1000. Für die übrigen Walzprofile aus St 52 und alle aus St 37 entfällt die Beschränkung der Mindestdicke gemäß Tafel **184**.1.

Beispiel 1 (187.1): Der Durchlaufträger aus St 37 von Bild **181**.1 wird nach dem Traglastverfahren berechnet.

Im Traglastzustand bildet sich eine Trägergelenkkette aus, bei der über jeder Innenstütze und in jedem Feld ein Fließgelenk entsteht (**187**.1a). Für jedes Feld ist die Vollbelastung maßgebend, jedoch darf der Kragarm wegen seiner das 1. Feld entlastenden Wirkung nur mit der ständ. Last belegt werden. Alle Lasten sind in γ-facher Größe anzusetzen. Es wird konstruktiv vorausgesetzt, daß der Durchlaufträger am Auflager B auf einen Unterzug aufgelegt wird und die Träger der Felder 1 und 2 in ausreichendem Abstand vom Unterzug im Feld 2 mit einem Vollstoß verbunden werden. Das Moment an der Innenstütze C wird durch eine Zuglasche zusammen mit Kontaktwirkung aufgenommen (**211**.1).

Bemessung

Zur Bemessung der noch unbekannten Trägerprofile wird geschätzt, daß die Träger in den Endfeldern kleinere Querschnitte aufweisen als im weiter gespannten Innenfeld. Demnach entsprechen die über den Innenstützen auftretenden Momente den vollplastischen Momenten M_pl der jeweils schwächeren Endfeldträger; sie werden jedoch mit Rücksicht auf die abmindernde Wirkung der Querkräfte bzw. wegen der geringeren Tragfähigkeit der Laschenverbindung nur mit ihrem 0,9fachen Wert angesetzt. Die Fließgelenke werden in den Feldern 1 und 2 näherungsweise in Feldmitte, im Feld 3 im Abstand $0{,}55\,l_3$ von der Stütze C angenommen.

Die Gleichsetzung der Arbeiten liefert in den einzelnen Feldern (**187**.1a)

$$\text{Feld 1:} \quad 68 \cdot \frac{8}{2} \cdot \frac{8}{2}\, \vartheta - 68 \cdot \frac{2{,}3}{2} \cdot 2{,}3\, \vartheta = \text{pl}\, M_\text{I} \cdot \vartheta\, (1 + 1 + 0{,}9)$$

$$\text{erf}\, M_{\text{pl},1} = 313 \text{ kNm} \leqq 2\, S_\text{y} \cdot \beta_\text{S} \quad \text{nach Gl. (182.3)}$$

$$S_y \geqq \frac{31\,300}{2 \cdot 24} = 652 \text{ cm}^3 \qquad \text{gewählt IPE 400 mit } S_y = 654 \text{ cm}^3$$

$$\text{pl } M_1 = 2 \cdot 654 \cdot 24/100 = 314 \text{ kNm} > 313 \text{ kNm}$$

Feld 3: $47{,}6 \cdot \dfrac{6}{2} \cdot \dfrac{6}{2} \, \vartheta = \text{pl } M_3 \cdot \vartheta \, (0{,}9 + 1 + 1{,}22)$

erf $M_{pl,3} = 151$ kNm   gewählt IPE 300

pl $M_3 = 2 \cdot 314 \cdot 24/100 = 151$ kNm

Feld 2: Nach der Bemessung der Felder 1 und 3 ist die Größe der Stützmomente bei B und C bekannt.

$$47{,}6 \cdot \frac{10}{2} \cdot \frac{10}{2} \cdot \vartheta = \text{pl } M_2 \cdot 2 \cdot \vartheta + 0{,}9 \cdot 313 \cdot \vartheta + 0{,}9 \cdot 151 \cdot \vartheta$$

erf $M_{pl,2} = 386$ kNm   gewählt IPEv 400

pl $M_2 = 2 \cdot 841 \cdot 24/100 = 404$ kNm > 386 kNm

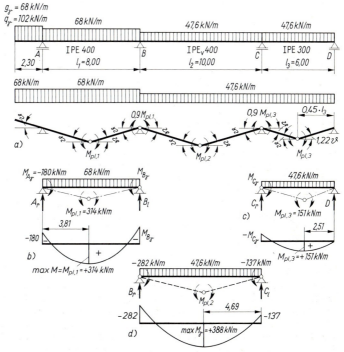

187.1 Berechnung des Durchlaufträgers mit Kragarm nach dem Traglastverfahren
a) zur Bemessung der Trägerquerschnitte angenommene Fließgelenkkette
b), c) und d) Fließgelenkketten und Biegemomente der Trägerfelder unter der plastischen Grenzlast q_γ

Nachweis der Tragsicherheit

Mit den gewählten Profilen wird nachgewiesen, daß im Gleichgewichtszustand der Fließgelenkkette an keiner Stelle die Grenztragfähigkeit der Querschnitte überschritten wird.

Kragarm: $M_\gamma = -102 \cdot \dfrac{2,3^2}{2} = -270 \text{ kNm} < \text{pl } M_1 = 314 \text{ kNm}$

und $< \text{pl } M_Q = 285 \text{ kNm (s. unten Feld 1)}$

Infolge ständiger Last ist $M_g = M_{A\gamma} = -68 \cdot \dfrac{2,3^2}{2} = -180 \text{ kNm}$

Feld 1: (**187.**1b): Soll das maximale Feldmoment max M infolge der Belastung q_γ und des bekannten Kragmoments $M_{A\gamma}$ gerade das vollplastische Moment des Trägers IPE 400 erreichen, so gehört dazu eine ganz bestimmte Größe des Stützmoments $M_{B\gamma}$, die sich aus der Gleichung errechnen läßt

$$M_{B\gamma} = \frac{q \cdot l^2}{2} \left(\sqrt{\frac{\max M - M_A}{q \cdot l^2/8}} - 1 \right) + M_A$$

$$M_{B\gamma} = \frac{68 \cdot 8^2}{2} \left(\sqrt{\frac{314 - (-180)}{68 \cdot 8^2/8}} - 1 \right) - 180 = -282 \text{ kNm}$$

$$Q_\gamma = B_1 = 68 \cdot \frac{8}{2} + \frac{282 - 180}{8} = 285 \text{ kN}$$

Für den Träger IPE 400 ist nach Gl. (182.7)

$$\text{pl } Q = \frac{0,86 (40,0 - 1,35) \, 24}{\sqrt{3}} = 461 \text{ kN} \qquad \frac{Q_\gamma}{\text{pl } Q} = \frac{285}{461} = 0,619 < 0,9$$

Damit wird an der Stütze B das abgeminderte vollplastische Moment des Trägers nach Gl. (182.5)

$$\text{pl } M_Q = (1,1 - 0,3 \cdot 0,619) \, 314 = 287 \text{ kNm} > M_{B\gamma} = 282 \text{ kNm}$$

Im Feld braucht pl M nicht vermindert zu werden, weil an dieser Trägerstelle die Querkraft $Q = 0$ ist.

Feld 3: (**187.**1c): Mit gleichem Rechengang wie für Feld 1 erhält man für das Trägerprofil IPE 300 mit pl $M_3 = 151$ kNm und $M_D = 0$ folgende Ergebnisse:

$$\text{erf } M_{C\gamma} = -137 \text{ kNm} \qquad Q_\gamma = C_r = 166 \text{ kN} \qquad \text{pl } Q = 284 \text{ kN}$$

$$\text{pl } M_Q = 140 \text{ kNm} > M_{C\gamma} = 137 \text{ kNm}$$

Feld 2: (**187.**1d): An den Fließgelenken der Innenstützen sind die aus der Berechnung der Felder 1 und 3 bekannten Momente der schwächeren Nachbarträger wirksam. Das unter der so vorgegebenen Belastung auftretende max M_γ muß $\leqq$ pl M des IPEv 400 sein.

$$C_1 = 47,6 \cdot \frac{10}{2} + \frac{137 - 282}{10} = 223,5 \text{ kN}$$

$$\max M_\gamma = \frac{223,5^2}{2 \cdot 47,6} - 137 = 388 \text{ kNm} < \text{pl } M_2 = 404 \text{ kNm}$$

Die Mindestdicken der Stege und Flansche aller Träger sind ausreichend (Taf. **184.**1). Die Träger sind durch die aufliegende Stahlbetondecke gegen Kippen drehelastisch festgehalten. Konstruktion und Berechnung der Trägeranschlüsse s. Abschn. 7.3.2.

Alternativ zum oben durchgerechneten Beispiel sind auch andere Trägerprofile möglich, z. B. IPE 400 durchgehend in allen drei Feldern. Diese Ausführung ergibt ein kleineres Gesamtgewicht der Träger und ist wirtschaftlicher, weil sich die konstruktive Durchbildung erheblich vereinfacht.

Beispiel 2 (209.1): Ein Durchlaufträger aus St 37 mit den Stützweiten im Endfeld $l_E = 6,4$ m und in den Innenfeldern $l_I = 6,0$ m ist für die Last $q = 19$ kN/m zu bemessen. Weil min l/max l = 6,0/6,4 = 0,94 > 0,8 ist, kann das vereinfachte Bemessungsverfahren angewendet werden. An den Innenstützen schließen die Träger seitlich an Unterzüge an und werden mit Kontinuitätslaschen verbunden. Durch die Verbindung mit der Deckenscheibe sind die Träger gegen Kippen gesichert.

Endfeld: $M_E = 19 \cdot 6,4^2/11 = 70,8$ kNm   (n. Gl. 186.1)

IPEo 270 $\sigma = 7080/507 = 13,95 < 16$ kN/cm^2

Innenfelder: $M_I = 19 \cdot 6,0^2/16 = 42,8$ kNm   (n. Gl. 186.2)

IPE 240 $\sigma = 4280/324 = 13,19 < 16$ kN/cm^2

Für Walzprofile aus St 37 erübrigt sich der Nachweis der Mindestdicken.

Innenstütze neben dem Endfeld (**209.**1 b):

$$M_B = - 19 \cdot 6,4^2/16 = - 48,6 \text{ kNm} \qquad \text{(n. Gl. 186.3)}$$

$$z = 27,4 \text{ cm} \qquad Z = D = 4860/27,4 = 177,5 \text{ kN}$$

Flanschfläche des IPEo 270:

$$A_f = 1,22 \cdot 13,6 = 16,6 \text{ cm}^2$$

$$\sigma_D = 177,5/16,6 = 10,69 \text{ kN/cm}^2$$

Der Nachweis der Zuglasche erfolgt bei den übrigen Innenstützen.

Für den Träger IPE 240 ist

$$\sigma = 4860/324 = 15,0 < 16 \text{ kN/cm}^2$$

Mit der am Trägerauflager vorhandenen Querkraft

$$Q = 19,0 \cdot 6,0/2 = 57 \text{ kN} \quad \text{wird}$$

$$\tau_m = 57,0/14,3 = 4,0 < 9,2 \text{ kN/cm}^2$$

Weil $\tau_m < 0,5 \cdot$ zul τ ist, braucht σ_V nicht nachgewiesen zu werden.

Bemerkung: Der vorstehende Nachweis von σ und τ_m liegt auf der sicheren Seite, weil der Trägerquerschnitt erst am Ende des Zuglaschenanschlusses voll beansprucht wird und das Stützmoment M_B an dieser Stelle bereits vermindert ist.

Übrige Innenstützen (**209.**1 a):

$$M_C = - 19 \cdot 6,0^2/16 = - 42,8 \text{ kNm}$$

$$z = 24,1 \text{ cm} \qquad Z = D = 4280/24,1 = 177,6 \text{ kN} > 177,5 \text{ kN}$$

Flanschfläche des IPE 240:

$$A_f = 0,98 \cdot 12,0 = 11,76 \text{ cm}^2$$

$$\sigma_D = 177,6/11,76 = 15,1 < 16 \text{ kN/cm}^2$$

Flanschlasche Fl 12 × 140:

$$A_n = 1,2 \, (14,0 - 2 \cdot 1,7) = 12,72 \text{ cm}^2$$

$$\sigma_Z = 177,6/12,72 = 13,96 < 16 \text{ kN/cm}^2$$

$$8 \text{ M } 16-4.6: \quad \text{zul } Q_{SL} = 8 \cdot 22,5 = 180 \text{ kN} > Z = 177,6 \text{ kN}$$

7.3   Konstruktive Durchbildung

7.3.1   Trägerlagerung

Lager müssen lotrechte und horizontale Auflagerkräfte einwandfrei an die stützenden Wände oder Konstruktionen abgeben. Abweichend von der theoretischen Annahme eines festen und eines beweglichen Lagers werden i. allg. beide Lager als
feste Lager ausgebildet, da im Hochbau die Stützweiten, Belastungen und Tempera-
turänderungen relativ klein sind. Hinzu kommt, daß die Trägerlage das Gebäude
aussteifen soll und daher mit dem Mauerwerk fest verankert werden muß.

7.3.1.1   Auflagerung in Wänden

Flächenlagerung

Zwischen Stahlträgern und Mauerwerk wird aus den gleichen Gründen wie bei
Stützenfüßen eine Zementmörtelschicht mit einer üblichen Dicke von 20 bis
35 mm vorgesehen (**190**.1); damit die Mauerkante nicht abplatzt, läßt man die Mörtelfuge 30 ⋯ 50 mm zurückstehen. Die Spannung im Beton (Mauerwerk) unter dem
Trägerauflager beträgt mit b = Flanschbreite

$$\sigma_b = \frac{C}{a \cdot b} \leqq \text{zul } \sigma_b \tag{190.1}$$

Die Auflagerlänge a darf nicht beliebig lang gemacht werden: Wegen der Endtangentendrehung des Trägers hebt sich das Trägerende vom Auflager ab und wirkt
an der Lastübertragung nicht voll mit (**190**.2). Rechnet man z. B. bei einer Auflagerlänge a = 300 mm mit einer Tangentenneigung von ≈ 1:100 (s. Abschn. 7.2.2),
beträgt die Hebung des Trägerendes rechnerisch 3 mm. Damit die Annahme einer
über die Auflagerfuge gleichmäßig verteilten Pressung trotzdem noch gerechtfertigt
erscheint, begrenzt man die Länge des Auflagers auf

$$a \approx \frac{h}{3} + 10 \qquad \text{in cm mit } h \text{ in cm} \tag{190.2}$$

In der kritischen Faser am Beginn der Ausrundung darf die von C hervorgerufene
Druckspannung die Spannung β_S/γ nicht überschreiten. Die mitwirkende Steglänge

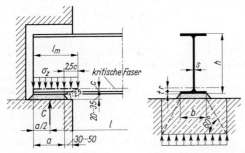
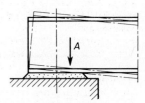

190.1 Trägerauflager in einer Wand. Lastaufnahme   **190**.2 Auflagerdrehung des Trägers
durch den Trägersteg; Lastverteilung im Mauer-
werk

darf bei vorw. ruhender Belastung mit der Annahme einer Druckverteilung unter 1:2,5 berechnet werden (**190**.1). Örtliche Instabilitäten wie Stegbeulen oder Stegkrüppeln treten am Auflager von Walzprofilträgern nicht auf [16]. Der Träger muß durch konstruktive Maßnahmen gegen Kippen gesichert werden.

Wegen der festliegenden Abmessungen a und b kann das Auflager nur eine ganz bestimmte Kraft C aufnehmen. Ist die Auflagerlast aber größer, werden zunächst unter dem Träger einige Schichten im Mauerwerk (Hartbrandsteine, Klinker oder Beton) mit höherer zulässiger Pressung angeordnet. Die Mauerwerkspannung unterhalb des Auflagerblocks wird nach DIN 1053 mit einer Druckausbreitung unter 60° berechnet.

Reicht diese Maßnahme nicht aus, verbreitert man die Lagerfläche mittels einer Lagerplatte unter Beibehaltung der Auflagerlänge a auf das statisch notwendige Maß B (**191**.1). Die Lagerplatte wird von unten von der gleichmäßig verteilt angesetzten Lagerpressung σ_b und von oben durch den Auflagerdruck des Trägerflanschs belastet. Bei breiten, dünnen Flanschen kann hierbei gleichmäßige Verteilung über die Flanschbreite kaum angenommen werden; mit einem willkürlich, aber plausibel angesetzten Parabel-Rechteck-Lastbild (**191**.2) erhält man die Biegemomente in der Lagerplatte zu

$$M_P = 0,125 \, \sigma_b \cdot a \cdot B^2 \, (1 - 0,782 \, b/B) = C \cdot \frac{B}{8} \left(1 - 0,782 \, \frac{b}{B}\right) \quad (191.1)$$

und im Trägerflansch

$$M_f = 0,0546 \, \sigma_b \cdot a \cdot b \cdot B = 0,0546 \, C \cdot b \quad\quad\quad (191.2)$$

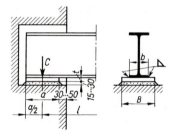

191.1 Trägerlagerung mit Auflagerplatte

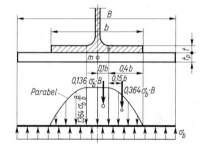

191.2 Angenommene Belastung der Auflagerplatte

M_P muß von der Dicke t_P und der Querschnittsbreite a der Lagerplatte aufgenommen werden. Beim Nachweis des Trägerflanschs für das Moment M_f kann man die mitwirkende Flanschlänge etwas größer ansetzen, z. B. $\lessgtr a + 0,8 \, b$. Sollte M_f vom Flanschquerschnitt nicht aufgenommen werden können, so weist das darauf hin, daß der Flansch die Auflagerlast nicht über seine ganze Breite b nach Maßgabe des angenommenen Lastbildes verteilen kann; in die Gln. (201.1 und 2) ist dann für b durch Probieren ein Wert einzusetzen, der kleiner ist als die Flanschbreite. Ein statisches Zusammenwirken des Flansch- und Plattenquerschnitts darf nur angenommen werden, wenn die Verbindungs-Schweißnaht für die Schubkräfte bemessen wird; das ist in der Regel jedoch nicht gegeben.

Für die Lagerplatten verwendet man neben Blechen auch Flansche von Walzprofilen, deren Stegansätze gegen Verschieben sichern (**193**.1).

Die Flansche der Breitflanschträger sind meist ausreichend breit, haben aber nicht immer die nötige Dicke, um das am Flanschüberstand $\ddot{u}$ wirkende Moment aus der gleichmäßig verteilten Betonpressung σ_b aufzunehmen. Infolge der eintretenden Verformung weicht der Flansch der Kraftübertragung teilweise aus und verursacht eine Konzentration der Auflagerpressung unter dem Trägersteg (**192.**1). Falls nicht bereits ein Teil der vorhandenen Flanschbreite rechnerisch für die Kraftverteilung genügt, ist es notwendig, die Verbiegung der Flansche durch Aussteifungen über dem Trägerauflager zu verhindern (**192.**2a). Bei hohen, dünnen Stegen führt man die Aussteifung über die Steghöhe durch, um Beulen des Steges auszuschalten (**192.**2b); zugleich verbessert diese Maßnahme die Kippsicherheit am Trägerende.

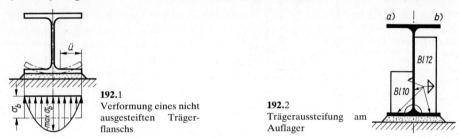

192.1
Verformung eines nicht ausgesteiften Träger-flanschs

192.2
Trägeraussteifung am Auflager

Beispiel (191.1): Ein Unterzug IPE 400 mit der Auflagerlast $C = 150$ kN liegt mittels einer 22 mm dicken Lagerplatte auf einem Quader aus Beton B 10 mit zul $\sigma_b = 7,0/3 = 2,33$ N/mm² auf. Es sind die notwendigen Nachweise zu führen.

Ausführungsmaße

Für den Träger: $s = 0,86$ cm $t = 1,35$ cm $b = 18,0$ cm

Für die Platte: $t_P = 2,2$ cm $a = 23$ cm $< 40/3 + 10 = 23,3$ cm $B = 28$ cm

Auflagerpressung $\sigma_b = \dfrac{150}{23 \cdot 28} = 0,233$ kN/cm² = zul σ_b

Platte $M_P = 0,125 \cdot 150 \cdot 28 \, (1 - 0,782 \cdot 18/28) = 261$ kNcm

$$W = 23 \cdot 2,2^2/6 = 18,55 \text{ cm}^3 \qquad \sigma = 261/18,55 = 14,07 < 16 \text{ kN/cm}^2$$

Träger

Flansch: $M_f = 0,0546 \cdot 150 \cdot 18 = 147,4$ kNcm

$$W \approx (23 + 0,8 \cdot 18) \, 1,35^2/6 = 11,36 \text{ cm}^3$$

$$\sigma = 147,4/11,36 = 12,98 < 16 \text{ kN/cm}^2$$

Steg: $l_m = a + 2,5 \, c = 23 + 2,5 \, (1,35 + 2,1) = 31,6$ cm

$$\sigma = \frac{150}{0,86 \cdot 31,6} = 5,52 \text{ kN/cm}^2 < \beta_S/\gamma = 24/1,7 = 14 \text{ kN/cm}^2$$

Zentrische Lagerung

Muß man das Abwandern der Auflagerlast aus der Auflagermitte in Richtung zur Mauerkante verhindern, um damit eine mittige Belastung der stützenden Bauteile zu gewährleisten, führt man eine zentrische Auflagerung mit Hilfe einer Zentrierleiste aus, die mitten auf eine Lagerplatte geschweißt wird (**193.**1). Die Auflagerkraft gelangt mittels der Krafteinleitungsrippen (Stegaussteifungen), die unentbehrlich sind und nie entfallen dürfen, in die Zentrierleiste (s. Abschn. 6.4.2). Das Trägerende läßt man zweckmäßig $\geqq$ 100 mm überstehen. In Aussparungen der seitlichen Führungsbleche greifen Blechstücke ein, die am Trägerflansch angeschweißt sind. Sie übertragen Längskräfte und können einfach weggelassen werden, wenn das Lager als bewegliches Gleitlager wirken soll.

Bei sehr hohen Auflagerlasten würden Lagerplatten aus Blech zu dick; man ersetzt sie dann besser durch einen Auflagerträger oder einen Trägerrost (**193.**2). Die

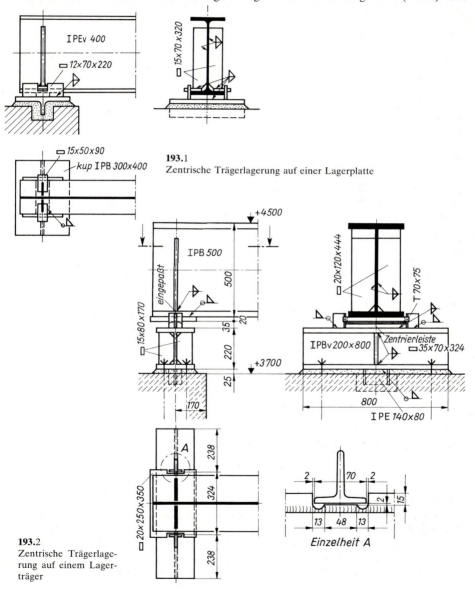

193.1
Zentrische Trägerlagerung auf einer Lagerplatte

193.2
Zentrische Trägerlagerung auf einem Lagerträger

Einzelheit A

Berechnung des Auflagerträgers erfolgt sinngemäß wie in Abschn. 6.4.1.2. Der Unterzug gibt Horizontallasten über die Anschlagknaggen ⊤ 70 an den Auflagerträger ab, der seinerseits mit der Auflagerbank durch das angeschweißte Trägerstück IPE 140 verdübelt ist. Rundstahlanker verhindern, daß der Auflagerträger bei großen Horizontalkräften umkippt.

Trägerverankerung

Nach DIN 1053 müssen Umfassungswände mit den Decken verankert werden. Hauptzweck ist die Sicherung der Wände gegen Windsogkräfte. Die w a a g e r e c h t e n T r ä g e r v e r a n k e r u n g e n sind mit Größtabstand 2 m (ausnahmsweise 4 m) in vollen Wänden oder unter Fensterpfeilern anzubringen und sollen eine möglichst große Mauerfläche erfassen. Man kann sie nach Bild **194.**1 ausbilden, wobei das angeschraubte Winkelpaar bzw. eine gleichwertige angeschweißte Stirnplatte am häufigsten ausgeführt werden. Freigehaltene Auflagerkammern werden nach der Montage mit Mörtel und Mauerwerk gefüllt.

Bei Skelettbauten, bei denen sich die Stahlkonstruktion gegen einen S t a h l b e t o n - k e r n abstützt, sind vom Trägerauflager sehr große horizontale Druck- und Zugkräfte aus Winddruck und -sog sowie aus Knickseitenkräften der Geschoßstützen an die Wand abzugeben (**194.**2). Die Druckkräfte werden von der sorgfältig ausgeführten Mörtelhinterfüllung der Stegwinkel übertragen; die Zugkräfte werden von Ankerschrauben übernommen, die mittels einbetonierter Rohrhülsen die Betonwand durchdringen oder in einbetonierte Ankerschienen eingreifen. Eine solche Verankerung muß natürlich statisch nachgewiesen werden. Lagetoleranzen werden von der Dicke des Mörtelbettes ausgeglichen; bei der Montage wird die Höhenlage durch untergelegte Blechfutter oder besser mit Stellschrauben in angeschweißten Muttern reguliert.

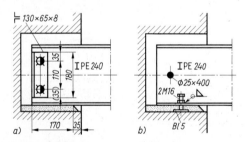

194.1 Waagerechte Trägerverankerungen
    b) mit Stellschrauben zur Höhenregulierung
    des Auflagers

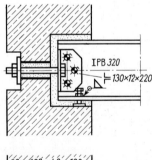

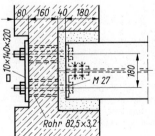

194.2
Trägerverankerung zur Aufnahme großer horizontaler Zug-
und Druckkräfte

In Stahlbetonwänden erschweren es die dichte Lage der Bewehrung und das Schalungsverfahren oft, Aussparungen freizuhalten. Man kann dann eine stählerne Anschlußkonstruktion mit einbetonieren; ihre Lage wird dadurch fixiert, daß man sie an ein ebenfalls einbetoniertes Winkelstahlgerüst anschweißt. Wird die Wand in Gleitschalung betoniert, muß die stählerne Anschlußplatte bündig mit der Wandfläche liegen. Trotz aller Sorgfalt unvermeidbare Lageungenauigkeiten sind vom Trägeranschluß auszugleichen. Eine Möglichkeit hierzu bietet der Konsolanschluß nach Bild **195**.1. Die Lage in Längs- und Seitenrichtung kann durch Langlöcher korrigiert werden, die in der Konsole quer, im Träger längs liegen. Mit dem Futter unter dem Träger reguliert man die Höhenlage; den Neigungswinkel der Konsole stellt man mit einem angepaßten Keilfutter zwischen Wandplatte und Konsole ein. Eine einfachere Konstruktion ergibt sich, wenn ein Anschlußblech an die einbetonierte Platte geschweißt wird, jedoch ist das genaue Einmessen vor dem Schweißen mit erheblichem Arbeitsaufwand verbunden.

Muß ein Lager aus besonderen Gründen längsbeweglich sein, wird es im Hochbau bei Trägern bis zu ≈ 300 kN Auflagerdruck als Gleitlager, bei größeren Kräften und bei $l > 10$ m besser als Rollenlager oder Teflon-Gleitlager (s. Teil 2) ausgeführt, da bei diesen die Reibung geringer ist. Um Längsbewegungen zu ermöglichen, ist vor den Trägerköpfen im Mauerwerk ein Zwischenraum freizuhalten, der groß genug ist, um auch bei einem Schadenfeuer die Längenänderung der Träger zu gestatten.

Bei kurzen, in Wänden eingespannten Kragträgern müssen die positiven und negativen Auflagerkräfte aus dem Einspannmoment zweckmäßig nach Bild **195**.2 durch Breitflanschträger auf eine größere Mauerbreite verteilt werden. Es ist hierbei rechnerisch nachzuweisen,

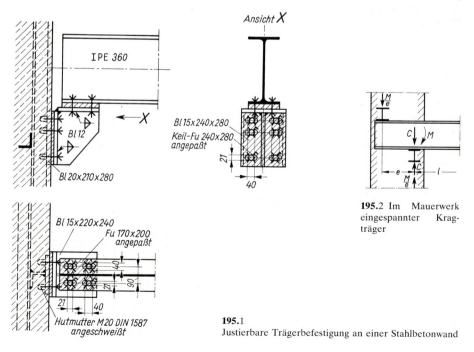

195.2 Im Mauerwerk eingespannter Kragträger

195.1
Justierbare Trägerbefestigung an einer Stahlbetonwand

daß unter Berücksichtigung der ausmittigen Kraftwirkung und der vorgeschriebenen Lagesicherheit eine genügend große Auflast vorhanden ist. Bei nicht ausreichender oder fehlender Auflast muß der obere Querträger nach unten verankert werden.

7.3.1.2 Auflagerung auf Unterzügen

An den Endauflagern oder Kreuzungen aufeinanderliegender Träger zur Lasteinleitung angeordnete Aussteifungen sind sehr lohnintensiv (**196.**1). Ohne solche Steifen ausgeführte rippenlose Trägerverbindungen sind wesentlich wirtschaftlicher. Sie dürfen bei Walzträgern aus St 37 unter vorw. ruhender Belastung ausgeführt werden, wenn die Einleitung der Auflagerlast ausschließlich im Bereich biegedruckbeanspruchter Trägerflansche erfolgt (**196.**2c). Weil die Kippgefahr der Träger durch den Wegfall der Aussteifungen erhöht wird, sind insbesondere für die Deckenträger konstruktive Maßnahmen zu treffen, wie z.B. Verbindung mit der Deckenscheibe durch Bolzen; die Unterzüge werden i. allg. von den Deckenträgern unverschieblich gehalten.

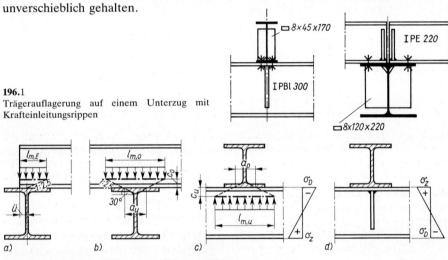

196.1
Trägerauflagerung auf einem Unterzug mit Krafteinleitungsrippen

196.2 Lastverteilung bei rippenlosen Trägerverbindungen
a) Endauflager   b) und c) Trägerkreuzung
d) notwendige Aussteifungsrippe bei Trägerlagerung im Zugbereich des Unterzugflanschs

Die Lasteinleitung in die Trägerstege ist nachzuweisen. Auf Grund von Versuchen wird die Lastverteilung im Flanschquerschnitt unter 30° tangential zu den Ausrundungen angenommen und in Trägerlängsrichtung 1:2,5 geneigt bis zum Rundungsbeginn im Steg (**196.**2b). Aus der Stegdicke s, der Flanschdicke t und dem Rundungsradius r errechnet sich die Verteilungsbreite im Flansch zu

$$a = s + 3,464\,t + 1,464\,r \qquad (196.1)$$

Die mitwirkende Steglänge l_m wird bei diesen Annahmen

an der Trägerkreuzung:

Oberer Träger (**196.**2b) $l_{\mathrm{m,o}} = a_\mathrm{u} + 5\,c_\mathrm{o}$ (196.2a)

Unterer Träger (**196.**2c) $l_{m,u} = a_o + 5\,c_u$ (196.2b)

am Trägerende: (**196.**2a): $l_{m,E} = \ddot{u} + 2{,}5\,c_o$ mit $\ddot{u} \leqq 1{,}25\,c_o$ (197.1)

Die zulässige Spannung ist zul $\sigma = \beta_S/\gamma$ mit $\gamma_H = 1{,}7$.

Ist eine der oben genannten Bedingungen nicht erfüllt, müssen Krafteinleitungsrippen vorgesehen werden (**196.**2d).

Beispiel: Ein durchlaufender Deckenträger IPE 240 mit einer Auflagerlast $C = 190$ kN liegt auf einem Unterzug IPB 240 auf (Trägerkreuzung).

IPE 240: $c_o = t + r = 0{,}98 + 1{,}50 = 2{,}48$ cm

$\qquad a_o = 0{,}62 + 3{,}464 \cdot 0{,}98 + 1{,}464 \cdot 1{,}50 = 6{,}21$ cm   n. Gl. (196.1)

IPB 240: $c_u = 1{,}7 + 2{,}1 = 3{,}8$ cm

$\qquad a_u = 1{,}0 + 3{,}464 \cdot 1{,}7 + 1{,}464 \cdot 2{,}1 = 9{,}96$ cm

Für den oberen Träger IPE 240: $l_{m,o} = 9{,}96 + 5 \cdot 2{,}48 = 22{,}4$ cm

$$\sigma = \frac{190}{22{,}4 \cdot 0{,}62} = 13{,}7 \text{ kN/cm}^2 < 24/1{,}7 = 14 \text{ kN/cm}^2$$

Für den unteren Träger IPB 240: $l_{m,u} = 6{,}21 + 5 \cdot 3{,}8 = 25{,}2$ cm

$$\sigma = \frac{190}{25{,}2 \cdot 1{,}0} = 7{,}54 \text{ kN/cm}^2 < 24/1{,}7 = 14 \text{ kN/cm}^2$$

Die Deckenträger sind unverschieblich auf den Unterzügen zu befestigen, weil sie den Druckgurt des Unterzuges gegen seitliches Ausweichen (Kippen) sichern müssen. Erlaubt die Flanschbreite der Träger die Anordnung ausreichend dicker Schrauben (z.B. $\geqq$ M 16), verschraubt man die Träger unmittelbar miteinander (**196.**1). Da schmalere Flansche hingegen keine direkte Verbindung gestatten, muß die Befestigung auf andere Weise erfolgen. Nach Bild **197.**1a wird der Träger mit übereck gestellten Klemmplatten oder Hakenschrauben (**40.**1a) aufgeklemmt. Besonders einfach ist der Anschluß mit 2 kurzen Kehlnähten, die nach dem Ausrichten der Träger auf der Baustelle geschweißt werden (**197.**1b), doch ist die Montage dadurch erschwert, daß die genaue Lage der Deckenträger nicht durch Bohrungen fixiert ist. Bei seitlichen Steganschlüssen entfällt dieser Nachteil (**197.**1c, **198.**1); die Ausführung nach Bild **197.**1c weist ein geringeres Stahlgewicht auf, weil unter dem Anschlußblech kein Futter nötig ist.

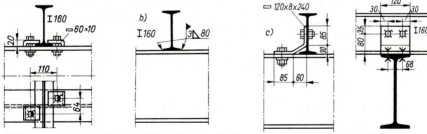

197.1 Befestigung des Trägers auf dem Unterzug durch
  a) Klemmplatten   b) Baustellenschweißung   c) Haltewinkel

An Trägerstößen müssen Zug- und Druckkräfte übertragen werden, die von der Verankerung der Wände oder von anderen, rechnerisch nicht erfaßten Ursachen herrühren. Bei der Trägerlagerung in Bild **196.**1 werden die Kräfte vom Schraubenanschluß quer durch den Unterzugflansch geleitet. Wirksamer ist die Verbindung der Trägerstege mit beidseitigen Laschen (**198.**1); Biegemomente können und sollen von diesen Laschen nicht aufgenommen werden.

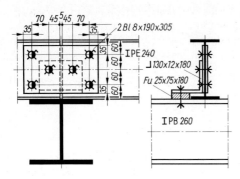

198.1
Trägerauflager mit Trägerstoß und Steglaschen

Liegt der Deckenträger zu niedrig, wird er ausgeklinkt und mit einer untergeschweißten Platte auf dem Unterzug aufgelagert (**198.**2). Bei starker Ausklinkung reicht der verbliebene ⊤-förmige Restquerschnitt zur Aufnahme der Biegebeanspruchung nicht aus. Man ergänzt den Querschnitt dann durch einen unteren Flansch, den man durch Verlängern der Auflagerplatte gewinnt. Die geschlitzte, über den Trägersteg geschobene Platte (b) ist vor Beginn der Ausklinkung gemäß ihrer Zugkraft durch Schweißanschluß vorzubinden.

Bei einer anderen Konstruktion (**198.**3) wird aus dem Trägersteg ein Stück herausgeschnitten (b), der Flansch samt einem kurzen Steganschluß wird hochgebogen und wieder mit dem Steg verschweißt. Infolge des Richtungswechsels der Flanschkraft Z tritt an der Knickstelle eine Umlenkkraft U auf (d), die im Flansch quergerichtete Biegespannungen verursacht. Sind Z und der Umlenkwinkel groß, muß U von einer Aussteifung aufgenommen werden (c).

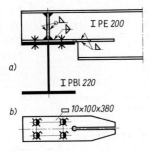

198.2 Verstärkung des ausgeklinkten Trägers am
Auflager durch die ver-
längerte Auflagerplatte

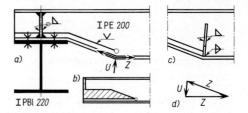

198.3 Trägerauflagerung mit hochgebogenem Unterflansch

7.3.2   Trägeranschlüsse

Muß die Deckenkonstruktion niedrig gehalten werden, kann man die Träger nicht mehr aufeinanderlegen, sondern man muß sie seitlich aneinander anschließen.

7.3.2.1   Querkraftbeanspruchte Anschlüsse

Im Anschluß frei aufliegender Träger an Unterzüge oder Stützen ist ausschließlich Querkraft zu übertragen. Die verschiedenen konstruktiven Lösungen unterscheiden sich durch die Größe der aufnehmbaren Auflagerlast, durch den Platzbedarf und ihr Formänderungsverhalten. Man wählt die Konstruktion, die den gestellten Anforderungen bei kleinstem Herstellungsaufwand und einfachster Montage genügt. Die Anschlüsse werden in der Regel geschraubt; vollständig geschweißte Anschlüsse führt man ihrer hohen Kosten wegen nur in den seltenen Fällen aus, in denen wichtige ästhetische Gründe dafürsprechen.

Anschlußbleche

Der Anschluß nach Bild **199**.1 beansprucht nur ein Mindestmaß an Bearbeitung der Trägerenden. Er ist für die Fertigung auf automatischen Säge- und Bohranlagen besonders geeignet, die Montage ist einfach. Nachteilig ist die seitliche Versetzung des Anschlußblechs gegenüber der Stegebene des Trägers (b); dadurch entstehen Torsionsmomente, die es ratsam erscheinen lassen, diesen Anschluß nicht bei großen Querkräften auszuführen, sofern nicht Maßnahmen zur Aufnahme dieser Beanspruchung getroffen werden. Die Tragfähigkeit des nur 1schnittigen Schraubenanschlusses ist wegen des Momentes $M = C \cdot a$ relativ klein. M ist besonders groß, wenn die Trägeroberkanten bündig liegen (**199**.1 a). Wird jedoch der Oberflansch des Deckenträgers ausgeklinkt, so rückt der Anschluß an den Unterzugsteg heran und M wird kleiner (**199**.2); allerdings entfällt der Vorteil der automatischen Bearbeitung der Trägerenden.

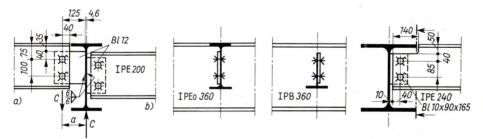

199.1 Trägeranschluß mit Anschlußblech

199.2 Trägeranschluß mit Anschlußblech und Ausklinkung

Der Anschluß läßt sich 2schnittig und mittig gestalten (**200**.1), aber diesem Vorteil stehen die Vermehrung der Bauteile und Schrauben sowie der wiederum große Hebelarm a gegenüber.

Die Berechnung dieser Schraubenanschlüsse für die Querkraft C und das Moment $M = C \cdot a$ erfolgt wie beim Anschluß mit Stegwinkeln. Weil die Steifigkeitsverhältnisse im Anschluß nicht abgeschätzt werden können, sollte M auch bei der Schweißnaht des Anschlußblechs berücksichtigt werden.

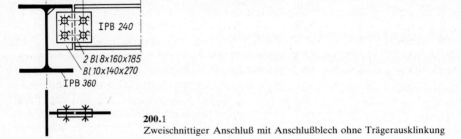

200.1
Zweischnittiger Anschluß mit Anschlußblech ohne Trägerausklinkung

Wenn der Träger ausgeklinkt ist, müssen im geschwächten Querschnitt 1−1 die allg. Spannungsnachweise geführt werden (**200**.2). Beim T-Querschnitt (a) verursacht das Biegemoment $M = C \cdot a_1$ die Druckspannung

$$\sigma_D = M \cdot a_d/I_{y1} \leqq \text{zul } \sigma_D$$

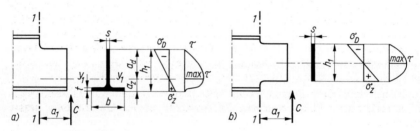

200.2 Spannungen im geschwächten Trägerquerschnitt bei
a) einfacher   b) doppelter Ausklinkung

Wenn das Verhältnis $a_1/s \geqq 12$ ist, muß zur Vermeidung von Instabilitäten zul $\sigma_D = 140$ (160) N/mm^2 gesetzt werden; andernfalls ist 160 (180) N/mm^2 zulässig. Bei Vernachlässigung der Profilausrundung werden die Querschnittswerte

$$A = s(h_1 - t) + b \cdot t \qquad a_d = h_1 - \frac{h_1}{2} \cdot \frac{s(h_1 - t)}{A} - \frac{t}{2} \qquad (200.1)\ (200.2)$$

$$I_{y1} = \frac{s(h_1 - t)^3}{12} + \frac{b \cdot t \cdot s(h_1 - t)}{A} \cdot \left(\frac{h_1}{2}\right)^2 \qquad (200.3)$$

Mit $S_{y1} = s \cdot a_d^2/2$ erhält man die Schubspannung im Steg

$$\max \tau = \frac{C \cdot S_{y1}}{s \cdot I_{y1}} \leqq 1,1 \text{ zul } \tau \qquad (200.4)$$

und im Fall der doppelten Ausklinkung (b)

$$\max \tau = \frac{1,5\ C}{s \cdot h_1} \leqq 1,1 \text{ zul } \tau \qquad (200.5)$$

Weil der örtliche Größtwert von τ nachgewiesen wird, darf zul τ um 10% erhöht werden.

Stirnplattenanschluß

Er weist eine größere Tragfähigkeit auf, als die Konstruktion mit Anschlußblech, weil wegen sehr kleiner Hebelarme innerhalb des Anschlusses praktisch keine Momente entstehen (**201**.1). Sowohl die Schweißnaht als auch die Anschlußschrauben werden nur für die Querkraft bemessen; ferner ist im Steg des Trägers der Schubspannungsnachweis neben der Schweißnaht zu führen.

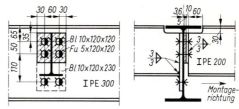

201.1
Stirnplattenanschluß bei bündigen Trägeroberkanten

Die sich bei frei aufliegenden Trägern einstellende Endtangentendrehung τ verursacht Verformungen des Stirnblechs und Zugkräfte in den oberen Schrauben sowie in der Schweißnaht (**201**.2). Um diese Nebenwirkungen zu beschränken, empfiehlt es sich, die Stirnplatte kurz zu halten, die Schrauben so hoch wie möglich anzuordnen und die Stirnplatte am oberen Flansch anzuschweißen (**172**.1). Soll ein einseitig angeschlossener Träger den Unterzug gegen Verdrehen (Kippen) sichern, ist die Einspannwirkung des Anschlusses jedoch erwünscht und wird durch eine lange, mit beiden Flanschen verbundene Stirnplatte gefördert (**201**.3).

Muß der Träger beim Einbau zwischen Unterzüge oder Stützen hineingedreht werden, ist der Träger um Δl kürzer herzustellen als die lichte Weite w. Mit b = Breite der Stirnplatte ist

$$\Delta l = \frac{b^2}{2\,w} + \text{Spielraum} \ (\approx 2\,\text{mm}) \tag{201.1}$$

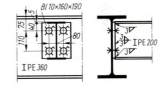

201.3 Einseitiger   Stirnplattenanschluß an einen Unterzug

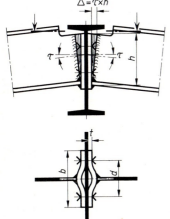

201.2
Verformung der Stirnplatte bei Endtangentendrehung der Träger

An einem Trägerende ist nach dem Einschwenken ein Futter mit Dicke Δl zwischenzulegen (**201.**1). Wird $\Delta l > 6$ mm, erhält jedes Trägerende ein Futter von je halber Dicke, um das Vorbinden zu sparen. Die Futter ermöglichen außerdem den Ausgleich von Fertigungstoleranzen. Ein Trägerende erhält eine längere Stirnplatte mit 2 zusätzlichen, vom Anschluß des nachfolgenden Trägers unabhängigen Schrauben, um die Montage zu erleichtern; dabei ist die Montagerichtung zu beachten.

Stirnplatten sind besonders geeignet für schiefe Trägeranschlüsse (**202.**1). Die Bohrungen an der spitzwinkligen Seite müssen so weit seitlich sitzen, daß zwischen den Trägerstegen Spielraum zum Hineinstecken der Schrauben bleibt.

In ähnlicher Weise kann man die Eckverbindung zweier Träger ausführen (**202.**2); die auf Gehrung geschnittenen Trägerenden erhalten angeschweißte Stirnplatten, die verschraubt werden. Wegen der sich in 2 verschiedenen Ebenen einstellenden Endtangentenverdrehungen entstehen an der Ecke Biege- und Torsionsbeanspruchungen, die von der steifen Stirnplattenverbindung i. allg. gut verkraftet werden können.

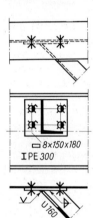

202.1
Schiefer   Trägeran-
schluß mit Stirnplatte

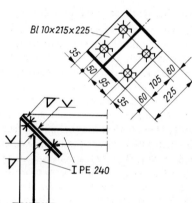

202.2 Eckverbindung mit Stirnplatten

Beispiel 1 (201.1): Beiderseitiger Stirnplattenanschluß von Deckenträgern IPE 200 an einem Unterzug IPE 300. Die Auflagerlast je Träger beträgt $C = 35$ kN.

Schweißanschluß der Stirnplatte:

$$A_\text{w} = 2 \cdot 0,3 \cdot 12 = 7,2 \text{ cm}^2$$

$$\tau_\text{w} = 35/7,2 = 4,86 < 13,5 \text{ kN/cm}^2$$

Schubspannung im 5,6 mm dicken Steg:

$$\tau = \frac{35}{0,56 \cdot 12} = 5,21 < 9,2 \text{ kN/cm}^2$$

Im Anschluß am 7,1 mm dicken Unterzugsteg entfällt bei 4 rohen Schrauben M 16 auf eine Schraube

$$Q_\text{a} = 2 \cdot 35/4 = 17,5 \text{ kN} < \text{zul } Q_\text{a2} = 2 \cdot 22,5 = 45 \text{ kN}$$

$$\text{und} \qquad < \text{zul } Q_\text{l} = 0,71 \cdot 44,8 = 31,8 \text{ kN}$$

Am Beginn der Ausklinkung wird mit den Profilmaßen des IPE 200 und $h_1 = 17$ cm nach Gl. (200.1 bis 3)

$$A = 0,56 \ (17 - 0,85) + 10 \cdot 0,85 = 17,54 \ \text{cm}^2$$

$$a_d = 17 - \frac{17}{2} \cdot \frac{0,56 \ (17 - 0,85)}{17,54} - \frac{0,85}{2} = 12,19 \ \text{cm}$$

$$I_{y1} = \frac{0,56 \ (17 - 0,85)^3}{12} + \frac{10 \cdot 0,85 \cdot 0,56 \ (17 - 0,85)}{17,54} \left(\frac{17}{2}\right)^2 = 513 \ \text{cm}^4$$

$$S_{y1} = 0,56 \cdot 12,19^2/2 = 41,6 \ \text{cm}^3 \qquad a_1/s = 6,0/0,56 = 10,7 < 12$$

$$\sigma_D = \frac{35 \ (0,36 + 0,5 + 1,0 + 6,0) \ 12,19}{513} = 6,54 < 16 \ \text{kN/cm}^2$$

$$\tau = \frac{35 \cdot 41,6}{0,56 \cdot 513} = 5,07 < 1,1 \cdot 9,2 = 10,1 \ \text{kN/cm}^2$$

Anschluß mit angeschraubtem Winkelpaar

Er weist eine bessere Elastizität auf als der Stirnplattenanschluß. Man zieht ihn darum bei höheren Trägerprofilen vor. Da sich Walz- und Fertigungstoleranzen im Lochspiel der Schrauben bei der Montage ausgleichen lassen, erübrigen sich Futterzwischenlagen. Das Trägerende läßt man $\approx 3 \cdots 5$ mm gegenüber der Anschlußebene zurückstehen, damit nicht ein infolge Arbeitsungenauigkeiten vorstehendes Trägerende das glatte Anliegen des Anschlusses am Unterzug behindern kann (**203**.1). Die Schenkel der vom Deutschen Ausschuß für Stahlbau typisierten Anschlußwinkel [16] sind so breit und die Schraubendurchmesser sowie die von den genormten Wurzelmaßen abweichenden Anreißmaße sind so gewählt, daß die Bohrungen in den beiden Winkelschenkeln in der Höhe nicht gegeneinander versetzt werden müssen (Taf. **204**.1). Hat die notwendige Anzahl der Schrauben übereinander keinen Platz, werden sie mittels breitschenkligen Winkels nebeneinandergesetzt (**204**.2; **204**.3). Vorhandene Aussteifungen des Unterzuges können für den Anschluß des Trägers benutzt werden (**163**.1); der Trägerunterflansch ist hierfür einseitig abzuflanschen.

Zur Erleichterung der Montage — besonders, wenn zu beiden Seiten des Unterzugs Träger anschließen — sieht man unter dem Träger Montagewinkel vor, die rechnerisch nicht zur Aufnahme des Auflagerdrucks herangezogen werden (**203**.1, **206**.1).

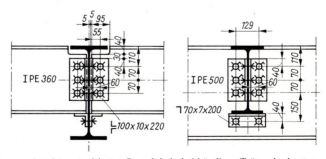

203.1 Trägeranschluß mit angeschraubten, typisierten Stegwinkeln bei bündigen Trägeroberkanten

Tafel **204**.1   Typisierte Anschlußwinkel [16]

Winkel	Schraube n. DIN 7990	Maße in mm				
		w	w_1	w_2	a	e
L 90×9	M 16	50	–	50	35	50
L 100×10	M 20	60	–	60	40	70
L 120×12	M 24	70	–	70	50	80
L 150×75×9	M 16	50	60	50	35	50
L 180×90×10	M 20	60	70	60	40	70
L 200×100×12	M 24	70	80	60	50	80

Bei Verwendung von HV-Schrauben gelten andere Maße!

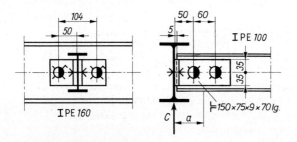

204.2
Stegwinkelanschluß eines Trägers mit kleiner Profilhöhe

Anschluß am Trägersteg

Im Schwerpunkt S des 2schnittigen Schraubenanschlusses wirkt neben der Querkraft C noch das Moment $M = C \cdot a$ (**204**.3). Die Beanspruchung entspricht der der Steglaschen am biegefesten Trägerstoß, so daß die dort angegebenen Gleichungen verwendet werden können, wenn $N_s = 0$, $Q = C$ und $M_s = C \cdot a$ gesetzt werden. Bei 2reihigem, niedrigem Schraubenbild (**204**.3a) sind die Gl. (58.2, 3 und 4) zu benutzen und bei einreihiger oder sehr hoher Schraubenanordnung (**204**.3b) die Gln. (59.1a, 59.2 und 58.4).

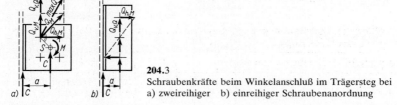

204.3
Schraubenkräfte beim Winkelanschluß im Trägersteg bei
a) zweireihiger b) einreihiger Schraubenanordnung

Bei der Berechnung der Tragfähigkeit von Winkelanschlüssen wurde die zulässige Belastung in den „Typisierten Verbindungen" [16] mit Rücksicht auf den plastischen Ausgleich der

Schraubenkräfte im Traglastzustand um 5% höher angesetzt, sofern mindestens 4 Schrauben in einer Reihe vorhanden sind. In den Berechnungsnormen ist diese Tragfähigkeitserhöhung jedoch nicht vorgesehen.

Weil der Anteil des Moments an der gesamten Beanspruchung groß ist, wird man den Hebelarm a durch Ausklinken der Träger klein halten. Nur bei ungewöhnlich kleiner Auflagerkraft genügt der Trägeranschluß ohne Ausklinkung (**14.**1).

Anschluß am Unterzug

Jeder der beiden Winkel überträgt die halbe Auflagerlast $C/2$ (**205.**1a). Diese Belastung kann ersetzt werden durch eine im Schraubenschwerpunkt angreifende Querkraft V_o, die sich gleichmäßig auf alle Schrauben verteilt (b), und durch ein Moment M_o, welches horizontale und auch vertikale Schraubenkräfte zur Folge hat (c). Anders als beim Anschluß am Trägersteg ist hier nicht der Schwerpunkt der Drehpol, sondern der Druckpunkt, in dem sich der Winkel bei einer Verdrehung gegen den Trägersteg anlegt. Das für die Berechnung benötigte polare Flächenmoment 2. Grades $I_{p,D}$ der Schrauben ist folglich auf diesen, auf der zunächst geschätzten Wirkungslinie von D liegenden Druckpunkt zu beziehen.

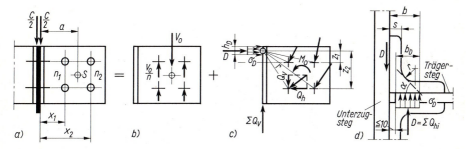

205.1 Beanspruchung des Winkelanschlusses am Unterzugsteg

Auf Grund dieses Berechnungsmodells sind in [16] die zulässigen Anschlußkräfte für die typisierten Anschlüsse bei zusätzlicher Voraussetzung eines vollständigen plastischen Ausgleichs der Schraubenkräfte berechnet worden. Traglastversuche[1] haben gezeigt, daß es bei vorwiegend ruhender Beanspruchung in einfacher Weise möglich ist, die zulässigen Anschlußquerkräfte am Unterzug aus der mit dem Faktor $æ$ (Taf. **205.**2) verminderten Summe der zulässigen übertragbaren Schraubenkräfte ohne weitere Berücksichtigung des Versatzmoments zu berechnen:

$$\text{zul } Q = æ \cdot \Sigma \text{ zul } Q_{SL} \tag{205.1}$$

Tafel **205.**2 Abminderungsfaktoren $æ$ zur Berücksichtigung des Momentes in der Stegebene des Unterzuges

Anzahl der horizontalen Schraubenreihen	1	2	3	4	$\geqq$ 5
Abminderungsfaktor $æ$	0,80	0,90	0,94	0,97	1,00

---

[1] Schulte, W.: Querkraftbeanspruchte ⊥-Trägeranschlüsse mit Winkeln − Tragfähigkeit des Anschlusses am Unterzug ohne Trägerendeinspannung. Der Stahlbau (1983) H. 8

Dieses Näherungsverfahren gilt bei Verwendung roher Schrauben, die in jedem Winkelschenkel in nur einer senkrechten Schraubenreihe angeordnet sind.

Beispiel 2 (206.1): Beiderseitiger Anschluß von Trägern IPB 600 gemäß Beispiel 2 (Abschn. 7.2.2) am Steg einer Stütze aus IPB 500; die Auflagerlast je Träger ist $C = 550$ kN. Der Durchmesser der rohen Schrauben (Lochspiel $\Delta d \leqq 2$ mm) und die Anreißmaße der Anschlußwinkel werden in Anlehnung an die typisierten Ausführungen n. Taf. **204.**1 gewählt.

Anschluß am Trägersteg mit 12 M 24 nach den Gleichungen (58.2 bis 4):

$$M = 550 \cdot 11{,}0 = 6050 \text{ kNcm}$$

Polares Flächenmoment 2. Grades der Schrauben bezüglich des Schwerpunktes S:

$$\Sigma z_i^2 = 4\,(4^2 + 11{,}5^2 + 19^2) \qquad = 2037 \text{ cm}^2$$
$$\Sigma x_i^2 = 12 \cdot 4^2 \qquad\qquad = \underline{\;192\;} \text{ cm}^2$$
$$I_p = 2229 \text{ cm}^2$$

$$Q_v = \frac{550}{12} + \frac{6050 \cdot 4}{2229} = 56{,}7 \text{ kN} \qquad Q_h = \frac{6050 \cdot 19}{2229} = 51{,}6 \text{ kN}$$

$$\max Q_a = \sqrt{56{,}7^2 + 51{,}6^2} = 76{,}6 \text{ kN} < \text{zul } Q_{a2} = 2 \cdot 50{,}6 = 101{,}2 \text{ kN}$$
$$< \text{zul } Q_l = 1{,}55 \cdot 67{,}2 = 104{,}2 \text{ kN}$$

Anschluß am Stützensteg

Von beiden Seiten schließt ein Unterzug an; somit ist die gesamte Auflagerlast $2C = 2 \cdot 550 = 1100$ kN. Weil jeweils 6 Schrauben M 24 übereinander angeordnet sind, ist der Abminderungsfaktor nach Tafel **205.**2 $\text{æ} = 1$.

Für eine Schraube ist

$$Q_a = 1100/12 = 91{,}7 \text{ kN} < \text{æ} \cdot \text{zul } Q_{a2} = 1 \cdot 2 \cdot 50{,}6 = 101{,}2 \text{ kN}$$
$$< \text{æ} \cdot \text{zul } Q_l = 1 \cdot 1{,}45 \cdot 67{,}2 = 97{,}4 \text{ kN}$$

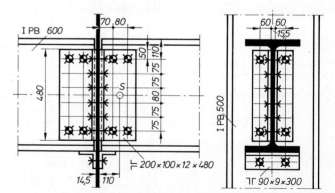

206.1
Anschluß schwer belasteter Unterzüge am Steg einer Stütze

Knaggenauflager

Es liegt nahe, den Träger auf dem am Unterzug angeschweißten Montagewinkel zu lagern und die Stegverbindung nur zur Sicherung gegen Kippen und Verschieben des Trägers heranzuziehen (**207.**1). Die Auflagerlast C greift außerhalb der Unterzugachse an einem nur ungenau erfaßbaren Hebelarm an und erzeugt im Unterzug ein Torsionsmoment, zu dessen Weiterleitung der Unterzug entweder torsionssteif ausgebildet oder in anderer Weise gegen Verdrehen und Kippen gesichert werden muß. Dadurch wird die Anwendbarkeit dieser Konstruktion eingeschränkt.

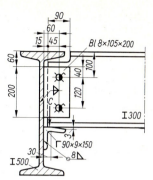

207.1
Angeschweißter Montagewinkel als Tragwinkel für das Trägerauflager

Steht eine ausreichende Anschlußhöhe zur Verfügung (z. B. bei Stützen), kann die Auflagerung besser auf K n a g g e n mit genau festliegender Wirkungslinie der Auflagerlast erfolgen (**207.**2, **210.**1). Die Konstruktion ist für die Aufnahme großer Lasten geeignet und auch bei geschlossenen Stützenprofilen anwendbar, da im Stützenschaft keine Anschlußschrauben eingezogen werden müssen. Der Steganschluß sichert den Träger gegen Kippen, der an die Knagge geschweißte Flachstahl verhindert mit den Halteschrauben das Abrutschen. − Die Pressung in der A u f l a g e r f u g e wird mit der Verteilungsbreite a_o nach Bild **196.**2c und Gl. (196.1) nachgewiesen. Maßgebend für den T r ä g e r ist die Spannung im Steg innerhalb der mitwirkenden Länge $l_{m, E}$ (**196.**2a) gem. Gl. (197.1); reicht die Stegfläche nicht aus, kann eine angeschweißte Auflagerplatte zu einer besseren Lastverteilung führen (**207.**2b), oder man leitet die Auflagerlast mittels Aussteifungsrippen in den Steg ein (a).

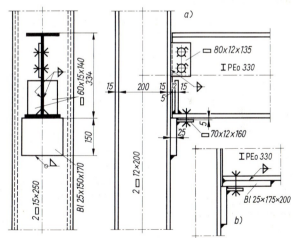

207.2
Trägerauflagerung auf angeschweißter Knagge

Bei hohen Trägern kann die Auflagerknagge durch geringfügiges Ausklinken innerhalb der Trägerhöhe untergebracht werden; sie stört dann nicht bei der Stützenummantelung (**208.**1). Der Träger liegt mit der angeschweißten Stirnplatte auf der Knagge auf und wird von angeschraubten Winkeln in seiner Lage gehalten. Die sehr unterschiedliche Breite von Stütze und Unterzug ist unschön; falls die Konstruktion unverkleidet bleibt, müßte auf eine bessere Gestaltung geachtet werden.

An der Dehnungsfuge des Gebäudes wird der Träger in ähnlicher Weise auf einer tragenden Konsole gelagert und durch den Stegwinkel sowie durch das auf seinen Oberflansch geschweißte Blech längsbeweglich geführt (**208**.2). Die exzentrische Trägerlagerung ist bei der Bemessung der Stütze zu berücksichtigen.

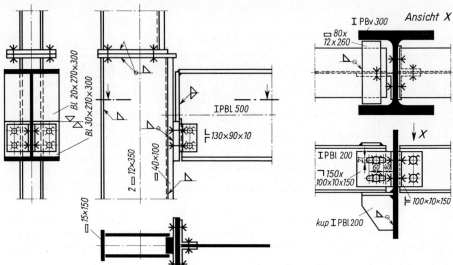

208.1 Auflagerknagge innerhalb der Trägerhöhe

208.2 Längsbewegliche Trägerlagerung an einer Dehnungsfuge

7.3.2.2 Biegebeanspruchte Anschlüsse

Am Auflager der Durchlaufträger ist außer den Querkräften das negative Stützmoment anzuschließen. Die Auflagerlasten werden wie bei frei aufliegenden Trägern am Steg mit Anschlußblech, Stirnplatte oder Anschlußwinkeln angeschlossen, oder die Träger werden auf Stützwinkel oder Knaggen aufgelegt. Das Moment kann entweder von Laschen aufgenommen werden, oder man führt eine biegefeste Stirnplattenverbindung aus.

Anschluß mit Laschen

Das am Anschluß vorhandene negative Stützmoment M_{St} wird in ein Kräftepaar aufgelöst, das aus einer Zugkraft Z am Oberflansch und einer Druckkraft D am Unterflansch besteht.

Die Druckkraft wird durch Kontaktwirkung übertragen, indem in die Fuge vor dem Druckflansch eine Druckplatte scharf eingepaßt und mit Schrauben oder Heftschweißung gegen Herausfallen gesichert wird (**209**.1b), oder man füllt die Fuge mit Schweißgut aus. Auch durch winkelrechte Bearbeitung des Trägerendes kann die Kontaktwirkung hergestellt werden (a). Im Brückenbau verbindet eine durch den Unterzugsteg gesteckte Drucklasche die Trägerunterflansche (s. Teil 2), im Hochbau ist diese Ausführung selten.

Zur Aufnahme der Zugkraft sind die Obergurte der aufeinanderfolgenden Träger durch eine aufgelegte Zuglasche zu verbinden. Der Querschnitt der Lasche und ihre Anschlüsse sind für die Zugkraft $Z = M/z$ zu bemessen. z ist der Abstand der Wirkungslinien von Z und D; für M ist bei Berechnung nach der Elastizitätstheorie oder nach dem vereinfachten Traglastverfahren das Stützmoment M_{St} einzusetzen, bei Anwendung des Traglastverfahrens das unter der plastischen Grenzlast auftretende Moment M_γ.

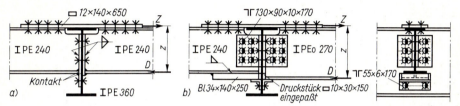

209.1 Anschluß durchlaufender Deckenträger an Unterzügen (s. Abschn. 6.2.4.2, Beisp. 2).
  Querkraftanschluß und Druckkraftübertragung durch
  a) Stirnplatten und Kontaktwirkung
  b) Anschlußwinkel und eingepaßte Druckstücke

Die Zuglasche wird auf der Baustelle angeschraubt; man kann sie auch anschweißen, wenn man darauf achtet, daß die Nähte nicht in Zwangslage gezogen werden müssen. Bei der Ausführung nach Bild **209**.2 werden die Zuglaschenhälften bereits in der Werkstatt mit Kehlnähten am Träger befestigt und dann auf der Baustelle mit einer Steilflankennaht verbunden. Dadurch bleibt der Arbeitsaufwand auf der Baustelle relativ klein. In der Regel hält man die Zuglasche schmaler als den Flansch und kann sie dann mit Kehlnähten aufschweißen (**211**.2).

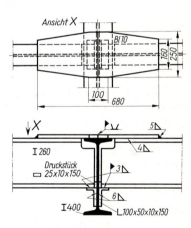

209.2
Lagerung des Durchlaufträgers auf Tragwinkeln; Zuglasche mit geschweißten Anschlüssen

Wenn vorgefertigte Decken- oder Dachelemente auf den Trägern verlegt werden sollen, dann stören die Zuglaschen und Schraubenköpfe die ebene Auflagerfläche. Im Bild **210**.1 wurden deswegen die Deckenträger so hoch gelegt, daß die zweiteilige Zuglasche zwischen Unterzug- und Deckenträgerflansch eingeschoben werden konnte. Die Baustellenkehlnähte liegen jeweils in der Längsachse der Zuglaschen, und die Lücke zwischen den Deckenträgerflanschen wird durch ein Futterblech aufgefüllt. Infolge ausreichender Trägerhöhe liegen die Deckenträger mit ihren Stirnplatten auf Auflagerknaggen am Unterzug auf, wobei jeder Träger mit je einer

Schraube am Unterzug festgehalten wird. Ein Druckstück überträgt die Druckkraft des Unterflansches; bei der Montage wird der hierfür notwendige Spielraum durch ein angeheftetes 20 mm dickes Flachstahlstück freigehalten.

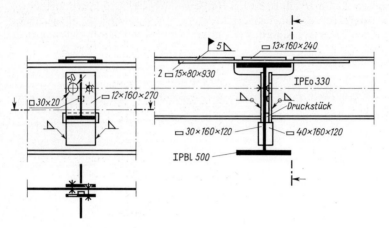

210.1 Durchlaufträger mit ebener Trägeroberfläche

Treffen Träger mit unterschiedlicher Höhe zusammen − z.B. wegen Profilwechsels zwischen End- und Innenfeld −, dann muß dafür gesorgt werden, daß die Druckkräfte der unteren Flansche in der gleichen Wirkungslinie liegen, weil andernfalls die zur Kraftübertragung nötige Kontaktwirkung verloren ginge und außerdem Schäden am Unterzugsteg entstehen würden. Oft vergrößert man hierfür die Höhe des niedrigeren Trägers, indem man bei Höhenunterschieden $\leqq$ 50 mm Flanschbeilagen unter den Träger schweißt (**209.**1b); bei größeren Unterschieden nimmt man dafür einen Profilabschnitt (**210.**2), oder man zieht den Unterflansch durch Einschweißen eines keilförmigen Stegstücks flach herunter (**212.**1). Bezüglich der dabei auftretenden Umlenkkräfte s. Abschn. 7.3.1.2. Wegen des vergrößerten Hebelarms z zwischen Z und D ist die Kraft in der Zuglasche verringert, jedoch greift die größere Trägerhöhe ein Stück weit in das Nachbarfeld hinein und kann dort konstruktiv störend wirken.

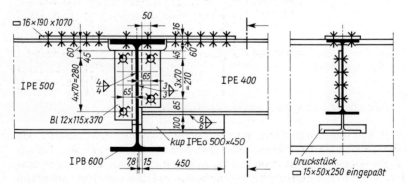

210.2 Ausgleich stark unterschiedlicher Trägerhöhen mit einem Trägerstück

Muß das vermieden werden, ist es möglich, die Höhe des niedrigen Trägers bis zum Anschluß unverändert beizubehalten, wenn man Sorge trägt, daß die Druckkraft *D* auf der gegenüberliegenden Seite durch flanschartige Aussteifungen übernommen wird (**211**.1).

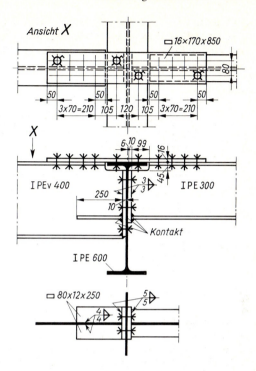

211.1
Ausgleich stark unterschiedlicher Trägerhöhen durch waagerechte Krafteinleitungsrippen

Schließt der Durchlaufträger an einem Stützensteg an, kann die Zuglasche durch einen gut ausgerundeten Schlitz durch den Steg gesteckt werden (**211**.2). Wenn man die Lasche schmal hält, wird der Spannungsnachweis für den geschwächten Stützenquerschnitt i. allg. keine Schwierigkeiten ergeben, da ja die Reserve des Knickbeiwertes zur Verfügung steht. Ein weiteres Beispiel s. Bild **167**.1.

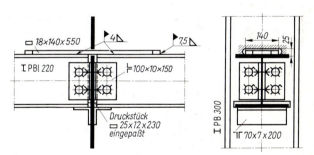

211.2 Anschluß eines Durchlaufträgers am Steg einer Stütze

Beim Anschluß des Durchlaufträgers am Stützenflansch ist die Zuglasche beiderseits an der Stütze vorbeizuführen (**212**.1), wobei sich die konstruktive Gestaltung oft nach der Deckenkonstruktion richten muß. Die Weiterleitung der Druckkraft erfordert in der Stütze eingepaßte Aussteifungen in Höhe des Trägerunterflansches.

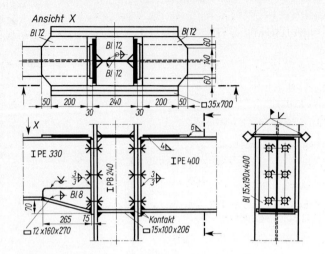

212.1
Anschluß eines Durchlaufträgers an den Flanschen einer Stütze

Beispiel 1 (210.2): Für den nach der Elastizitätstheorie berechneten Durchlaufträger aus St 37 von Bild **181**.1 wird bei Stütze C der Anschluß an den Unterzug IPB 600 nachgewiesen. Die an dieser Stelle vorhandenen maximalen Schnittgrößen sind im Lastfall H

$$C_1 = 139 \text{ kN} \qquad C_r = 115 \text{ kN} \qquad M_C = 183 \text{ kNm}$$

Der Querkraftanschluß des IPE 500 erfolgt an einem vertikalen Anschlußblech. Das Moment im Anschluß

$$M = C_1 \cdot a = 139 \cdot 6,5 = 904 \text{ kNcm}$$

wird zur Sicherheit sowohl beim Schraubenanschluß als auch bei den Schweißnähten berücksichtigt.

Schraubenanschluß des Trägerstegs am Anschlußblech mit 5 rohen Schrauben M 22

$$Q_v = 139/5 = 27,8 \text{ kN} \qquad Q_h = 904 \cdot 0,8/28 = 25,8 \text{ kN} \qquad \text{n. Gl.(59.1a)}$$
$$\max Q_a = \sqrt{27,8^2 + 25,8^2} = 37,9 \text{ kN} < \text{zul } Q_{SL} = 42,6 \text{ kN}$$

Schweißanschluß des Anschlußblechs am Unterzugsteg $a_w = 4$ mm

$$A_w = 2 \cdot 0,4 \cdot 37 = 29,6 \text{ cm}^2 \qquad W_w = 2 \cdot 0,4 \cdot 37^2/6 = 183 \text{ cm}^3$$
$$\sigma_\perp = 904/183 = 4,94 \text{ kN/cm}^2 \qquad \tau_{\parallel} = 139/29,6 = 4,70 \text{ kN/cm}^2$$
$$\sigma_V = \sqrt{4,94^2 + 4,70^2} = 6,82 < 13,5 \text{ kN/cm}^2$$

Der Querkraftanschluß des rechten Trägers IPE 400 wird in gleicher Weise berechnet.
Anschluß des Stützmoments

$$Z = D = \frac{18\,300}{50,0 + \dfrac{1,6}{2} - \dfrac{1,6}{2}} = 366 \text{ kN}$$

Zuglasche □ 16 × 190

$$A_n = 1,6 (19,0 - 2 \cdot 2,3) = 23,0 \text{ cm}^2 \qquad \sigma_Z = 366/23,0 = 15,9 < 16 \text{ kN/cm}^2$$

Anschluß mit 10 rohen Schrauben M 22:   zul $Q_{SL} = 10 \cdot 42,6 = 426 > Z = 366$ kN

Druckflansch $A = 1,6 \cdot 20 = 32$ cm² $\sigma_D = 366/32 = 11,4 < 16$ kN/cm²

Der Schweißanschluß des 45 cm langen Trägerstücks kup IPEo 500 muß D aufnehmen und dazu das Moment

$$M = D \cdot e = 366 (10,0 - 1,6/2) = 3370 \text{ kNcm}$$

$$A_w = 2 \cdot 0,6 \cdot 45 = 54 \text{ cm}^2 \qquad W_w = 54 \cdot 45/6 = 405 \text{ cm}^3$$

$$\sigma_\perp = 3370/405 = 8,32 \text{ kN/cm}^2 \qquad \tau_{\parallel} = 366/54 = 6,78 \text{ kN/cm}^2$$

$$\sigma_V = \sqrt{8,32^2 + 6,78^2} = 10,73 < 13,5 \text{ kN/cm}^2$$

Spannungsnachweis für den Steg des Trägerstücks:

$$A = 1,2 \cdot 45 = 54 \text{ cm}^2 \qquad W = 54 \cdot 45/6 = 405 \text{ cm}^3$$

$$\sigma = 3370/405 = 8,32 \text{ kN/cm}^2 \qquad \max \tau = 1,5 \cdot 366/54 = 10,17 \approx 1,1 \cdot 9,2 = 10,12 \text{ kN/cm}^2$$

Am Ende des Verstärkungsstücks ist im Träger IPE 400 im Abstand $x = 47,3$ cm von der Stütze C das Moment $M = -132$ kNm vorhanden (**181.**1). Mit

$$I_{yn} = 23130 - 2 \cdot 2,3 \cdot 1,35 \cdot 19,3^2 = 20820 \text{ cm}^4$$

werden die Biegespannungen im Träger

$$\sigma_D = \frac{13200}{1160} = 11,4 < 14 \text{ kN/cm}^2 \qquad \sigma_Z = \frac{13200 \cdot 20}{20820} = 12,7 < 16 \text{ kN/cm}^2$$

Beispiel 2 (211.1): Für den Durchlaufträger, der in Beispiel 1, Abschn. 7.2.4.2 nach dem Traglastverfahren berechnet wurde, wird der Trägerstoß über der Stütze C für das im plastischen Grenzzustand vorhandene Stützmoment $M_{C\gamma} = 140$ kNm nachgewiesen.

Am Anschluß des IPE 300 ist der durch Probieren gefundene Querschnitt nach Bild **213.**1 wirksam. Der Abstand zwischen dem Druck- und Zugschwerpunkt ist $z = 29,9$ cm. Damit wird

$$Z_\gamma = D_\gamma = M_{C\gamma}/z = 13700/29,9 = 458 \text{ kN}$$

Fläche der Druckzone $A_D = 53,8/2 - 10,5 \cdot 0,71 = 19,4$ cm²

Nutzfläche der Zuglasche $A_n = 1,6 (17,0 - 2 \cdot 2,1) = 20,5$ cm²

$$\sigma_\gamma = 458/19,4 = 23,6 \text{ kN/cm}^2 < \beta_S = 24 \text{ kN/cm}^2$$

Der Anschluß der Zuglasche erfolgt mit 8 rohen Schrauben M 20

$$\gamma \cdot \text{zul } Q_{a1} = 1,7 \cdot 8 \cdot 35,2 = 479 > 458 \text{ kN}$$

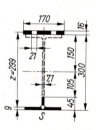

213.1 Wirksamer Trägerquerschnitt am Anschluß des IPE 300

Die Druckkraft wird durch Kontakt übertragen; die Berührungsflächen sind planeben zu bearbeiten. Auf der linken Seite des Unterzugsteges übernehmen Aussteifungen die Druckkraft und leiten sie in den Steg des IPEv 400 ein.

Im Schweißanschluß für 1 Aussteifung wirken die Anschlußkraft

$$F_\gamma \approx D/2 = 458/2 = 229 \text{ kN}$$

und das Moment

$$M_\gamma \approx 229 \cdot 8/2 = 916 \text{ kNcm}$$

Für die Schweißnaht ist $A_w = 2 \cdot 0,4 \cdot 25 = 20,0$ cm² $W_w = 20 \cdot 25/6 = 83,3$ cm³

$$\gamma \cdot \sigma_\perp = 916/83{,}3 = 11{,}0 \text{ kN/cm}^2 \qquad \gamma \cdot \tau_\| = 229/20 = 11{,}5 \text{ kN/cm}^2$$

$$\sigma_V = \sqrt{11{,}0^2 + 11{,}5^2} = 15{,}9 < 1{,}7 \cdot 13{,}5 = 22{,}9 \text{ kN/cm}^2$$

Im Steg des IPEv 400 ist neben den Schweißnähten die Schubspannung vorhanden

$$\tau_\gamma = \frac{458}{2 \cdot 25 \cdot 1{,}06} = 8{,}64 < \frac{\beta_S}{\sqrt{3}} = 13{,}9 \text{ kN/cm}^2$$

Biegesteifer Stirnplattenanschluß

Hochfeste vorgespannte Schrauben in einer ausreichend dicken Stirnplatte übernehmen sowohl die Querkraft als auch mit ihren Zugkräften das Biegemoment. Berechnung und Ausführung s. Abschn. 3.1.4.3. Bei der Durchbildung gemäß den typisierten Verbindungen im Stahlhochbau [16] erübrigen sich Nachweise für die Schrauben, Plattendicke und Schweißnähte bei der dort angegebenen Tragfähigkeit. Wegen der Zugbeanspruchung in Dickenrichtung darf die Stirnplatte keine Doppelungen aufweisen und muß aus geeignetem Material bestehen; die Schweißnähte werden als Doppelkehlnähte ausgeführt, damit die Gefahr von Terrassenbrüchen vermindert wird. Die gegenseitigen Schraubenabstände in der Stirnplatte sind ausnahmsweise kleiner, als es die Vorschriften normalerweise fordern; dadurch hält man die Biegebeanspruchungen in der Platte und somit die Plattendicke klein.

In der Regel kragen die Stirnplatten auf der Biegezugseite über die Profilkanten aus (**214.**1). Müssen die Stirnplatten mit der Trägeroberkante bündig abschließen, ist die Tragfähigkeit der Verbindung kleiner (**215.**1b) und man ist ggf. gezwungen, ein größeres Trägerprofil zu wählen. Zwar läßt sich die statisch erforderliche Anschlußhöhe durch Vergrößern nach unten hin gewinnen, doch ist der konstruktive Aufwand erheblich (**214.**2).

Weitere Einzelheiten s. Teil 2, Abschn. „Rahmen".

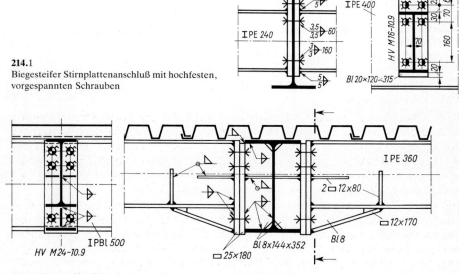

214.1
Biegesteifer Stirnplattenanschluß mit hochfesten,
vorgespannten Schrauben

214.2 Biegesteifer Stirnplattenanschluß mit ebenen Trägeroberflächen

7.3.3 Trägerstöße

Biegefeste Stöße

Geschweißte Stöße der Walzträger (**92**.1, **110**.2) werden in der Regel nur in der Werkstatt hergestellt, falls sie nicht überhaupt vermieden werden können. Wegen der einschränkenden Vorschriften bezüglich der Werkstoffgüte und der zulässigen Spannungen müssen sie an Stellen geringer Beanspruchung liegen (Abschn. 3.2.5, Beisp. 7). Die Trägerprofile sind vorzugsweise rechtwinklig zur Längsachse zu stoßen; die Schweißnähte müssen sorgfältig vorbereitet werden. Es wird empfohlen, die im Zugbereich liegenden Nähte zu durchstrahlen. Schrägstöße oder zusätzliche Laschendeckungen, mit denen man früher glaubte, stumpf geschweißte Trägerstöße verbessern zu können, werden heute nicht mehr ausgeführt.

Geschraubte Laschenstöße (s. Abschn. 3.1.4.2) sind für Werkstatt- und Baustellenverbindungen geeignet. Wegen der Lochschwächung des Trägers darf auch dieser Stoß nicht an der Stelle des Größtmoments liegen.

Die in Abschn. 7.3.2.2 für biegefeste Anschlüsse verwendeten biegesteifen Stirnplattenverbindungen lassen sich bei Beachtung der dort gemachten Angaben auch für Trägerstöße einsetzen (**215**.1); wegen ihrer einfachen Konstruktion werden sie heute bevorzugt ausgeführt.

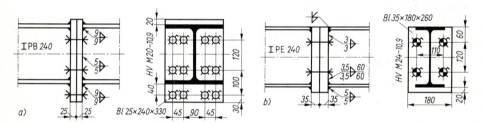

215.1 Trägerstöße mit biegesteifen Stirnplattenverbindungen. Stirnplatte auf der Zugseite
   a) überstehend
   b) bündig (mit i. allg. verminderter Tragfähigkeit)

Gelenkverbindungen

In Gelenkträgern (Abschn. 7.2.3) müssen die Verbindungen frei drehbar ausgeführt werden. Für mäßige Gelenkkräfte wird meist das Bolzengelenk verwendet (**101**.1). Zul σ_l für den Gelenkbolzen s. Taf. **31**.1. Vergrößert man die Lochleibungsdicke durch angeschweißte Stegbeilagen, läßt sich die Tragfähigkeit des Gelenkbolzens steigern (**216**.1a); zur Vereinfachung der Montage kann die Gelenklasche ⅃⊏ 180 an der festen Seite auch biegesteif angeschraubt werden.

Bei hohen Trägern lagern die jeweils halb ausgeklinkten Träger unter Zwischenschaltung einer Zentrierleiste aufeinander (**216**.1b). Über die Fuge greifende Führungen sichern gegen Kippen. Bei großen Querkräften müssen die Stege durch Beilagen verstärkt werden. Die Ausführung einer Dehnungsfuge mit gelenkiger Lagerung des Einhängeträgers nach Bild **216**.2 beruht auf dem gleichen Konstruktionsprinzip.

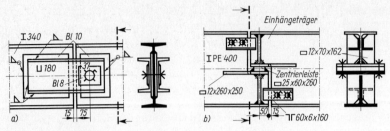

216.1 Trägergelenke
   a) Bolzengelenk mit Verstärkung der Trägerstege
   b) gelenkige Lagerung des Einhängeträgers auf dem Kragträger

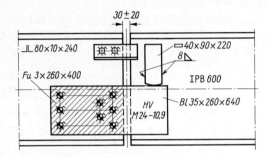

216.2
Gelenk mit Dehnungsfuge

7.3.4   Einzelheiten

Wenn Mauerwerk großer Dicke zu unterfangen ist oder wenn Unterzüge möglichst niedrig sein sollen, können 2 oder mehr Träger nebeneinander angeordnet werden (**216**.3). Um die Seitensteifigkeit zu erhöhen, das Schiefstellen der Träger zu vermeiden und um die Last etwa gleichmäßig zu übertragen, sind die Träger miteinander zu verbinden. Bei der Bolzenverbindung wahren aufgeschobene Rohre den Trägerabstand; diese Verbindung kann ihren Zweck nur erfüllen, wenn der Raum zwischen den Trägern ausbetoniert wird. Bei größerer Trägerhöhe sind 2 oder 3 Bolzen übereinander anzuordnen. Zwischen die Träger geschraubte Querschotte aus ⌶- oder IPB-Profilen sind wirksamer als einfache Bolzenverbindungen (**216**.4). Verbindungen sind vorzusehen am Auflager, unter schweren Einzellasten und dazwischen je nach Trägergröße in Abständen von $1000 \cdots 2000$ mm.

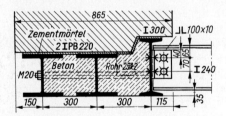

216.3 Querverbindung paralleler Träger mit Schraubenbolzen und Rohrstücken

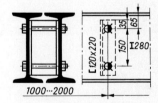

216.4 Querverbindung eines Trägerpaares mit U-Stahl-Zwischenstück

Stegdurchbrüche zur Durchführung von Rohrleitungen usw. werden zum Schutz gegen Beulen und Überbeanspruchung der Stegränder mit Flachstählen besäumt, rechteckige Löcher sind immer gut auszurunden (**217.**1). In Auflagernähe muß der Restquerschnitt des Steges bei großen Querkräften durch Beilagen verstärkt werden. Die Randverstärkungen langgestreckter Durchbrüche sind wie Flansche eines Vierendeelträgers statisch nachzuweisen und vorzubinden.

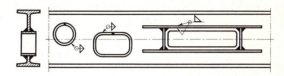

217.1
Stegdurchbrüche von Trägern

8 Verbundträger im Hochbau

8.1 Allgemeine Grundlagen

Die Lasten einer Stahlbetondecke, die ohne besondere Maßnahmen auf dem Stahlträger aufliegt, müssen ohne Mitwirkung des Betons allein vom Stahlträger getragen werden. Verbindet man jedoch die kontinuierlich aufliegende Betonplatte schubfest mit dem Trägerobergurt, entsteht ein Verbundträger mit gemeinsamer statischer Wirkung (218.1). Zur schubfesten Verbindung zwischen dem Betonquerschnitt A_b und dem Stahlquerschnitt A_{st} reicht die Haftspannung keinesfalls aus, sondern es sind Dübel oder Verbundanker auf den Stahlträger zu schweißen, die in den Betongurt einbinden.

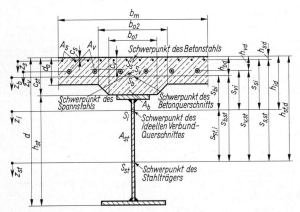

218.1
Bezeichnungen für Stahlverbundträger nach DIN 1080

Der so entstandene Verbundquerschnitt ist äußerst werkstoffsparend, weil der als tragende Deckenplatte ohnehin vorhandene Betonquerschnitt nahezu nur Druckspannungen erhält und der Stahlträger die Zugspannungen aufnimmt. In Anbetracht seines großen Trägheitsmoments sind die elastischen Formänderungen des Verbundträgers sehr klein.

Verbundarten und Vorspannung der Stahlverbundträger

Im Hochbau wird ausschließlich ein starrer Verbund hergestellt; Stahlträger und Betongurt sind dabei so miteinander verbunden, daß zwischen ihnen keine Verschiebung eintritt.

Durch besondere Montagemaßnahmen lassen sich verschiedene Verbundarten erzielen.

1. Verbund nur für Verkehrslast. Während des Betonierens wird der Stahlträger nur freiaufliegend abgestützt. Er allein hat die ständige Last aufzunehmen, weil sich der weiche Beton daran noch nicht beteiligen kann. Der Verbund kommt erst für die Verkehrslast zum Tragen (Teilverbund).

2. Verbund für ständige Last und Verkehrslast. Der Stahlträger wird bis zum Erhärten des Betons so unterstützt, daß beim Ausrüsten bereits die Eigengewichte von Beton und Stahlträger auf den Verbundträger wirken.

Verbundträger können durch Montagemaßnahmen oder durch Spannen von Spanngliedern vorgespannt werden. Ein Zweck der Vorspannung ist es, in einem in der Zugzone liegenden Betongurt (z. B. über Innenstützen von Durchlaufträgern) so große Druckspannungen zu erzeugen, daß unter Gebrauchslasten keine oder nur beschränkte Zugspannungen im Beton auftreten (volle oder beschränkte Vorspannung). Ferner können die Schnittgrößen dahingehend beeinflußt werden, daß sich eine möglichst wirtschaftliche Ausnutzung des Stahlträgers und der Betonplatte ergibt. So wird z. B. der Stahlträger vor dem Betonieren in den Zwischenstützen überhöht und erhält dadurch negative Biegemomente, die den positiven Momenten unter Gebrauchslast entgegengesetzt sind und diese verkleinern. Ein weiteres Beispiel für die Vorspannung durch Montagemaßnahmen mittels einer gezielten elastischen Verformung des Stahlträgers vor Herstellen des Verbundes s. Bild **233.**1.

Wirkung des Kriechens und Schwindens des Betons

Während Beton wie jeder andere Baustoff unter kurzfristig wirkender Belastung vollelastisches Verhalten zeigt, entsteht bei langdauernder Druckbelastung eine ständig zunehmende plastische Verkürzung; der Beton kriecht. Die plastische Verformung wird durch den steifen Stahlträger stark behindert; dadurch entzieht sich der Beton teilweise der Mitwirkung. Im Verbundquerschnitt tritt im Laufe der Zeit eine Spannungsumlagerung ein, in deren Verlauf sich die Spannungen im Stahlträger vergrößern und die Druckspannungen im Betongurt verkleinern.

Das Verhältnis zwischen plastischer und elastischer Verformung wird als Kriechzahl φ bezeichnet; sie setzt sich zusammen aus einem Fließanteil und einem Anteil der verzögert elastischen Verformung.

Schwinden wird durch das Austrocknen des Betons hervorgerufen, erstreckt sich über eine längere Zeit und bewirkt eine plastische Verkürzung des Betonkörpers, die ebenfalls durch den Stahlträger behindert wird. Die dabei in der Betonplatte auftretenden Schwindkräfte lösen einen weiteren Kriechvorgang aus, der seinerseits wieder die Schwindkräfte abbaut. Der Einfluß dieses Schwindkriechens ist wesentlich kleiner als der des Lastkriechens, weil die das Schwinden auslösenden Schwindkräfte von Null an allmählich auf ihren Größtwert, das Endschwindmaß, anwachsen, während das Lastkriechen durch die ständig gleich wirkende Belastung aus Eigengewicht und den durchschnittlich dauernd vorhandenen Betrag der Verkehrslast entsteht.

Die Größe der Kriechzahl φ und des Schwindmaßes ε_s hängt von der Feuchtigkeit der umgebenden Luft, den Abmessungen des Bauteils, der Zusammensetzung des Betons und vom Zeitpunkt des Belastungsbeginns ab.

8.2   Verbundträger unter vorwiegend ruhender Belastung

8.2.1   Vorschriften und Nachweise

Maßgebend sind die Richtlinien für die Bemessung und Ausführung von Stahlverbundträgern [24]. Für die Berechnung der Stahlbauteile gelten DIN 18800 Teil 1, DIN 18801 und DIN 4114, für die Querschnittsteile aus Stahlbeton und Spannbeton DIN 1045 und DIN 4227 Teil 1 sowie ggf. DIN 1075.

Es werden folgende Nachweise gefordert: Nachweise unter Grenzlasten, Nachweise für Bauzustände, Nachweise der Stabilität, der Hauptspannung, Schubdeckung, Verbundsicherung und, falls erforderlich, Nachweise der Verformungen und Rissebeschränkung. Für vorgespannte Verbundträger sind zusätzlich die Nachweise für Gebrauchslast zu führen; diese dürfen jedoch entfallen, wenn die Vorspannung durch Montagemaßnahmen entsteht und der Verbundträger nach dem Traglastverfahren berechnet wird.

Die nachfolgenden Ausführungen beschränken sich auf nicht vorgespannte, statisch bestimmte Verbundträger unter vorwiegend ruhender Belastung. Die Nachweise unter Gebrauchslasten brauchen dementsprechend nicht behandelt zu werden; hierfür wird auf die umfangreiche weiterführende Literatur verwiesen.

8.2.2   Nachweise unter Grenzlasten

Die unter rechnerischer Bruchlast auftretenden Schnittgrößen dürfen an keiner Stelle des Tragwerks die rechnerische Grenztragfähigkeit der Querschnitte überschreiten. Bei statisch bestimmt gelagerten Verbundträgern gilt als Rechnerische Bruchlast die mit γ multiplizierte Summe von ständiger Last und Verkehrslast. Der Sicherheitsfaktor ist $\gamma_H = 1,7$ und $\gamma_{HZ} = 1,5$.

Folgende Voraussetzungen liegen der Berechnung zugrunde:
− Die Dehnungen der Querschnittsfasern sind proportional zu ihrem Abstand von der Biegenullinie
− Die Mitwirkung des Betons auf Zug darf nicht in Rechnung gestellt werden (gerissene Zugzone)
− Ideal-elastisches − ideal-plastisches Spannungsdehnungsverhalten des Stahls (**182**.1)
− Spannungs-Dehnungslinie des Betons wahlweise nach Bild **221**.1. β_R ist der Rechenwert und β_{WN} die Nennfestigkeit des Betons
− Der Einfluß der Querkraft auf die Grenztragfähigkeit darf unberücksichtigt bleiben, wenn $\gamma \cdot Q \leqq 0,3$ pl Q ist, andernfalls muß die Grenztragfähigkeit reduziert werden (s. Richtl.) pl Q s. Gl. (182.7).
− Mitwirkende Plattenbreite b_m:
  Es kann die volle auf einen Träger entfallende Breite des Betongurts in Rechnung gestellt werden, höchstens jedoch ⅓ des Abstands der Momentennullpunkte des Verbundträgers: $b_m \leqq l_i/3$.

Die Lage der Spannungsnullinie ermittelt man aus der Bedingung, daß im Querschnitt bei reiner Biegung die Summe der Druckkräfte gleich der Summe der Zugkräfte sein muß.

Zur Berechnung der rechnerischen Grenztragfähigkeit der Querschnitte stehen 3 Verfahren zur Auswahl, von denen aber nur die 1. Methode uneingeschränkt anwendbar ist.

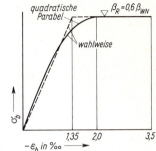

221.1
Spannungs-Dehnungslinien für Beton nach DIN 4227 T 1

Rechnerische Grenztragfähigkeit bei Beschränkung der Dehnungen

Die Dehnungen im Querschnitt dürfen folgende Werte nicht überschreiten (**221.**2):

Druckstauchung des Stahlträgers wenn ein Stabilitätsnachweis erforderlich ist

$$\varepsilon_{st, D} \leqq \varepsilon_S$$

Betonstauchung $\varepsilon_b \geqq -3,5\%o$

Betonzugdehnung (zur Sicherung der Schubübertragung) $\varepsilon_{bZ} \leqq 5\%o$

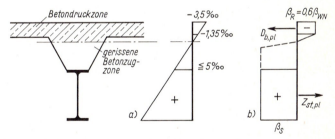

221.2 Grenztragfähigkeit eines Verbundträgers bei Lage der Nullinie im Betongurt
a) Dehnungsdiagramm mit Dehnungsgrenzwerten
b) Spannungen bei „Rechnerischer Grenztragfähigkeit"

Die Stahldehnung ist unbegrenzt. Liegt die Nullinie im Beton, so erhält man die Spannungsverteilung nach Bild **221.**2. Die Berechnung der vom Querschnitt aufnehmbaren Schnittgrößen ist nur iterativ mit großem Rechenaufwand möglich; sie ist jedoch i. allg. über den Innenstützen von Durchlaufträgern erforderlich, wenn nicht nach dem Traglastverfahren gerechnet wird.

Plastische Grenztragfähigkeit

Wenn der Beton in der D ruckzone und die Nullinie nicht im Steg des Stahlträgers liegen, darf anstelle des vorigen Nachweises angenommen werden, daß der

Stahlverbundträgerquerschnitt beim plastischen Grenzmoment pl M voll plastiziert ist. Die Berechnung wird dadurch einfacher; der Nachweis kann je nach Lage der Nullinie in der Platte bzw. im Trägeroberflansch nach Bild **222.**1 erfolgen. Bei D_b kann die Bewehrung des Betongurts mitberücksichtigt werden. Eigenspannungszustände, wie Schwinden und Kriechen, plastizieren heraus und sind ohne Einfluß auf die plastische Grenztragfähigkeit. Es ist nachzuweisen:

$$\gamma \cdot \max M \leqq \text{pl } M \tag{222.1}$$

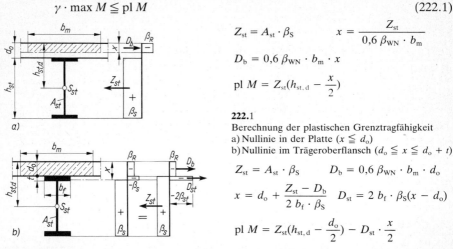

$$Z_{st} = A_{st} \cdot \beta_S \qquad x = \frac{Z_{st}}{0,6\,\beta_{WN} \cdot b_m}$$

$$D_b = 0,6\,\beta_{WN} \cdot b_m \cdot x$$

$$\text{pl } M = Z_{st}\left(h_{st,d} - \frac{x}{2}\right)$$

222.1
Berechnung der plastischen Grenztragfähigkeit
a) Nullinie in der Platte ($x \leqq d_o$)
b) Nullinie im Trägeroberflansch ($d_o \leqq x \leqq d_o + t$)

$$Z_{st} = A_{st} \cdot \beta_S \qquad D_b = 0,6\,\beta_{WN} \cdot b_m \cdot d_o$$

$$x = d_o + \frac{Z_{st} - D_b}{2\,b_f \cdot \beta_S} \qquad D_{st} = 2\,b_f \cdot \beta_S(x - d_o)$$

$$\text{pl } M = Z_{st}\left(h_{st,d} - \frac{d_o}{2}\right) - D_{st} \cdot \frac{x}{2}$$

Zur angenäherten Bemessung des Walzträgerquerschnitts kann man bei grob geschätzter Lage der Nullinie in der Platte mit $x \approx 0,8\,d_o$ aus der Gleichung für pl M eine zwischen der Trägerhöhe h_{st} und A_{st} iterativ lösbare Gleichung herleiten:

$$A_{st} \gtrless \frac{\gamma \cdot M}{(0,5\,h_{st} + 0,6\,d_o)\,\beta_S} \tag{222.2}$$

Berechnung nach dem Traglastverfahren

Bei Verbundträgern unter vorwiegend ruhender Belastung, die nicht mit Spanngliedern vorgespannt sind, kann man das Traglastverfahren anwenden (s. Abschn. 7.2.4.2). Die Grenztragfähigkeit des Querschnitts wird genau so berechnet wie die plastische Grenztragfähigkeit, doch darf die Nullinie auch im Steg liegen (**222.**2). Es sind außerdem die Stabilitätsnachweise gemäß Abschn. 8.2.3 zu erbringen.

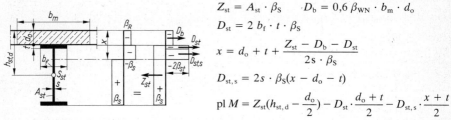

$$Z_{st} = A_{st} \cdot \beta_S \qquad D_b = 0,6\,\beta_{WN} \cdot b_m \cdot d_o$$

$$D_{st} = 2\,b_f \cdot t \cdot \beta_S$$

$$x = d_o + t + \frac{Z_{st} - D_b - D_{st}}{2s \cdot \beta_S}$$

$$D_{st,s} = 2s \cdot \beta_S(x - d_o - t)$$

$$\text{pl } M = Z_{st}\left(h_{st,d} - \frac{d_o}{2}\right) - D_{st} \cdot \frac{d_o + t}{2} - D_{st,s} \cdot \frac{x + t}{2}$$

222.2 Berechnung der Grenztragfähigkeit nach dem Traglastverfahren; Biegenullinie im Steg des Stahlträgers ($x > d_o + t$)

Liegt die Betonplatte in der Zugzone, ist sie als gerissen anzusehen. Bei durchlaufendem Betongurt ist eine in den Druckbereichen zu verankernde und nach den Richtlinien nachzuweisende Bewehrung zur Rissebeschränkung vorzusehen; sie darf bei der Berechnung von pl M mit ihrer Zugkraft $Z_s = A_s \cdot \beta_S$ berücksichtigt werden. Eine andere Möglichkeit besteht darin, die unkontrollierte Rißbildung durch eine oder mehrere Fugen im Auflagerbereich zu verhindern. Beiderseits der Unterbrechung ist eine Bewehrung zur Aufnahme von Zugkräften aus unbeabsichtigtem Verbund einzulegen.

8.2.3 Stabilitätsnachweise

Bei der Querschnittsberechnung nach dem Traglastverfahren sowie bei der Berechnung der Anzahl und der Verteilung der Dübel in besonderen Fällen sind die Stabilitätsuntersuchungen nach Abschn. 7.2.4.2, Taf. **184**.1 durchzuführen. Bei Anwendung der Formeln für die Stegdicke ist wegen der Unsymmetrie des Verbundträgerquerschnitts statt A die Stegfläche A_s und für N die sich aus der Spannungsverteilung ergebende resultierende Druckkraft im Steg anzusetzen.

In allen anderen Fällen werden die Stabilitätsnachweise gemäß DIN 4114 unter Gebrauchslasten geführt.

8.2.4 Verbundmittel und Verbundsicherung

Die Berechnung der Verbundsicherung erfolgt für die rechnerische Bruchlast.

Verbundmittel

Die am häufigsten ausgeführten Verbundmittel sind die Bolzendübel aus einfachen Rundstählen mit 16 mm Durchmesser (**223**.1) und Kopfbolzendübel n. DIN 32500 T. 3 (**223**.2). Sie werden mit Schweißpistolen nach patentierten Verfahren aufgeschweißt. Die automatisch gesteuerte Abbrennstumpfschweißung ermöglicht große Arbeitsgeschwindigkeiten und hält so die Kosten für die Verdübelung in Grenzen. Kopfbolzendübel können mit und ohne Wendel ausgeführt werden. Bei der Verwendung von Bolzendübeln ohne Kopf sind 10% von ihnen als Verankerungsdübel auszubilden, um den Betongurt gegen Abheben zu sichern. Die bei der Konstruktion und Berechnung zu beachtenden Höchst- und Mindestabmessungen sind aus den Abbildungen zu entnehmen.

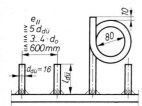

223.1 Bolzendübel mit Verankerung durch „Schweineschwänze"; Abstände von Bolzen- und Kopfbolzendübeln in Kraftrichtung

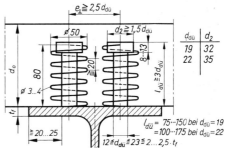

223.2 Kopfbolzendübel; Abmessungen und Abstände quer zur Kraftrichtung

Beim Nachweis unter rechnerischer Bruchlast beträgt der Rechnungswert der Dübeltragfähigkeit auf Schub

$$D_{d\ddot{u}} = \alpha \cdot 0,25\, d_{d\ddot{u}}^2 \sqrt{\beta_{WN} \cdot E_b} \leqq 0,7\, \beta_S \cdot \pi \cdot d_{d\ddot{u}}^2/4 \qquad (224.1)$$

mit $\alpha = 0,85$ für $l_{d\ddot{u}}/d_{d\ddot{u}} = 3,0$ bzw. $\alpha = 1,0$ für $l_{d\ddot{u}}/d_{d\ddot{u}} \geqq 4,2$. Die Fließgrenze des Bolzenmaterials darf höchstens mit $\beta_S = 350 \text{ N/mm}^2$ berücksichtigt werden. Werden Wendel angeordnet, darf man die Tragfähigkeit um 15% höher ansetzen. Die Möglichkeit, den Raum zwischen Dübel und Wendel dicht mit Beton ausfüllen zu können, ist durch Eignungsversuche nachzuweisen. Der hohen Kosten wegen kommen Wendel nur in besonderen Fällen in Betracht.

Dübel aus ausgesteiften Profilen oder aus Vierkantstählen (Blockdübel) lassen sich allein oder gemeinsam mit schrägen Ankerschlaufen bzw. Hakenankern verwenden (224.1). Weil diese Dübel mit hohen Lohnkosten von Hand aufgeschweißt werden, sind sie gegenüber Bolzendübeln kaum noch konkurrenzfähig. Ihre Berechnung und Ausführung sind in den Richtlinien geregelt.

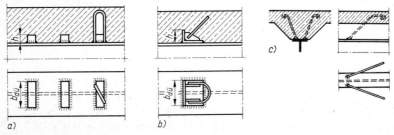

224.1 Verbunddübel
    a) Blockdübel aus Vierkantstahl und Ankerschlaufe
    b) Dübel aus ausgesteiftem Profilstahl mit Ankerschlaufe
    c) Hakenanker

Verbund durch Reibung wird durch Aufklemmen vorgefertigter Betonplatten mit HV-Schrauben auf den Stahlträgergurt erzeugt (**234.**2). Als Reibungskoeffizient ist beim Nachweis unter rechnerischer Bruchlast $\mu = 0,55$ anzusetzen. Die Verminderung der Anpreßkraft infolge Schwinden und Kriechen des Betons ist nach DIN 4227 T. 1 zu berücksichtigen. Im Rahmen des Brückenbaus ist Reibungsverbund nur bei Geh- und Radwegbrücken ohne Nachweis der Brauchbarkeit zulässig.

Anzahl und Verteilung der Dübel

Die Gesamtzahl der Verbundmittel muß in der Lage sein, die maximalen Längskräfte in den Betongurt einzuleiten. Im Zustand der plastischen Grenztragfähigkeit entspricht beim frei aufliegenden Träger die Gesamtschubkraft der größten Betondruckkraft D_b nach den Bildern **222.**1 und **222.**2. Die zu ihrer Aufnahme benötigte Dübelzahl ist

$$\text{pl}\, n = D_b/D_{d\ddot{u}} \qquad (224.2)$$

Da der Verbundträgerquerschnitt nach der Bemessung in der Regel einen Querschnittsüberschuß aufweisen wird, darf pl n proportional zu dem unter rechnerischer Bruchlast $1,7\,(g + p)$ vorhandenen Moment M_γ reduziert werden:

$$\text{erf } n = \text{pl } n \cdot M_\gamma/\text{pl } M \geqq 0,5 \cdot \text{pl } n \qquad (225.1)$$

Die Verbundmittel werden über die Trägerlänge im allg. entsprechend dem Schub-kraftverlauf verteilt, d. h. am Auflager dichter als in der Trägermitte.

Bei nicht voller Ausnutzung des Verbundquerschnitts erreicht die im Stahlträger infolge Z_{st} auftretende Zugspannung nicht die Streckgrenze β_S, so daß der Träger noch einen Anteil des Biegemomentes alleine übernehmen kann und dadurch den Verbundträger entlastet. In besonderen Fällen darf daher die Dübelanzahl noch weiter vermindert werden:

$$\text{erf } n = \text{pl } n \cdot \frac{M_\gamma - \text{pl } M_{st}}{\text{pl } M - \text{pl } M_{st}} \geqq 0,5 \cdot \text{pl } n \qquad (225.1\,\text{a})$$

mit pl M_{st} nach Gl. (182.1). Für die Anwendung von Gl. (225.1a) müssen folgende Voraussetzungen erfüllt sein:

− vorwiegend ruhende Belastung
− Stabilitätsnachweise nach Abschn. 8.2.3
− Einfeld-Verbundträger und positiver Momentenbereich von Durchlaufträgern, Stützweiten $l \leqq 20$ m
− Betonfestigkeitsklassen B 25 und B 35.

Sind diese Voraussetzungen gegeben, so dürfen Bolzen- und Kopfbolzendübel unter Ausnutzung ihrer Verformbarkeit in Bereichen zwischen kritischen Schnitten gleichmäßig verteilt werden, wenn nachgewiesen wird, daß die ausgeführte Dübel-anzahl für die Längskraftdifferenz des Betongurts im jeweiligen Bereich ausreicht. Kritische Schnitte sind z. B. die Auflagerpunkte, Stellen extremaler Biegemomente, Angriffspunkte von Einzellasten und Stellen mit plötzlicher Querschnittsänderung. Demgemäß können Kopfbolzendübel beim Balken auf 2 Stützen mit gleichbleiben-der Streckenlast gleichmäßig über die Trägerlänge aufgeteilt werden.

8.2.5 Nachweis der schiefen Hauptzugspannung und der Schubdeckung im Betongurt

Die Einleitung der Dübelkräfte verursacht im Betongurt Schubspannungen τ_b und Hauptzugspannungen σ_h. Wenn deren Größe den unteren Grenzwert nach Tafel **225**.1 überschreitet, sind die Hauptzugkräfte im rechnerischen Bruchzustand gemäß

Tafel **225**.1   Elastizitätsmodul E_b des Betons; Verhältnis n; unter rechnerischer Bruchlast zulässige Hauptzugspannung zul σ_h in N/mm²

Festigkeitsklasse des Betons		B 25	B 35	B 45	B 55
E_b in N/mm²		30 000	34 000	37 000	39 000
$n = E_{st}/E_b$		7,00	6,18	5,68	5,38
zul σ_h in N/mm²	Höchstwerte	5,5	7,0	8,0	9,0
	ohne Nachweis der Schubbewehrung	1,4	1,8	2,0	2,2

DIN 4227 T. 1 durch Bewehrung aufzunehmen . Die Berechnung der Schubspannungen erfolgt mit den auftretenden Dübelkräften nach Abschn. 8.2.4. Zwei Scherfugen sind zu untersuchen:

Die Dübelumrißfläche wird gebildet aus der kleinsten Umrißlinie der Dübel und dem Dübelabstand (**226.**1). Die etwa notwendige Bewehrung muß die Umrißfläche durchdringen; eine vorhandene Bewehrung darf darauf angerechnet werden.

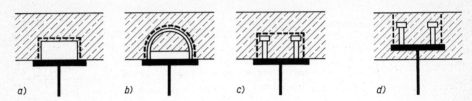

a)   *b)*   *c)*   *d)*

226.1 Dübelumrißlinien für den Schubspannungsnachweis des Betons

Die Schubspannung in der Anschlußfuge 1−1 der seitlichen Betongurtteile setzt sich mit der Längsspannung σ_b zur Hauptzugspannung zusammen (**226.**2). Am Auflager des Balkens auf zwei Stützen ist $\sigma_b = 0$ und es wird $\sigma_h = \tau_b$.

Die Verteilung der Schubbewehrung ist unter Berücksichtigung der entsprechend Abschn. 8.2.4 vorgenommenen Dübelanordnung vorzunehmen.

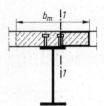

226.2
Maßgebender Schnitt für den Nachweis der Hauptzugspannung

8.2.6   Nachweis der Verformung

Falls der Nachweis erforderlich ist, wird er mit der ideellen Steifigkeit $E_{st} \cdot I_{i,st}$ des Verbundträgers geführt. Um dem Kriechen und Schwinden des Betons Rechnung zu tragen, wird das auf Stahl bezogene ideelle Flächenmoment 2. Grades $I_{i,st}$ mit Verhältniswerten n berechnet, die je nach Belastungsart unterschiedliche Größe haben:

$$I_{i,st} = I_{st} + I_b/n + A_{st} \cdot s_{st,i}^2 + A_b \cdot s_{bi}^2/n \tag{226.1}$$

Da Kriechen und Schwinden die Formänderungen vergrößern, ist der Nachweis für $t = \infty$ zu führen.

Kurzzeitig wirkende Lasten

Zu ihnen zählen Verkehrslast und Temperaturänderung. Wegen der kurzen Belastungsdauer kann Kriechen nicht eintreten. $I_{i,st}$ wird nach Gl. (226.1) mit n nach Taf. **225.**1 berechnet.

Dauernd wirkende Lasten

Hierzu gehört die ständige Last sowie ggf. der dauernd vorhandene Anteil der Verkehrslast. Unter Berücksichtigung des verzögert elastischen und des Fließ-Anteils wird der Verhältniswert für Kriechen mit n nach Taf. **225.**1

$$n_k = 1,4\, n\left[1 + \psi\,\frac{\varphi_{\mathrm{fo}}\,(k_{\mathrm{f\infty}} - k_{\mathrm{fa}})}{1,4}\right] \tag{227.1}$$

Nach DIN 4227 T. 1 ist $\varphi_{\mathrm{fo}} = 0,8\cdots3,0$ die von der Lage des Bauteils (trocken oder feucht) abhängige Grundfließzahl. k_{f} hängt von der wirksamen Körperdicke ab und wird für $t = \infty$ ($k_{\mathrm{f\infty}}$) sowie für den Zeitpunkt des Belastungsbeginns (k_{fa}) einer Kurventafel der DIN 4227 T. 1 entnommen. ψ berücksichtigt die geometrischen Abmessungen des Verbundquerschnitts und kann für Vorberechnungen genau genug zu $\psi_k \approx 1,1$ angenommen werden [25]. Bei der Berechnung von $I_{\mathrm{i,st}}$ ist $I_{\mathrm{b}} = 0$ zu setzen.

Schwinden

$I_{\mathrm{i,st}}$ wird mit $I_{\mathrm{b}} = 0$ wieder aus Gl. (226.1) berechnet. Der zugehörige Verhältniswert n_s ergibt sich aus Gl. (227.1), jedoch muß jetzt $\psi_s \approx 0,52$ eingesetzt werden.

Beansprucht wird der Verbundträger durch eine im Schwerpunkt des Betongurts wirkende, durch Kriecheinfluß verminderte Schwindkraft

$$N_s = \varepsilon_{\mathrm{s\infty}} \cdot A_{\mathrm{b}} \cdot E_{\mathrm{st}}/n_s \tag{227.2}$$

Sie erzeugt im Schwerpunkt des Verbundquerschnitts das Biegemoment

$$M_s = N_s \cdot s_{\mathrm{bi}} \tag{227.3}$$

Auf Trägerabschnitten mit konstantem Querschnitt hat M_s gleichbleibende Größe. Das Schwindmaß in Gl. (227.2) errechnet sich aus

$$\varepsilon_{\mathrm{s\infty}} = \varepsilon_{\mathrm{so}}\,(k_{\mathrm{s\infty}} - k_{\mathrm{sa}}) \tag{227.4}$$

Hierin ist $\varepsilon_{\mathrm{so}} = +\,10 \cdot 10^{-5} \cdots -40 \cdot 10^{-5}$ das von der Lage des Bauteils abhängige Grundschwindmaß. k_s ist ein aus einer Kurventafel der DIN 4227 T. 1 als Funktion der wirksamen Körperdicke zu entnehmender Beiwert.

Mit den vorstehend berechneten ideellen Trägheitsmomenten $I_{\mathrm{i,st}}$ kann man für den Verbundträger auch die Spannungsnachweise unter Gebrauchslasten führen. Für die Berechnung der Betonspannungen muß jedoch noch eine ideelle Plattendicke angesetzt werden [25].

8.3   Berechnungsbeispiel

Ein 12 m weit gespannter, frei aufliegender Deckenträger aus St 37 unter vorwiegend ruhender Belastung steht in Verbund mit einer 10 cm dicken Ortbetonplatte aus B 25. Die Konstruktion befindet sich im Gebäudeinnern. Der Trägerabstand ist $a = 2,4$ m. Die Bewehrung der Stahlbetonplatte mit geschweißten Betonstahlmatten aus B St 500/550 RK besteht oben aus R 150 · 250 · 4,5 d · 4 mit $a_s = 2,12$ cm²/m und unten aus R 150 · 250 · 4 d · 4 mit $a_s = 1,68$ cm²/m quer zur Trägerachse.

Bis zum Erhärten des Betons wird der Stahlträger in der Mitte der Stützweite 30 Tage lang unterstützt. Unmittelbar anschließend werden die Trennwände, der Deckenbelag und die Unterdecke hergestellt.

Belastungen

Ständige Last:

Belastung des unterstützten Stahlträgers durch Eigengewicht und Stahlbetonplatte	$g_1 =$	7,1 kN/m
Auf den freigesetzten Verbundträger wirkende Last aus Deckenbelag und Unterdecke	$g_2 =$	5,1 kN/m
	$g =$	12,2 kN/m

Verkehrslast (3,5 kN/m²):	3,5 · 2,4 = 8,4 kN/m		
Trennwandzuschlag	1,25 · 2,4 = 3,0 kN/m	$p =$	11,4 kN/m
		$q =$	23,6 kN/m

Bauzustand:

Zuschlag für Frischbeton 1 kN/m³: 0,1 · 1,0 · 2,4	= 0,24 kN/m
Schalung der Deckenplatte	= 0,86 kN/m
Ersatzlast 2,5 kN/m²: 2,5 · 2,4	= 6,00 kN/m
	$p_1 =$ 7,10 kN/m

Querschnitt des Verbundträgers unter Grenzlasten

$\gamma_H = 1,7$ $q_\gamma = 1,7 \cdot 23,6 = 40,1$ kN/m

max $M_\gamma = 40,1 \cdot 12^2/8 = 722$ kNm   max $Q_\gamma = 40,1 \cdot 12/2 = 241$ kN

$b_m = 2,40$ m $< l/3 = 12,0/3 = 4,0$ m

Bemessung: Gl. (222.2) wird erfüllt durch das zur Ausführung vorgesehene Profil IPEo 450 (**228**.1)

$$118 \text{ cm}^2 > \frac{72\,200}{(0,5 \cdot 45,6 + 0,6 \cdot 10)\,24} = 104 \text{ cm}^2$$

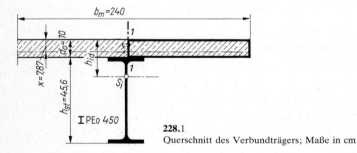

228.1
Querschnitt des Verbundträgers; Maße in cm

Auch IPBl 360 mit $A_{st} = 143$ cm² oder IPB 320 mit $A_{st} = 161$ cm² sind geeignet. Sie haben jedoch ein größeres Stahlgewicht und geringere Steifigkeit; sie kommen nur in Betracht, wenn die Bauhöhe klein gehalten werden muß.

Nachweis: Annahme für die Lage der Nullinie in der Betonplatte (**222.**1a):

$$Z_{st} = 118 \cdot 24 = 2832 \text{ kN} = D_b$$

$$x = \frac{2832}{0,6 \cdot 2,5 \cdot 240} = 7,87 \text{ cm} < 10 \text{ cm (Annahme bestätigt)}$$

$$\text{pl } M = 2832 \left(10 + \frac{45,6}{2} - \frac{7,87}{2}\right) = 81\,750 \text{ kNcm} > M_\gamma = 72\,200 \text{ kNcm}$$

Querkraftbeanspruchung

max $Q_\gamma = 241$ kN $< $ pl $Q = A_Q \cdot \beta_S/\sqrt{3} = 48,2 \cdot 24/\sqrt{3} = 668$ kN

In den Bereichen, in denen $Q_\gamma \geqq 0,3 \cdot$ pl Q ist, muß das zugehörige plastische Grenzmoment pl M abgemindert werden. Am Auflager erübrigt sich dieser Nachweis, weil hier $M_\gamma = 0$ ist. Bei $x = 1,01$ m ist $Q_\gamma = 0,3 \cdot$ pl Q, jedoch ist hier das Biegemoment noch so klein, daß der Querschnitt offensichtlich ausreicht.

Nachweise im Bauzustand

Die Hilfsunterstützung des Trägers in Feldmitte wird durch Verbände gegen Horizontalkräfte ausgesteift und sichert den Träger gegen Kippen.

Belastung: $q_1 = g_1 + p_1 = 7,1 + 7,1 = 14,2$ kN/m $l = 12,0/2 = 6,0$ m

$M = 14,2 \cdot 6,0^2/8 = 63,9$ kNm $\sigma = 6390/1790 = 3,57 < 14$ kN/cm²

Vereinfachter Kippsicherheitsnachweis:

$$i_{z,g} = 4,81 \text{ cm} \qquad \lambda_z = 600/4,81 = 125 \qquad \omega = 2,64$$

$$\text{zul } \sigma_D = \frac{1,14 \cdot 14,0}{2,64} = 6,05 \text{ kN/cm}^2 > \text{vorh } \sigma = 3,57 \text{ kN/cm}^2$$

Ein genauerer Nachweis erübrigt sich.

Nachweis der Verbundsicherung

Es werden Kopfbolzendübel mit $d_{dü} = 19$ mm und $l_{dü} = 75$ mm verwendet. Das Verhältnis $l_{dü}/d_{dü} = 75/19 = 3,95$ ergibt interpoliert den Beiwert $\alpha = 0,97$. Mit ihm erhält man nach Gl. (224.1) die Tragfähigkeit eines Dübels zu

$$D_{dü} \leqq \begin{cases} 0,97 \cdot 0,25 \cdot 1,9^2 \sqrt{2,5 \cdot 3000} = 75,8 \text{ kN} \\ 0,7 \cdot 35,0 \cdot \pi \cdot 1,9^2/4 = 69,5 \text{ kN (maßgebend)} \end{cases}$$

Nach Gl. (224.2) ist   pl $n = 2832/69,5 = 40,7$

Die erforderliche Dübelzahl und die Aufteilung der Dübel werden für die beiden Möglichkeiten nachgewiesen.

1. Voller Verbund

Nach Gl. (225.1):   erf $n = 40,7 \cdot 722/817,5 < 36 =$ vorh n

Die Dübel werden entsprechend dem Schubkraftverlauf aufgeteilt: $n_m = 10$ Dübel werden einreihig in einem Mittelbereich, $n_r = 26$ Dübel zweireihig im Randbereich angeordnet (**230.**1a). Bei dreieckförmigem Schubkraftverlauf ist die Länge des Mittelbereichs

$$l_m = \frac{l}{2} \sqrt{\frac{n_m}{n}} = 6,0 \sqrt{\frac{10}{36}} = 3,16 \text{ m}$$

2. Teilverbund

Alle Voraussetzungen für die Anwendung des Teilverbundes nach Abschn. 8.2.4 sind erfüllt.

Für den Stahlträger IPEo 450 ist nach den Gln. (182.1) und (182.3)

$$\text{pl } M_{st} = 2 \cdot 1020 \cdot 24,0 = 48960 \text{ kNcm}$$

Nach Gl. (225.1a):

$$\text{erf } n = 40,7 \frac{722 - 489,6}{817,5 - 489,6} < 29 = \text{vorh } n > 0,5 \cdot \text{pl } n = 21$$

Die Kopfbolzendübel dürfen zwischen den beiden kritischen Schnitten Auflager und Trägermitte gleichmäßig verteilt werden (230.1b).

Ein Vergleich zeigt, daß der Teilverbund wirtschaftlicher ist als der volle Verbund; er wird den weiteren Berechnungen zu Grunde gelegt.

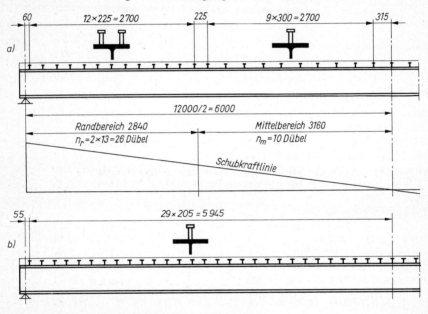

230.1 Aufteilung der Kopfbolzendübel
a) bei vollem Verbund angenähert nach der Schubkraftlinie
b) Gleichmäßige Verteilung bei Teilverbund

Hauptzugspannung und Schubdeckung im Betongurt

Auf der sicheren Seite liegend werden die Nachweise mit der Tragfähigkeit des Dübels $D_{dü} = 69,5$ kN geführt. Bei dem Dübelabstand $e = 20,5$ cm wird die Scherfläche 1–1 (**228.1**)

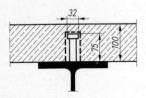

230.2 Dübelumrißfläche

$$A_{1-1} = 10 \cdot 20,5 = 205 \text{ cm}^2$$

$$\tau_b \ (= \sigma_h) = \frac{69,5/2}{205} = 0,17 \text{ kN/cm}^2 < 0,55 \text{ kN/cm}^2$$

Die Dübelumrißfläche (**230.2**) ist

$$A = (2 \cdot 7,5 + 3,2) \cdot 20,5 = 373 \text{ cm}^2$$

$$\tau_b = 69,5/373 = 0,186 \text{ kN/cm}^2 < 0,55 \text{ kN/cm}^2$$

Weil $\tau_b > 0,14$ kN/cm² ist, muß die Schubdeckung nachgewiesen werden. Je Dübel ist eine die Dübelumrißfläche durchdringende Bewehrung erforderlich (**231**.1):

$$A_s = Z_s/\beta_S = 0,5\ D_{d\ddot{u}}/\beta_S = 0,5 \cdot 69,5/50 = 0,695 \text{ cm}^2 \text{ je Dübel}$$

Vorhandene untere Plattenbewehrung 1,68 cm²/m:

$$1,68 \cdot 0,205 = \qquad\qquad\qquad\qquad 0,344 \text{ cm}^2/\text{Dübel}$$

Zulage Ø8 BSt 420/500 RK, $s = 20,5$ cm (Dübelabstand):

$$0,503 \cdot 420/500 = \qquad\qquad\qquad \underline{0,423 \text{ cm}^2/\text{Dübel}}$$

$$A_s = 0,767 > 0,695 \text{ cm}^2/\text{Dübel}$$

Die Fläche der Zulagebewehrung mit niedrigerer Streckgrenze wird im Streckgrenzenverhältnis reduziert angerechnet.

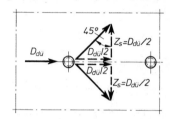

231.1
Einleitung der Dübelkraft in den Betongurt; Zugkraft Z_s in der Schubbewehrung

Nachweis der Verformungen

Dauernd wirkende Lasten

Die größten Formänderungen stellen sich zur Zeit $t = \infty$ ein, wenn Kriechen und Schwinden des Betons ihren Abschluß gefunden haben.

Nach DIN 4227 T. 1 ist die Grundfließzahl $\varphi_{fo} = 3,0$, die wirksame Körperdicke ef $d = 10$ cm, $k_{f\infty} = 1,70$ und, wegen des Belastungsbeginns nach 30 Tagen, $k_{fa} = 0,68$. Aus Gl. (227.1) erhält man

$$n_k = 1,4 \cdot 7,0 \left[1 + \psi\ \frac{3,0\ (1,70 - 0,68)}{1,4} \right] = 9,8\ (1 + 2,19\ \psi) \qquad (231.1)$$

Mit der Näherung für Kriechen $\psi_k \approx 1,1$ wird $n_k = 33,4$.

Die hiermit berechneten Zahlen in Taf. **231**.2, Z. 5 ergeben die Querschnittswerte

$$h_{id} = 4229/190 = 22,26 \text{ cm} \qquad I_{i,k} = 169\,670 - 190 \cdot 22,26^2 = 75\,540 \text{ cm}^4$$

Tafel **231**.2   Querschnittswerte des Verbundträgers für verschiedene n-Werte, bezogen auf den oberen Rand der Betonplatte

		Querschnitt	A cm²	z cm	$A \cdot z$ cm³	$A \cdot z^2$ cm⁴	I_o cm⁴
1		IPEo 450	118	32,8	3870	126950	40920
2	$n_o = 7$	A_b/n_o	343	5,0	1714	8570	2860
3		1 + 2	461	–	5584	179300	
4	$n_k = 33,4$	A_b/n_k	72	5,0	359	1800	–
5		1 + 4	190	–	4229	169670	
6	$n_s = 21$	A_b/n_s	114	5,0	571	2860	–
7		1 + 6	232	–	4441	170730	

Auflagerlast der Hilfsstütze in Feldmitte infolge g_1: $C = 1{,}25 \cdot 7{,}1 \cdot 6{,}0 = 53{,}3$ kN

Die nach dem Entfernen der Hilfsstütze aufgebrachte dauernd wirkende Belastung setzt sich zusammen aus g_2 und dem als dauernd wirkend angenommenen Anteil der Verkehrslast; hierzu wird der Trennwandzuschlag und die Hälfte der Verkehrslast gezählt:

$$g_d = 5{,}1 + 3{,}0 + 8{,}4/2 = 12{,}3 \text{ kN/m}$$

Durchbiegungen in Feldmitte:

Entfernen der Hilfsstütze

$$f_C = \frac{C \cdot l^3}{48\, E_{st} \cdot I_{i,k}} = \frac{53{,}3 \cdot 12^3}{48 \cdot 2{,}1 \cdot 10^8 \cdot 75\,540 \cdot 10^{-8}} = 0{,}0121 \text{ m}$$

Übrige Dauerlasten

$$f_g = \frac{5\, g_d \cdot l^4}{384\, E_{st} \cdot I_{i,k}} = \frac{5 \cdot 12{,}3 \cdot 12^4}{384 \cdot 2{,}1 \cdot 75\,540} = 0{,}0209 \text{ m}$$

Schwinden

Mit der Näherung $\psi_s \approx 0{,}52$ liefert Gl. (231.1) $n_s = 9{,}8\,(1+ 2{,}19 \cdot 0{,}52) = 21{,}0$.

Die Zahlen aus Taf. **231**.2, Z. 7 ergeben

$$h_{id} = 4441/232 = 19{,}14 \text{ cm} \qquad I_{i,s} = 170\,730 - 232 \cdot 19{,}14^2 = 85\,720 \text{ cm}^4$$

Mit den aus DIN 4227 T. 1 entnommenen Zahlenwerten erhält man aus Gl. (227.4)

$$\varepsilon_{s\infty} = -\, 40 \cdot 10^{-5}\,(1{,}05 - 0) = -\, 42 \cdot 10^{-5}$$

Aus den Gl. (227.2 und 3) lassen sich nunmehr berechnen

$$N_s = 42 \cdot 10^{-5} \cdot 114 \cdot 21\,000 = 1005 \text{ kN}$$

$$M_s = 1005\,(0{,}1914 - 0{,}05) = 142{,}1 \text{ kNm}$$

Da M_s wegen des gleichbleibenden Trägerquerschnitts über die ganze Trägerlänge konstant ist, wird die Durchbiegung infolge Schwindens der Betonplatte

$$f_s = \frac{M_s \cdot l^2}{8\, E_{st} \cdot I_{i,s}} = \frac{142{,}1 \cdot 12^2}{8 \cdot 2{,}1 \cdot 85\,720} = 0{,}0142 \text{ m}$$

Der Träger wird für die Durchbiegung aus den dauernd wirkenden Einflüssen um das Maß $ü$ überhöht:

$$ü = 1{,}21 + 2{,}09 + 1{,}42 = 4{,}72 \text{ cm}$$

Verkehrslast

Die Durchbiegung aus dem nur kurzzeitig wirkenden Anteil der Verkehrslast $p_o = 8{,}4/2 = 4{,}2$ kN/m ist nicht dem Kriecheinfluß unterworfen. Für $n_o = 7$ ergeben die Zahlen aus Taf. **231**.2, Zeile 3

$$h_{id} = 5584/461 = 12{,}11 \text{ cm} \qquad I_{i,o} = 179\,300 - 461 \cdot 12{,}11^2 = 111\,700 \text{ cm}^4$$

und damit

$$f_p = \frac{5 \cdot 4{,}2 \cdot 12^4}{384 \cdot 2{,}1 \cdot 111\,700} = 0{,}0048 \text{ m} = 0{,}48 \text{ cm}$$

8.4 Verbundträger-Konstruktionen

Mit besonderen Bauarten ist es möglich, die Vorteile des Verbundträgers noch besser zur Wirkung zu bringen.

Beim Preflex-Träger wird der Untergurt des Stahlträgers aus St 52 im Hersteller-werk mit hochwertigem Beton ummantelt, der mit dem Träger verdübelt und durch Vorspannmaßnahmen so stark vorgedrückt wird, daß er unter Gebrauchslasten ris-sefrei bleibt (**233.**1). Die mit dem Druckgurt verdübelte Deckenplatte sowie die für den Brandschutz wichtige Stegummantelung werden wie üblich nach der Träger-montage an Ort und Stelle betoniert, wobei sich die Schalung auf dem Träger abstützt (**233.**2). Beim Spannungsnachweis bleibt der Querschnitt des Untergurtbe-tons außer Ansatz, doch wirkt er beim Trägheitsmoment mit und verringert so die bei Verbundträgern ohnehin schon kleinen Durchbiegungen. Voraussetzungen für die wirtschaftliche Verwendung der Preflex-Träger sind entweder hohe Belastung, große Stützweite oder kleinste Konstruktionshöhe.

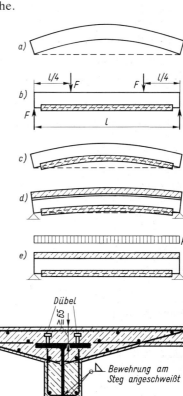

233.1
Herstellungsphasen des Preflex-Trägers
a) Anlieferzustand des Trägers mit plastischer Überhöhung
b) vorgebogener Träger; Betonieren des Untergurt(Pre-flex)-Betons
c) Entriegelung des Preflex-Trägers nach dem Erhärten des Betons; Druckvorspannung im Preflex-Beton
d) Belastung des Preflex-Trägers durch Schalung und Ort-beton der Deckenplatte
e) Verbundträger: Entfernen der Schalung, Belastung durch Deckenbelag und Verkehrslast

233.2
Querschnitt eines Preflex-Trägers

Um die Rationalisierung des Bauens und die Verkürzung der Bauzeiten durch Anwendung von Montagebauweisen nicht auf die Stahlkonstruktion allein zu beschränken, kann man auch die Stahlbetondeckenplatten vorfertigen und nachträglich mit den Stahlträgern in Verbund bringen. Die Kopfbolzendübel greifen hierbei in Aussparungen der Deckenplatten ein und werden anschließend mit Beton vergossen (**234.**1); in der Aussparung sich übergreifende Rundstahlschlaufen sichern den Verbund, den Zusammenhalt der Deckenelemente und die Einleitung der Dübelkräfte.

Soll die Konstruktion demontierbar sein, wird die Stahlbetondeckenplatte von HV-Schrauben so fest auf den Stahlträger gepreßt, daß die Reibung zwischen Träger und Platte zur Aufnahme der Schubkräfte herangezogen werden kann (**234.**2). Die Vorspannkräfte der Schrauben werden mit Verankerungsplatten in den Beton eingeleitet.

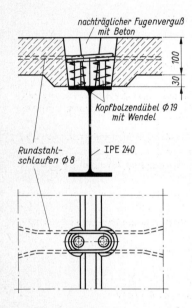

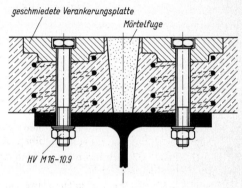

234.2 Reibungsverbund zwischen Stahlträger und Deckenelement durch HV-Schrauben

234.1
Nachträglicher Verbund vorgefertigter Deckenelemente mit dem Stahlträger durch Kopfbolzendübel (Krupp-Montex-Bauweise)

Literaturverzeichnis

[1] Aurnhammer/Müller: Erläuterungen zu DIN 4100 mit Berechnungsbeispielen. Düsseldorf 1975

[2] Beratungsstelle für Stahlverwendung: Kaltprofile. 3. Aufl. Düsseldorf 1982

[3] —: Merkblätter. Düsseldorf

[4] Beton-Kalender 1984

[5] Bongard/Portmann: Brandschutz im Stahlbau — Wegweiser für die Praxis. Köln 1970

[6] Bródka, J.: Stahlrohrkonstruktionen. Köln 1968

[7] Deutscher Ausschuß für Stahlbau: DASt-Richtlinie 001 Richtlinien für Verbindungen mit Schließringbolzen im Anwendungsbereich des Stahlhochbaues mit vorwiegend ruhender Belastung. Köln 1970

[8] —: DASt-Ri. 006 Vorläufige Richtlinien für die Auswahl von Fertigungsanstrichen bei der Walzstahlkonservierung im Stahlbau. Köln 1968

[9] —: DASt-Ri. 007 Richtlinien für die Lieferung, Verarbeitung und Anwendung wetterfester Baustähle. Köln 1970

[10] —: DASt-Ri. 008 Richtlinien zur Anwendung des Traglastverfahrens im Stahlbau. Köln 1973

[11] —: DASt-Ri. 009 Empfehlungen zur Wahl der Stahlgütegruppen für geschweißte Stahlbauten. Köln 1973

[12] —: DASt-Ri. 011 Hochfeste schweißgeeignete Feinkornbaustähle St E 460 und St E 690; Anwendung für Stahlbauten. Köln 1979

[13] —: DASt-Ri. 012 Beulsicherheitsnachweise für Platten. Köln 1978

[14] —: DASt-Ri. 013 Beulsicherheitsnachweise für Schalen. Köln 1980

[15] —: DASt-Ri. 014 Empfehlungen zum Vermeiden von Terrassenbrüchen in geschweißten Konstruktionen aus Baustahl. Köln 1981

[16] —: Typisierte Verbindungen im Stahlhochbau. Köln 1978, Ergänzungen 1984

[17] Feige, A.: Das Traglast-Berechnungsverfahren. 2. Aufl. Düsseldorf 1980

[18] Fritz, B.: Verbundträger. Berlin. Göttingen, Heidelberg 1961

[19] Gregor, H.-J.: Der praktische Stahlbau, Teil 4, Trägerbau. 6. Aufl. Köln 1973

[20] Hülsdünker, A.: Kippsicherheitsnachweis bei I-Trägern. 2. Aufl. Düsseldorf 1971

[21] Muess, H.: Verbundträger im Stahlhochbau. Berlin 1973

[22] Müller, G.: Nomogramme für die Kippuntersuchung frei aufliegender I-Träger. 4. Aufl. Köln 1983

[23] Petersen, Ch.: Statik und Stabilität der Baukonstruktionen. 2. Aufl. Braunschweig 1982

[24] Richtlinien für die Bemessung und Ausführung von Stahlverbundträgern, Ausg. März 1981

[25] Roik/Bode/Haensel: Erläuterungen zu den „Richtlinien für die Bemessung und Ausführung von Stahlverbundträgern"; Anwendungsbeispiele. Institut für konstruktiven Ingenieurbau, Ruhr-Universität Bochum 1975

[26] Roik/Lindner: Einführung in die Berechnung nach dem Traglastverfahren. Köln 1972

[27] Sahling, B. und Latzin, K.: Die Schweißtechnik des Bauingenieurs. 3. Aufl. Düsseldorf 1966

[28] Sahmel/Veit: Grundlagen der Gestaltung geschweißter Stahlkonstruktionen. 7. Aufl. Düsseldorf 1983

[29] Sammet, H.: Rohrkonstruktion im Stahlbau. Leipzig 1959

[30] Sattler, K.: Theorie der Verbundkonstruktionen. Bd. 1 und 2. 2. Aufl. Berlin 1959

[31] Stahlbau. Ein Handbuch für Studium und Praxis. Bd. 1, 2 und 3. Köln 1956/1982

[32] Stahlbau-Taschenkalender

[33] Stahl im Hochbau. Handbuch für Entwurf, Berechnung und Ausführung von Stahlbauten. 14. Aufl. Düsseldorf und Berlin 1984

[34] Wagner/Erlhof: Praktische Baustatik; Teil 1, 17. Aufl./Teil 2, 13. Aufl./Teil 3, 7. Aufl. Stuttgart 1981/1983/1984

[35] Wendehorst/Muth: Bautechnische Zahlentafeln. 22. Aufl. Stuttgart 1985

[36] Wetzell, O. W.: Technische Mechanik für Bauingenieure, Band 1 bis 4. Stuttgart 1972/1975

Sachverzeichnis